Martina Schmidt-Tanger (Hrsg.)
Professional Women
Frauen im Business

W0059271

Ausführliche Informationen zu jedem unserer lieferbaren und geplanten Bücher finden Sie im Internet unter www.junfermann.de. Dort können Sie auch unseren **Newsletter** abonnieren und sicherstellen, dass Sie alles Wissenswerte über das **JUNFERMANN**-Programm regelmäßig und aktuell erfahren.

Besuchen Sie auch unsere e-Publishing-Plattform www.active-books.de.

MARTINA SCHMIDT-TANGER (HRSG.)

PROFESSIONAL WOMEN

Frauen im Business

 Junfermann Verlag 2011

Copyright © Junfermannsche Verlagsbuchhandlung, Paderborn 2011
Coverfoto: © Maxim Bolotnikov
Coverentwurf/Reihengestaltung: Christian Tschepp

Alle Rechte vorbehalten.
Das Werk einschließlich aller seiner Teile ist urheberrechtlich geschützt. Jede
Verwendung außerhalb der engen Grenzen des Urheberrechtsgesetzes ist ohne
Zustimmung des Verlages unzulässig und strafbar. Das gilt insbesondere für
Vervielfältigungen, Übersetzungen, Mikroverfilmungen und die Einspeicherung und
Verarbeitung in elektronischen Systemen.

Satz: Peter Marwitz, Kiel – etherial.de

Bibliografische Information der Deutschen Bibliothek
Die Deutsche Bibliothek verzeichnet diese Publikation in der Deutschen
Nationalbibliografie;
detaillierte bibliografische Daten sind im Internet über http://dnb.ddb.de abrufbar.

ISBN 978-3-87387-798-6

INHALT

VORWORT

Es ist viel erreicht.

Es ist viel erreicht und dennoch leben Frauen in Deutschland nicht im feministischen Paradies. Leider leben sie noch nicht einmal in einer geschlechtergerechten Gesellschaft.

Verdienen Frauen in Europa durchschnittlich 15 Prozent weniger als Männer, sind es in Deutschland gut 20 Prozent. Laut ver.di sind 29,6 Prozent aller Arbeitnehmerinnen trotz besserer Schulleistungen im Niedriglohnbereich tätig, im Vergleich zu 12,6 Prozent der männlichen Arbeitnehmer. Über 50 Prozent der Frauen finden sich in Berufen mit geringem Lohn und geringer sozialer Anerkennung wie Arzthelferin, Friseurin, Hotelfachfrau oder Bürofachfrau. Der Konflikt Karriere und Kinderwunsch ist in Deutschland immer noch fast allein von den Frauen zu lösen.

Aus dem EU-Gleichstellungsbericht 2007 zieht der Deutsche Frauenrat den Schluss, man müsse von einer „grundlegenden Diskriminierung" ausgehen, und die Zahlen sprechen wie immer für sich, was im Vergleich zu anderen Europäischen Ländern in Deutschland beschämend ist. Für viele Frauen (besonders mit Kindern) haben sich die Lebensbedingungen verschärft, was auch zu einer verstärkten Altersarmut bei Frauen führen wird; daran ändert auch die Tatsache nichts, dass mehr Frauen in den politischen Parteien sogar hohe Ämter besetzen.

Im November 2005 wurde mit Angela Merkel das erste Mal in Deutschland eine Frau Bundeskanzlerin und zeigt: Männer sind nun nicht mehr länger unter sich – auch nicht ganz oben. Frauen nehmen sich ihren Anteil an Macht, Einfluss und Repräsentation. Es gibt jedoch auch genug Stimmen, die den sogenannten „Karrierefeminismus" ablehnen, der so tut, als ob nun alles erreicht sei und jede könne es bis ganz nach oben schaffen, wenn sie nur hart genug an sich und der Karriere arbeite. Übersehen wird, dass Angela Merkel eine Ausnahme ist, die eben nicht die „neue Regel" bestätigt. Denn auch bei den besten aller Karrieren bleibt die Frage: Streiten wir uns mit den Männern um den besten Liegestuhl an Deck des alten Schiffes oder wäre es nicht besser neue Schiffe zu bauen?

Frauen wollen mehr und mehr wahrgenommen werden und viele, besonders junge Frauen meinen, es gäbe für sie, wie selbstverständlich, ein Recht auf Selbstbestimmung und Gleichberechtigung, was sich allerdings nicht immer einlöst.

Alle Frauen in diesem Buch sind den Weg der Selbstständigkeit gegangen, nach Karrieren in Unternehmen oder Hausfrauendasein, mit Kindern oder ohne, mit Unterstützung durch ihre Partner oder allein. Alle haben durch ihre Beiträge und Biografie etwas beigetragen zu dem vielschichtigen Thema „Frauen im Beruf". Durch ihre offenen Antworten auf die privaten Fragen haben sie ihre eigene Farbe in das Buch gebracht. Wir wollen Ihnen mit diesen Seiten auch die Menschen hinter den einzelnen Beiträgen zeigen, damit jede Frau etwas vollständiger erscheinen darf.

So lange nämlich Frauensolidarität bedeutet, dass alle gleich sein müssen, ist es schwierig, den Mut aufzubringen, etwas Besonderes zu sein. Der einzige Weg besteht darin, nach und nach eine neue Zugehörigkeitsdefinition als erfolgreiche Frau zu leben, die da heißt: jede auf ihre besondere Weise erfolgreich sein zu lassen. Ziel ist es, sich gegenseitig darin zu unterstützen, das Besondere und auch das Große bei anderen Frauen nicht zu verhindern, sondern anerkennend wahrzunehmen und zu stützen.

Bei Dorothea Markert, einer Journalistin, fand ich diesen Gedanken in bester Weise ausgedrückt.

„Um in der Welt das zu tun, wohin das eigene Begehren sie treibt, braucht eine Frau die Erlaubnis und Ermutigung durch eine andere Frau, die einfach hinter ihr steht und sagt: ‚Tu es'. Solche ‚anderen Frauen' finden wir fast immer in der Biographie von ‚großen Frauen', von Frauen, die in der Welt etwas bewegt haben. Am besten kann eine Frau einer anderen dann den Rücken stärken, wenn ihr eigenes Begehren in dieselbe Richtung geht, in die sie die andere gehen sieht. Es wäre natürlich schön, wenn es unsere Mutter sein könnte, die hinter uns steht und unseren Weg unterstützend begleitet, aber das können wir nicht erwarten. Denn meistens unterscheiden wir uns von ihr in unserem Begehren, auf jeden Fall unterscheiden wir uns von ihr in den Wegen, die wir dabei gehen müssen. Daher ist es notwendig, dass wir Beziehungen zu anderen Frauen eingehen, die diese Aufgabe des Rückenstärkens übernehmen können."*

Die Autorinnen dieses Buches wissen aus eigener Erfahrung, dass jede Unterstützung willkommen ist. Unterstützung nicht nur dabei, noch mehr zu leisten, sondern Unterstützung dabei zu erfahren, was das eigene Leben ausmacht. Sich im eigenen Leben gut zu fühlen, in welcher Rolle auch immer, ein Höchstmaß an Freude, Sinn und Selbstbestimmung zu erleben, ist ein Geschenk. Dass das nicht immer ganz einfach ist, wissen wir.

„Die Angst vor dem, was geschieht, wenn wir unserem Begehren folgen, ist berechtigt. Denn es wird uns dazu bringen, uns aktiv von anderen Menschen zu unterschei-

---

* Dorothee Markert, „Wachsen am Mehr anderer Frauen" – Vorträge über Begehren, Dankbarkeit und Politik, Christel Göttert Verlag 2002.

den. *Es wird uns Entscheidungen fällen lassen, die den Menschen in unserer Umgebung Schwierigkeiten bereiten. Dies wird zu Konflikten führen, die wir durchstehen müssen, wenn wir weiterhin unserem Begehren folgen wollen. Da wir dort, wo wir unserem Begehren folgen, sehr stark sind."*

Dieses Buch soll Sie unterstützen, Ihnen Mut machen und Erleichterung bringen, um mehr von dem zu tun, was Sie begehren.

Wir wollen Ihnen den Rücken stärken, Impulse geben und unsere Hilfe anbieten, die zu werden oder zu sein, die sie sein wollen, oder herauszufinden, was für Sie das Richtige ist. Wir wünschen Ihnen, auch dann Ihrer Kraft zu vertrauen, wenn Sie merken, es verändert sich etwas oder Sie wollen etwas verändern.

Viel Spass mit den unterschiedlichen Impulsen, die wir Ihnen als *Professional Women* mit diesen Seiten anbieten möchten.

„Go, where you can shine." (John Lennon)

Herzlichst
Ihre Martina Schmidt-Tanger

MARTINA SCHMIDT-TANGER

DARIN BIN ICH *PROFESSIONAL WOMAN*: Dipl. Wirtschaftspsychologin/klinische Psychologin, Autorin, Sprecherin, Coachingexpertin. Seit mehr als 18 Jahren Inhaberin eines erfolgreichen Kommunikationsinstitutes mit zwei Teilbereichen: NLP (www.NLP-professional.de, Bochum) und Coaching (www.ccc-professional. de, Münster). Für Unternehmen, Akademien, Führungsforen, Institutionen und auf Kongressen halte ich Vorträge zu den Themen Charisma, Führung, Change, Frauen, Coaching. Ich schreibe Bücher und unterstütze als Beraterin Unternehmen und Führungskräfte beim Thema Coaching. Als Expertin für systemisches Coaching, NLP und provokatives Coaching bilde ich seit Jahren Coaches in diesen Bereichen aus.

DAS HABE ICH VORHER GEMACHT: Klinische Psychologin/Psychotherapeutin, Kommunikationspsychologin in einer großen PR-Agentur im Auftrag des Gesundheitsministeriums, selbstständiger Changecoach und Führungskräftetrainerin für eine Düsseldorfer Unternehmensberatung, interne Personalentwicklerin und Führungskräftetrainerin der Deutschen Lufthansa AG.

DAS HAT MEINEM LEBEN RICHTUNGSÄNDERUNGEN GEGEBEN: Ich habe immer viel gelesen und tue das immer noch, mein Psychologiestudium im Ruhrgebiet, das NLP, meine Arbeit bei Lufthansa/in einem großen Konzern, meine Tochter, meine Neugier, mein Institut.

FÜR ERFOLG BRAUCHT MAN: Disziplin, Kreativität, Unterstützung, ein bisschen Glück, geistige Unabhängigkeit.

DAS HABE ICH ZULETZT GELERNT: Ich lerne eigentlich immer etwas, schon als junge Frau war kein Weiterbildungskurs vor mir sicher (Russisch, Standardtanz, Chemie, Heilen, Tai Chi, englische Literatur, Nähen, Homöopathie, alles was so ein Programm hergibt ...). Das vorletzte größere Lernprojekt war Gesang, jetzt gerade lerne ich seit einem Jahr Italienisch. Ich lerne sehr gern und suche mir immer wieder etwas Neues.

DAS WÜRDE ICH GERNE NOCH LERNEN: In meinem Hochbeet etwas zu pflanzen, was tatsächlich zu einer Ernte führt, fliegen, beamen, heilen, bildhauern, ach, alles Mögliche interessiert mich.

DIESER FILM GEFÄLLT MIR: „Don Juan de Marco" mit Jonny Depp und Marlon Brando (Konstruktivismus pur), „Mamma Mia" mit Meryl Streep (emotionale Kraft und Energie) , „Brot und Tulpen" mit Bruno Ganz (Lebensmut und Tiefe).

DIESES BUCH GEFÄLLT MIR: „Die Pflicht, glücklich zu sein" von Alain, „Handbuch für den gewitzten Stadtkrieger" von Der Barfußdoktor, „La Parisienne" von Inès de la Fressange, „Mit Kindern glücklich leben" von Deepak Chopra.

DIESES BUCH EMPFEHLE ICH DEN LESERINNEN MEINES BEITRAGS BESONDERS: Zum Weiterlesen und Hören (CD) meine Bücher zum Thema: „ Charisma-Coaching" und „Change! – Raum für Veränderung", beide Junfermann Verlag.

IN DIESER LANDSCHAFT HALTE ICH MICH GERN AUF: Liebliche Wiesenlandschaften, Kiefernwald auf Sandboden, die Chapada Diamantina in Brasilien, die Rigi in der Schweiz. Orte, wo freundliche, entspannte Menschen leben. Orte, an denen es warmes Thermalwasser gibt.

EINE STADT, DIE ICH LIEBE: Venedig – Kunst, gutes Essen, am Meer, kein Verkehr und Stille. Rio de Janeiro – inspirierend, bewegend, durchlässige Menschen, tolle Läden, tolle Natur. Key West – easy.

DAS BERÜHRT MICH: Wenn Menschen und Tiere sich ernsthaft Mühe geben. Ein ruhiger Natursee irgendwo, der Grand Canyon, die Farben auf Island, die Wasserfälle von Iguazu, der Pashupatinath Tempel in Nepal. Mich berührt zwischenmenschlich sehr viel, da ich sehr empfänglich bin, positiv wie negativ. Mit dieser Schwingungsfähigkeit und intuitiven Kraft verdiene ich u.a. mein Geld.

DAS KOSTET MICH KRAFT: Lärm, Hektik, schlechtes Essen, Dauerberieselung durch Kaugummimusik, Dummheit, Narzissmus, unnütze Gespräche, Ausgenutzt-Werden, Neid, Zucker, Autofahren.

DAS GIBT MIR KRAFT: Natur, reisen, unser Hund, Liebe, Schlaf, Kaffee, meine Tochter, mein Partner, auf den Markt gehen, Gartenarbeit, Thermalwasser, Ehrlichkeit, Verlässlichkeit, Tugenden pflegen und zu glauben: „Auf dem Grund des Lebens ist es hell".

DAS TUE ICH GERN FÜR MICH: Reisen, schreiben, mich schön anziehen, frühstücken, gute Gespräche führen, coachen, Zeit verbummeln in der schönen Stadt Münster, Ideen und Gedanken in Bücher fassen/finden, Pläne machen, mit inspirierenden Menschen Zeit verbringen.

DIESE RESSOURCEN KANN ICH EMPFEHLEN: Zur Biennale nach Venedig fahren, heißes Wasser trinken (Ayurvedischer Champagner), Selbsterfahrungsseminare besuchen, Nagellack von Chanel, das Hotel Vitznauer Hof am Vierwaldstättesee (Zimmer zum See), Yoga, einen Hula-Hoop-Reifen, einen mentalen inneren Garten anlegen, Tiere.

MEIN SCHÖNSTER LUSTKAUF: Eine Luxushandtasche, unser kleiner Hund (lang überlegter Lustkauf), ein Whirlpool für den Garten.

DAS TUE ICH, WENN ICH ÜBERRASCHEND ZWEI STUNDEN ZEIT GEWINNE: Das machen, was liegengeblieben ist, oder einen Kaffee zelebrieren, im Garten pusseln, meditieren, Marmelade einkochen, im Whirlpool liegen, natürlich etwas Neues lesen, mich treiben lassen.

ETWAS WICHTIGES, DAS ICH AUF DEM WEG ZUR *PROFESSIONAL WOMAN* GELERNT HABE: Nicht auf Versprechungen, sondern auf Taten zu schauen. Es gibt viele Rederiesen und Handlungszwerge. Zuverlässigkeit und Aufrichtigkeit ist ein hohes Gut.

MEINE WWW(S):
www.Schmidt-Tanger.de (Martina Schmidt-Tanger),
www.CCC-professional.de (Competence.Center.Coaching),
www.NLP-professional.de (Seminarinstitut NRW),
www.professional-women.de.

MARTINA SCHMIDT-TANGER
Charisma-Coaching – Wirkkraft entfalten

Frauen möchten wirken

Wirkung, Begeisterung, Einfluss und Überzeugungskraft – viele Frauen möchten mehr davon. Für sich selbst, für andere, für ihre Arbeit. Gute Ideen, wichtige Erfahrungen, interessante Meinungen, die wertvoll für andere sind, wollen gesehen und gehört werden. Aber Unentschlossenheit, Bescheidenheit, Unsicherheiten und Überlastung sabotieren die beste Ausstrahlung.

Viele Frauen spüren ihre persönliche Wirkkraft und wollen diese noch steigern, wissen doch meist nicht genau wie. Aber sie ahnen, um noch besser zu werden, müssen sie nicht unbedingt noch mehr über ihr (Fach-)Gebiet wissen; hilfreicher wäre es, die eigene Überzeugungskraft, das persönliche Charisma zu entdecken, aufzubauen und zu kultivieren. Aber Frauen haben wenig Erfahrung mit Charisma.

Was ist Charisma?

Charisma ist vom Wortursprung her schon sehr alt und ein ursprünglich theologisches, frühchristliches Konzept. Es basiert vor allem auf den Bibelkapiteln 1. Korinther 12 und 14 sowie Römer 12. Laut Neuem Testament handelt es sich bei Charisma um eine vom Heiligen Geist bereitgestellte „Gnadengabe" für den von Gott gesegneten Menschen. Sie ermöglicht dem Träger ein authentisches und wirkungsvolles Auftreten.

Wir sprechen von hoher Überzeugungskraft, aber auch von freiwilliger Selbstzurücknahme, Konflikt- und Leidensfähigkeit. Die „Wirkung" des heiligen Geistes wird sichtbar *in überzeugender, authentischer freier Rede, der Fähigkeit wertschätzend und einigend mit Konflikten umgehen und Menschen in positiver Weise „heilend und integrierend" beeinflussen zu können.* Das ist eine ganze Menge. In der Bibel geht es nicht um Glamour, um Zuckerwattewirkung, nicht um narzisstische Selbstdarstellung, nicht um Eitelkeit gepaart mit überzogenem Medieninteresse, sondern um authentische, mutige und sinntiefe Überzeugungskraft. Letztlich geht es um den Erfolg der eigenen Bemühungen. Wie werde ich gesehen, habe ich Einfluss, Erfolg und Wirkung?

Wie lernt man, andere zu begeistern?

In Amerika werden schon Dreijährige im Kindergarten angehalten, ihr Lieblings-spielzeug mitzubringen und den anderen Kindern ihre Begeisterung dafür zu erklä-ren; „Redenhalten" als Highschoolfach ist selbstverständlich und Barack Obama beeindruckte die Deutschen mit einer neuen Lässigkeit, von der deutsche Politi-ker nur träumen können. Es gab in Deutschland gute Gründe, lange Zeit mit dem Thema Charisma vorsichtig umzugehen, aber die oftmals anzutreffende Gehemmt-heit und Langeweile der Menschen, die eigentlich andere begeistern sollen (Poli-tiker, Führungskräfte, Lehrer), öffnen medialen Kunstprodukten ohne wirkliche Substanz Tür und Tor. Strukturen, die die Demokratie einst schützen und die Deutschen vor den Verführungskünsten Einzelner bewahren sollten, leisten nun dem Mittelmaß Vorschub und verhindern notwendiges Engagement. Casting-shows, die Superstars, Dschungelkönige und Topmodels hervorbringen sollen, sind die medialen Charismacoachings und geben vor, wie Wirkung zu sein hat: „Drama, baby". Auch in Unternehmen wird Charisma oft falsch verstanden: Dort sollen selbsternannte Motivationsgurus, inhaltlich flache Rethorikkünstler, selbst-verliebte Vertriebspäpste und herablassende Marketinggötter bei illustren Groß-veranstaltungen das einbringen, was die eigenen Führungskräfte scheinbar nicht leisten können: andere begeistern.

Die Klügere schweigt?

Kluge Frauen, die etwas zu sagen haben und mit Ehrlichkeit und Erfahrung ein Thema voranbringen könnten, brauchen Ermutigung sich zu zeigen und ihr Wis-sen zu teilen. Und es gibt einige, die etwas zu sagen haben: sei es die ambitionierte Sporttrainerin, die engagierte Mutter im Elternbeirat (Klassenpflegschaftssit-zungen sind übrigens ein super Beispiel für ermüdende „Zurückhaltungsdemokra-tie"), die quer denkende Sachbearbeiterin, die warmherzige Lehrerin, die intelli-gente Ärztin oder die unkonventionelle Unternehmerin. Sie alle müssen wissen, wie das sinnvoll geht, damit unsere Demokratie der neue Boden für Leiden-schaft und Gelassenheit wird, um mit großen und kleinen Ideen Verbesserungen zu ermöglichen. Die biedere Angestrengtheit und Lustlosigkeit des Mittelmaßes sollte nach 60 Jahren Schutz der Demokratie vor übertriebenem Pathos einfach dem ehrlich eingesetzten, persönlichen Charisma weichen – wenn möglich auf jeder Ebene und in jedem Bereich. Und die Frauen haben da ein enormen Aufhol-bedarf.

Angst vor Charisma, Angst vor Erfolg?

Charismatisch zu sein bedeutet oft erfolgreicher zu sein als vorher – einflussreicher, bestimmender, bedeutender, bewegender, angreifbarer. Was sagt Ihr Unbewusstes zum Thema Erfolg? Sind Sie überhaupt erfolgsfähig?

Überprüfen Sie ihr Mindset, lesen Sie langsam und entspannt diese kleine Geschichte und lassen Sie gedanklich die zugehörigen Bilder in Ihrem Inneren aufsteigen.

Langsam, lassen Sie sich Zeit, die Geschichte wirklich zu visualisieren und vor Ihrem geistigen Auge entstehen zu lassen.

> *„Es ist ein sonniger Tag im Sommer*
> *und eine Person in einem schicken Wagen fährt langsam durch eine sehr*
> *gute Wohngegend.*
> *Sie fährt nach Hause.*
> *Der Blick dieser Person fällt auf ihre handgenähten Schuhe, ihre Uhr*
> *und ihre teure, geschmackvolle Kleidung.*
> *Neben der Person auf dem Sitz liegen Unterlagen und verschiedene*
> *Papiere.*
> *Die Person fährt zu ihrer Villa am Ende der Straße.*
> *Der Wagen hält und die Person steigt aus.*
> *Sie geht den kleinen Weg zu ihrem Haus hinauf.*
> *Die Tür wird geöffnet und sie tritt in ihr Haus. Alles ist wie immer.*
> *Langsam geht sie in das Wohnzimmer.*
> *Sie sieht durch die bodentiefen Fenster die große Terrasse,*
> *den Tennisplatz*
> *und den Swimmingpool am Rande des Gartens.*
> *Die Person nimmt sich etwas zu trinken,*
> *setzt sich in einen weichen Sessel und denkt ...“*

Na, was haben Sie gedacht? Welche inneren Bilder hatten Sie? Schauen Sie sich einmal genau die innere Geschichte an, die Ihr Unbewusstes Ihnen als Bildmaterial zum Thema Erfolg zur Verfügung gestellt hat.

Lassen Sie uns die einzelnen Abschnitte Schritt für Schritt anschauen und seien Sie ehrlich.

- *Frage 1: Ist die Person im Auto ein Mann oder eine Frau?*
  Die meisten Menschen, die diese Geschichte visualisieren sollen, sehen einen Mann, denn in unsere Gesellschaft ist Erfolg männlich. Frauen sehen oft einen Mann und Männer sehen *immer* einen Mann. Sogar, obwohl es in der

Geschichte immer DIE Person heißt und SIE macht xy. Viele Männer sind sehr erstaunt, dass Frauen bei der Geschichte eine männliche Hauptperson sehen, darauf wären sie nie gekommen. Aber vielleicht haben Sie ja sich selbst gesehen? Das wäre nicht schlecht.

- *Frage 2: Was haben Sie über die handgenähten Schuhe, die Designerkleidung, die Uhr gedacht?*

  Angeber, Ausbeuter, Dandy, Snob, jemand vom horizontalen Gewerbe, Verschwender. Brauch ich alles nicht, peinlich? Gibt es Ihnen ein gutes Gefühl oder ein schlechtes, wenn Status äußerlich sichtbar wird? Ist es unangenehm, lautet der innere Satz: Zeig Deinen Erfolg nicht. Insignien der Macht sind was für Angeber. Was war das für eine Uhr? Wie teuer war sie ungefähr? (Die Uhr ist bei Männern im Business ein deutliches Statussymbol, so wie der Wagen.)

- *Frage 3: Was sind das für Unterlagen auf dem Sitz neben der Person? (Ist sie übrigens selbst gefahren oder hatte sie jemanden, der sie fährt?)*

  Die Papiere: Geschäftspapiere, Präsentationen, Arbeitspapiere? Oder Urlaubsprospekt, eine Einladung zu einer Vernissage, die Broschüre eines Wellnesshotels, Balleinladungen, Autogrammwünsche, Einladungen zur Abiturfeier, die Scorekarte vom Golfplatz?

  Sind es „Arbeitsunterlagen", lautet ihr mentaler Filter: Für Erfolg muss man hart arbeiten.

- *Frage 4: Wie spät ist es, als die Person nach Hause fährt?*

  Ist es Abend oder erst Mittag oder sogar Vormittag? Muss man für Erfolg lange arbeiten?

- *Frage 5: Wie ist das Ankommen im Haus?*

  Wer öffnet der Person die Tür? Ein Butler, der automatische Türsummer oder jemand von der Familie? Gibt es überhaupt eine Familie oder ist die Person allein? Hat sie Kinder? Tiere? Gibt es eine herzliche Begrüßung? Was heißt für Sie: „Alles ist wie immer"?

  Was ist Ihr Filter? Macht Erfolg einsam? Der Frauenfilter schlechthin lautet: Für Erfolg bezahlt man einen Preis beim Thema Bindung. Erfolg macht einsam.

- *Frage 6: Gibt es eine fröhliche Gemeinschaft? Gibt es Spaß und Spiel?*

  Was fühlt die Person beim Anblick von Tennisplatz und Schwimmbad? Wie sieht der Tennisplatz aus, benutzt oder leer? Gibt es eine Familie oder Freunde, die schon mit dem Grillwürstchen im Garten warten, oder ist der Garten unbelebt? Gibt es spielende Kinder/Freunde im Schwimmbad? Ihr Filter bei Erfolg: Keine Zeit für schöne Dinge, gute Gefühle, den eigenen Körper, Freunde, Sport, Lachen?

- *Frage 7: Was trinkt die Person?*
  Alkohol? Der „Dallas-Erfolg" – Erfolg trinkt Alkohol, ist das mentale Programm. Warum nicht ein gesunder Power-Vitamindrink oder ein Eiweißshake?
- *Frage 8: Und mit was beschäftigt sich die Person, wenn sie im Sessel sitzt, was denkt sie?*
  Was bin ich erschöpft? Was muss ich noch machen, wo muss ich noch hin? Gut, dass ich sitze und keiner was von mir will? Was habe ich heute geschafft, was bin ich geschafft?

Alles, was Sie bei dieser kleinen Geschichte gedacht und innerlich gesehen haben, sind Ihre Einstellungen zum Thema ‚Erfolg haben', ‚erfolgreich sein' – Ihre bewussten und unbewussten Einstellungen zu den Themen Arbeit, Geld, Status, Familie, zum Außergewöhnlich-Sein.

Was haben Sie gedacht?

Erfolg ist männlich, Erfolg macht einsam, Erfolg hat man nur durch Verzicht, Erfolg trinkt Alkohol, Erfolg ist ungesund, Erfolg erschöpft. Welches ist Ihr Satz? Seinen Sie ehrlich. Einen Satz haben Sie doch bestimmt, der Sie limitiert. Herzlich willkommen im Club.

Möchten Sie etwas daran verändern?

Viele Frauen haben häufig eine nicht reflektierte, aber tief verwurzelte Scheu vor ihrer eigenen Präsenz und Wirkung und dem damit verbundenen Erfolg. Auch wenn sie ihn ersehnen, ist es immer eine vermeintliche Gefahr, spürbar im Mittelpunkt zu stehen und sichtbar zu sein. Viele haben in ihrer Jugend Sätze wie diese gehört: *„Sei wie das Veilchen im Moose, sittsam, bescheiden und rein, und nicht wie die stolze Rose, die stets bewundert will sein." „Wer morgens pfeift, den holt abends die Katz." „Wenn es dem Esel zu wohl wird, geht er auf's Eis." „Man fang' das Lied zu hoch nicht an, dass man's zu Ende singen kann." „Mädchen, die pfeifen, und Hennen, die krähen, denen soll man bei Zeiten die Hälse umdrehen."*

Das sind Sinnsprüche, die immer wieder betonen, dass es nicht gut ist, als Mädchen im Fokus zu sein, und dass es nicht ungefährlich ist, große Pläne zu haben und sich stolz und überschwänglich zu fühlen. Wenn etwas gelingt und stolz und unvorsichtig kommuniziert wird, kann das leicht zu Neid und tiefem emotionalen Fall führen. Alles in allem ist es besser, trotz anders lautender Beteuerungen, nichts Besonders zu sein. Bescheidenheit und Zurückhaltung bei Frauen sind nach wie vor in unserer Kultur erstrebenswerte Eigenschaften.

Wie sagte einmal eine Coachingklientin, die fünf Fremdsprachen beherrschte auf meine anerkennende Überraschung hin: *„Ja, ja aber Russisch nicht wirklich gut."* Auch wenn es manchmal nicht so aussieht: Ängste, sich aus der Masse hervorzuheben, und Befürchtungen, menschliche Bindung zu verlieren, führen bei Frauen, zu unbewussten Blockaden und Widerständen. Häufig genug werden sie als sachliche Argumente kommuniziert („... *meine Meinung ist hier nicht gefragt, ich wollte mich nicht aufdrängen, da wissen andere besser Bescheid, wenn das wichtig ist, wird es schon einer sagen, nachher denken die andern, ich wollte mich aufspielen, es muss ja nicht jeder seinen Senf dazu geben, man wird schon merken, das ich kompetent bin, ..."*). Oder sie zeigen sich einfach als innere Verweigerung von Erfolg in kleinen Unzulänglichkeiten wie Unpünktlichkeiten, „vergessenen" Unterlagen, Ablehnung von Statussymbolen, Krankwerden – und manchmal auch in Sabotage, wie nicht abgeschickten Bewerbungen, verpassten Terminen, nicht gelesenen Mails oder falscher Kleidung.

Charisma-Check

Es gibt jedoch auch Frauen, die diesem vorgegebenen Maß an Selbsteinschränkung nicht zu unterliegen scheinen. So verschieden sie auch sind, sie sind irgendwie dort, wo „vorne" ist, und sie leisten oder sind etwas Besonderes. Und dann spricht irgendjemand von Charisma. *„Die hat aber Charisma"*, hört man dann bewundernd oder erklärend. Wenn man diesen Satz hört, denkt man sofort an strahlende Persönlichkeiten mit einem besonderen, angeborenen Talent und einer unerklärlichen, schillernden Aura. Frauen, denen ihre Wirkung und ihre Taten einfach so zufallen. Ist das wirklich so?

Überprüfen Sie noch einmal, wo Sie stehen. Glauben Sie die folgenden Sätze, können Sie das mit Überzeugung sagen?

- Es ist generell möglich als Frau, charismatisch zu sein. – Es ist *mir möglich*, charismatisch zu sein.
- Es ist erlaubt, charismatisch zu sein. – Es ist *mir erlaubt*, charismatisch zu sein.
- Es ist gut als Frau, charismatisch zu sein. – Es ist *gut für mich*, charismatisch zu sein.
- *Ich will, kann und darf charismatisch und sichtbar sein.*

Wem das (noch) nicht so gegeben ist, der kann nach sinnvoller, emotionaler Analyse Charismablockaden aufspüren und aus dem Weg räumen. Jenseits oberflächlicher Verhaltenstipps aus Ratgebern kann man als Coach tiefgründige Hilfe leisten. Neben dem Hinter-sich-lassen-Können von emotionalen Einschränkungen wird zusätzlich noch das passende, gewünschte Verhaltensrepertoire aktiviert oder ganz neu gelernt.

Auf dem Weg zu persönlichem Charisma hilft der Coach, eine kleine Leiter mit vier Stufen zu erklimmen:

1. Das Wahrnehmen von Erfolgs- und Wirkwünschen
2. Die innere Erlaubnis für persönliche Präsenz
3. Der Einsatz der eigenen Fähigkeiten
4. Die erreichte Wirkkraft genießen

Die 1. Stufe ist das Wahrnehmen von Wünschen. Das mag verblüffen, aber viele Menschen haben solche Sätze gehört, wie *„Kinder, die was wollen, kriegen was auf die Bollen"* oder *„Mach mal die Augen zu, was du dann siehst, gehört dir"*, *„Lass das mal deinen Bruder machen"*, und tun sich später, nach dieser biografischen Beeinflussung schwer, überhaupt wahrzunehmen, was *sie eigentlich* wollen. Sie suchen in Workshops und Ratgebern nach sich selbst und ihren Wünschen und Visionen. Auch und besonders, wenn man als Mutter durch die harte Schule des „Zurückstellens der eigenen Wünsche" gegangen ist und geübt ist im selbstlosen Dienen (was nachts um zwei bei Kinderbauchweh leider nie diskutierbar ist), neigt man bevorzugt zur Erfolgsassistenz für andere (Chefs, Partner, Kinder). Manchmal spüren Frauen nur noch ab und zu das Gefühl des *„eigentlich kann ich ja mehr, eigentlich würde ich anders leben wollen, eigentlich wäre ich gut in …, schön wäre …, gut könnte ich …"* Aber sie haben sich in einer relativ zufriedenen Mittelmäßigkeit eingerichtet und finden das *„irgendwie auch o.k."*. Wer diesen apathischen Zustand zurückhaltender (Un-)Zufriedenheit angenommen hat, muss, um nicht nur ziellose Nörgelei zu betreiben, manchmal im Coaching erst wieder mühsam lernen, sich selbst wahrzunehmen, um dann wirklich bei der eigenen *konstruktiven* Unzufriedenheit anzukommen. Diese konstruktive Unzufriedenheit ist etwas anderes als die nörgelnden Klagelieder der Opferrolle. Es ist der erste Schritt zum Kern des eigenen Menschseins. Und der erste Schritt zu wissen, was ich nicht mehr will, kann enorm wichtig sein, um sich mehr und mehr ernsthaft an sich selbst anzunähern.

Der 2. Schritt ist die eigene innere Erlaubnis für persönliche Präsenz. Hier gibt es oft familiäre, unbewusste Loyalitäten zu wichtigen Menschen, häufig in der eigenen Familie. Darf die jüngere Schwester deutlich erfolgreicher sein als der ältere Bruder? Darf ein Mädchen das Geschäft prägender und persönlicher führen als der eigene Vater? Darf man *„vergessen, woher man kommt"*, fragte mich einmal eine Klientin, der als Arbeitertochter eine Vorstandsposition in einem Lifestyle-Unternehmen angeboten wurde. Auch wenn es auf den ersten Blick nicht offensichtlich ist – gerade an diesem Punkt gibt es emotionale Hemmnisse, die für viele „nicht erfolgreiche" Karrieren verantwortlich sind, weil sie ungeklärt und unaufgelöst geblieben sind. (Die Übergabeschwierigkeiten an die nächste Generation im deutschen Mittelstand sprechen da Bände!)

Sind die ersten beiden Stufen der Leiter erklommen, gilt es, sich der eigenen Fähigkeiten und Möglichkeiten bewusst zu werden. Was muss ich wissen und können, um mein Charisma umsetzen zu können? Was kann und weiß ich bereits und lebe es nicht? Was muss ich mir an psychologischem Know-how noch aneignen? Wo ist der Coach/Freund, der nicht „everybody's darling" ist, sondern mich herausfordert mit dem Besten, was ich zu bieten habe?

Meist haben die Menschen mehr Ressourcen, als sie glauben. Wenn man einmal beschlossen hat, sich zu riskieren, ist der Weg oft gar nicht mehr so schwierig. Der Einsatz der eigenen Fähigkeiten kann manchmal jedoch auf emotionale Hindernisse stoßen, auf Fragen wie: *„Darf ich wirklich so kompetent, tüchtig, besser als andere sein?"* Manchmal ist dann noch etwas emotionale Arbeit zu leisten, bis die Hemmnisse überwunden sind und die Überzeugung klar ist: *„Ja, ich darf wirksam und charismatisch sein. Ich bin ein wichtiger Mensch und trage etwas bei. Ich bin mutig und authentisch und lebe ohne Fassade."* Und dabei geht es nicht um egohaftes Blendertum, sondern um mutiges Ausleben und Einbringen der eigenen Fähigkeiten.

Und auch die letzte Stufe der Leiter ist wieder eine enorme Herausforderung. Die Erfüllung der eigenen Anstrengungen zu erleben, die Wünsche als realisiert zu bemerken und dies entspannt und beglückt leben zu können (oder, falls es nicht klappt, sich auch gekonnt zu verabschieden), ist eine der Hauptherausforderungen im Leben. Viele sind längst „angekommen", steigen an der „Zielhaltestelle" aber nicht aus, weil sie vergessen haben, wohin sie eigentlich wollten, oder nicht erkennen/anerkennen, dass sie längst da sind. Sie fahren weiter mit dem Bus im Kreis herum und sind „busy". So kultivieren viele ein Arbeiten um des Arbeitens willen, ein sinnloses „Lange-Bleiben und Wichtig-Sein" im Unternehmen, ein Weiter-nach-vorn-Wollen zu immer höheren Preisen, ein „Wichtig-und-im-Mittelpunkt-sein-Müssen". Ganz ehrlich: Hier wird auf ein Lob für den „Scheiß" gewartet, den man produziert. Wie damals, als es das Lob für das volle Töpfchen (die Leistung) gab, aber selten von den Eltern die Freude des Kindes über seinen Schritt in die Unabhängigkeit und Selbstbestimmung geteilt wurde. So wird allerorts viel „Scheiß" produziert, viel, wenig, mit Verzierung, in besonderen Formen und Farben, um endlich gesehen zu werden.

Der immerwährende Versuch, weiter Anerkennung zu bekommen, führt oft zu „mehr, schneller, bunter", was Unsicherheit und inneren Substanzverlust dokumentiert, aber nichts mit Charisma zu tun hat. Nicht selten mit fatalen Folgen: *„Was soll ich denn noch alles machen, ich überschlage mich ja schon"*, ist dann der Klagesatz, den man von erschöpften Frauen im Coaching hört. Gleich gefolgt von dem Satz: *„Alles bleibt bei mir hängen, keiner hilft mir."*

Aufhören ist da das Gebot der Stunde. Rennen Sie nicht hinter der Anerkennung Ihrer Kindertage hinterher, Sie bekommen sie sowieso nicht – nicht in der Form, in der Ihre Seele sie ersehnt.

Werden Sie erwachsen, lassen Sie los und lassen Sie anderen auch mal den „Scheiß" machen, während Sie in der Sonne sitzen. *„Ein klares Nein zur rechten Zeit schafft Ruhe und Gemütlichkeit".* Das würde vielen helfen, das eigene Leben zu entschleunigen, Zeit zu haben, innere Substanz (wieder) aufzubauen und eine kraftvolle Balance zu finden, die dann ausgesprochen charismatisch ist. Üben sie sich in substanzhaftem, langsamem, fokussiertem Arbeiten und lassen Sie so schnell wie möglich das fleißige, allzeit aktive, gefällige Arbeitsbienchen hinter sich. Sich auch mal auf seinen Lorbeeren auszuruhen wäre für viele übermüdete, getriebene und überarbeitete Frauen ein wahrer Segen.

Von wem kann man lernen?

Wer hat denn nun Charisma? Der Dalai Lama, Franz Beckenbauer, Angela Merkel, Nelson Mandela, Alice Schwarzer, Victoria Beckham, der Papst, Iris Berben, Dieter Bohlen, Paris Hilton, Heidi Klum, die Queen, Steffi Graf oder Steven Jobs? Charlie Brown oder Hitler, die eigene Großmutter oder die alte Mathematiklehrerin? *Wie verfügbar ist das besondere Gut „Charisma" und für wen?*

Fragen, die jede sich schon einmal gestellt hat, die sich damit beschäftigt, was persönliche Wirkung ausmacht oder wie sie sich steigern lässt. Neben der Arbeit an der inneren Reife und persönlichen Erfolgserlaubnis gibt es eine Menge Anteile des charismatischen Verhaltens, die von jedem Normalsterblichen erlernbar sind. Wenn Sie die inneren Barrieren beiseite geschoben haben – und das ist enorm wichtig –, dann ist der Weg frei und es geht hier weiter. Viele Anteile vom Charisma sind lernbar, wenn man versteht, um was es geht.

Charisma als kommunikativer Prozess und soziale Interaktion

Charisma ist über das individuell (biografisch) Gegebene hinaus vor allem ein zwischenmenschliches Interaktionsereignis, ein kommunikativer Prozess. Und darin sind Frauen naturgemäß eigentlich sehr stark. Aber wie geht das genau, was genau muss man können, um Wirkkraft zu entfalten? Wenn man weiß, wie nonverbale zwischenmenschliche Kommunikation funktioniert oder wie unterschiedlich Sprache auf Menschen wirkt, kann man eine Analyse der charismatischen „Grundsubstanz" machen und dann die Fähigkeiten vermitteln, die notwendig sind. Denn es gibt neben dem angeborenen Geschenk der „Gnadengabe" viele leicht zu erlernende Anteile, wenn man weiß, wie es geht.

Charisma ist an Status gebunden

Zunächst kann man feststellen, dass charismatische Menschen etwas zu sagen haben in den Bezugsgruppen, in denen Sie agieren, ihnen wird zugehört. Wer wahrgenommen werden will, wenn er etwas sagt, muss sich jedoch einen bestimmten Status erarbeiten oder diesen deutlich einnehmen. Die Körpersprache ist dabei von entscheidender Bedeutung. Die Art, wie Menschen stehen und sich bewegen, löst Emotionen aus und ist damit eine Charismabotschaft par excellence.

Statushohe Personen weisen in ihrem verbalen und nonverbalen Verhalten bestimmte Besonderheiten auf. Es ist eine klare Aussage, offensichtlich „Herr bzw. Frau über den Raum" zu sein:

- deutlich (oft symmetrisch stehend) Raum einzunehmen
- den eigenen Boden zu beanspruchen (sich angstfrei bewegen)
- selbstbewusst „fremdes" Territorium zu betreten (das fremde Büro, den Konferenzraum)
- das Brustbein aufzurichten („Orden tragen")
- größere Gestik zu nutzen (beide Hände)
- langsamer zu gehen
- sich Pausen zu erlauben und ruhig zu schauen

Es ist die Körpersprache des Hochstatus. Diesem nonverbalen Verhalten wird Ausstrahlung und Überzeugungskraft zugesprochen. Probieren Sie es mal. Klappt übrigens auch beim Shoppen.

Hochstatussprache

Auch in der verbalen Kommunikation gibt es Verhaltensweisen, die eher einem höheren Status zugesprochen werden. Welchen Sprachstil haben Menschen, die in Gruppen etwas zu sagen haben? Statushoher Gesprächsstil zeichnet sich aus durch:

- Beanspruchung von mehr Redezeit
- aktive Teilnahme an Gesprächen (nicht nur aufmerksam zuhören)
- Selbsterteilung des Rederechts (nicht warten, bis man es bekommt)
- andere unterbrechen (ohne sich zu entschuldigen, aktiv das Wort ergreifen)
- Beiträge mit neuen Themen bringen (nicht immer die Themen der anderen weiterentwickeln)

Dieses Hochstatusverhalten führt, obwohl es von vielen Frauen als unhöflich erlebt wird, gerade bei männlichen Gesprächspartnern erstaunlicherweise dazu, dass

- sie als Gesprächsteilnehmer überhaupt wahrgenommen werden,
- sie mehr *positive* Aufmerksamkeit erhalten,

- sie häufiger angesprochen werden,
- sie oft nach Ihrer Meinung gefragt werden,
- Gesprächsbeiträge direkt an sie gerichtet werden,
- und sie als deutlich kompetenter und *intelligenter* wahrgenommen werden.

Wenn es sich da nicht lohnt, mal anders zu kommunizieren und die Wirkung zu testen! Sie müssen nicht alles machen – ein, zwei Punkte des statushohen Gesprächsstils genügen schon; mit zwei, drei non-verbalen Zeichen zusammen eingesetzt, wird man Sie zur Kenntnis nehmen.

Charisma als soziale Zuschreibung

Neben dem persönlich lernbaren kommunikativen Verhalten hat Charisma eine starke „Zuschreibungskomponente". Es wird Menschen durch andere Menschen einfach zugeschrieben. Bestimmte Bedingungsgefüge und Sachverhalte lassen Charisma entstehen oder fordern es geradezu. Der Wunsch nach Personen mit Charisma wird immer dann besonders deutlich, wenn in bestimmten wirtschaftlichen und sozialen Strukturen menschliche Grundbedürfnisse nicht oder nicht mehr befriedigt werden. Sicherheit, Bindung und Selbstwerterhalt bzw. Selbstwerterhöhung als menschliche Urbedürfnisse werden durch vielfältige gesellschaftliche Veränderungsprozesse immer wieder erschüttert. Nehmen wir als Beispiel die Belegschaft eines beliebigen Unternehmens, das aufgekauft/übernommen wird. Sicherheit, Bindung und Selbstwert werden dabei im höchsten Maße infrage gestellt. Sicherheit ist gefährdet durch Stellenabbau und Umstrukturierung, die Bindung durch Entlassungen, Umbesetzungen, Standortverschiebung und am Selbstwert kratzen der eventuell neue Name, das neue Logo, die neuen Produkte und die Schmach des „Gekauft-worden-Seins". In solchen Zeiten ist der Ruf nach starken, ordnungsschaffenden Führungspersonen immer besonders stark.

Diese menschlich verständlichen, emotionalen Kooperationen zwischen Führern und Geführten, in denen bestimmte Grundbedürfnisse befriedigt werden wollen, bergen die Risiken des falsch verstandenen Charismas. Abhängigkeiten, mangelnde Selbstverantwortung, Überschätzung, Heldenverehrung auf der einen Seite, Narzissmus, Machtmissbrauch, Starproblematik, Eitelkeit auf der anderen.

Daher sollten beim Wunsch nach innerbetrieblichem Charisma-Coaching auch einmal folgende Fragen gestellt werden: Welche Effekte werden durch Einsatz von Charisma erhofft, welche unerwünschten Effekte werden durch eine das individuelle Charisma fördernde Kultur ausgelöst? Welche systemischen Risiken gehen mit diesem Thema einher, wenn unreflektierte Begeisterung, Not oder Hoffnung der Nährboden für Hingabe sind? Ist Charisma in einem System/in einer Führungskultur überhaupt erwünscht oder notwendig oder ist der Verzicht zu

Gunsten von disziplinierter, dienender Pflichterfüllung ohne persönlichen Glamour ein besserer, weil demokratischerer Weg?

Die Chancen, durch charismatisch-positives Verhalten heilend und integrierend, beruhigend und ausrichtend zu wirken, steigen, wenn persönliche Integrität vorhanden ist und Charisma nicht nur eine mechanische Attitüde ist oder aus Narzissmus entspringt.

Aufmerksamkeit, der heimliche Erfolgsfaktor

Ungeteilte präsente Aufmerksamkeit bezeichnet Hans Magnus Enzensberger neben Zeit, Platz und Ruhe als eins der neuen Luxusgüter unserer Zeit. Durch die Fähigkeit zur ungeteilten Präsenz werden Menschen sehr anziehend für andere und es wird ihnen Charisma zugesprochen, obwohl sie nichts anderes machen als 100%ig im Kontakt zu sein.

Sprunghaftigkeit und Unaufmerksamkeit in vielen sozialen Kontakten, häufig kombiniert mit emotionaler Gehetztheit, sind einer der Hauptgründe für eine schwache Ausstrahlung. Man wirkt wie ferngesteuert, unkonzentriert und fremdbestimmt. Uninteressiert am anderen, der nur als Stichwortgeber in einer sozialen Situation fungiert, sinkt die eigene Ausstrahlung.

Neben Sprunghaftigkeit und Unaufmerksamkeit in sozialen Kontakten ist Gehetztheit ein weiterer Grund für eine schwache Ausstrahlung. Machen Sie auch schnell noch das Mittagessen, springen Sie auch noch eben in den Lebensmittelladen? Gehen Sie auch noch mal kurz in die Stadt, um fix was zu besorgen? Holen Sie auf dem Rückweg von der Arbeit noch schnell die Sachen bei der Reinigung ab? Haben Sie auch schnell noch eben Ihr Kind bekommen? Viele Frauen sind gezwungenermaßen im Joch des Multi-Taskings. Sie machen viele Dinge gleichzeitig, überkreuz oder ineinander geschachtelt. Das eine ist noch nicht fertig, während das andere schon begonnen wird. In der Psychologie spricht man vom Zeigarnik-Effekt (einer der wenigen Effekte, der nach einer Frau [!], der russischen Psychologin Bluma Zeigarnik, benannt ist). Der Effekt beschreibt den Zustand, dass unerledigte Handlungen besser behalten werden als erledigte. Als Ursachen gelten „Restspannungen" im Erinnerungsvermögen und eine nicht eingetretene Wunscherfüllung. Begonnene und nicht beendete Dinge (*unfinished businesses*) halten also unser Gehirn in Alarmbereitschaft und führen zu mentalem Stress und Anspannung. Männer scheinen das zu wissen und erzählen den Frauen, als vermeintliches Lob getarnt, ach wie multitaskingfähig sie doch seien. Meist dient es nur als Vorbereitung für eine weitere Aufgabe, die auch noch nebenbei zu erledigen ist. Unzählige Frauen leiden an nervöser Erschöpfung und fühlen sich frustriert, alt und energielos. Es ist aber nicht das Alter, sondern die mentale Anspannung, zeitliche Überforderung und Erschöpfung, die immer wieder zum Erlahmen der Lebensgeister führen. Um dem zu entgehen, sollten Sie diese Wörter direkt aus ihrem Wortschatz verbannen: *schnell, eben, mal, kurz, sofort* und sich nicht von der manipulativen Anerkennung vernebeln lassen, wie multitaskingfähig sie sind. Sie erschöpfen Ihre mentalen und emotionalen Energien mittelfristig.

Gerade wenn Zeit knapp ist, ist Bedächtigsein die erste Frauenpflicht. Widmen Sie sich den Dingen fokussiert, sonst verlieren sie (Sie selbst und die Dinge) ihre Konturen. Sie haben sonst Zeit investiert und trotzdem danach das Gefühl, außer Erschöpfung an diesem Tag nichts erlebt, nichts gefühlt, nichts erreicht, nichts geschafft zu haben. Multitasking ist der Feind jeglicher Ausstrahlung.

Charisma braucht Energie

Permanente Überforderung, funktionelle Überfrachtung reduzieren Charisma erheblich. Man schaue nur auf das Heer überarbeiteter, übermüdeter, ehrgeiziger Jungmanagerinnen am Anfang ihrer Karrieren, die die rechte Hand ihres Chefs sind und später ganz erstaunt feststellen, dass er sie deshalb nicht befördert, weil er sie nicht verlieren will (*„Was soll ich nur ohne Sie machen?"*). Später, in den Jahren zwischen 30 und 40, kommt dann oft genug neben der kräftezehrenden Arbeit, die auslaugende „Freizeit" hinzu, in der ein Haus gebaut, das tägliche Lifemanagement gestemmt wird und Nächte mit quengeligen Kleinkindern zu verbringen sind. Oder man schaue auf die erfolgreichen Frauen zwischen 40 und 50, die ausgebremst werden oder scheinbar überwichtig sind (übergewichtig), mit Eheproblemen und nachlassender Energie kämpfen, Sorgen um die pubertierenden Kinder oder die alten Eltern hegen oder mit persönlichen und beruflichen Frustrationen zu kämpfen haben.

Achten Sie auf sich. Auch wenn es manchmal nicht einfach ist und man glaubt, *„ach, es geht schon"*. Viele, die temporär eine emotionale und mentale Überforderung erleben, addieren hierzu auch noch die körperliche Überanstrengung: Sie machen keinen Sport mehr, gehen nicht mehr draußen spazieren, trinken zu viel Kaffee, zu wenig Wasser, essen Süßigkeiten und Fett, um sich zu beruhigen, trinken zu viel Alkohol und schlafen wenig oder schlecht. Dann ist das Chaos perfekt. Charisma hat man dann nur noch, wenn man Harald Juhnke heißt, ansonsten sinkt die persönliche Ausstrahlung auf das Niveau einer Milchtüte.

Charisma-Entfaltung

Kann man Charisma coachen? Ja, man kann. Coaching kann zunächst entlastend wirken und dann helfen, ungeklärte Situationen, welche die eigene Kraft minimieren, zu verändern. Es kann durch ein Tal begleiten und helfen, die Dinge zu ordnen und Kräfte wieder zu stabilisieren, damit Präsenz und Charisma wieder möglich sind. Klarheit und Fokussierung sind wichtige Voraussetzungen. Frau arbeitet bei der Charisma-Entfaltung an entscheidenden Punkten:

- Sind alle inneren und äußeren Situationen gelöst, die das eigene Charisma reduzieren (Scham, Schuld, Minderwertigkeitsgefühle, Familienloyalitäten, Geschlechterrollen, prägende biografische Situationen von Zurücksetzung)?
- Ist die Lebensenergie fokussiert, auf Wichtiges und Wesentliches ausgerichtet, oder wird sie hamsterradmäßig, unreflektiert verbraucht?
- Geht es nur um materielle, äußerliche Ziele? Wie wird biografische Anerkennung ersehnt? Wie ist das Thema „gesehen werden" innerlich repräsentiert (*„ich bin schön, ich bin klug, ich bin anders"*)?
- Werden bestimmte Tugenden und Sehnsüchte kultiviert oder ist das Handeln schablonenmäßig und ohne Anbindung an gefühlte menschliche Qualitäten?
- Gibt es eine innere Stimmigkeit zwischen Identität, Einstellungen, Fähigkeiten und gezeigtem Verhalten?
- Wie mutig, risikobereit ist der Umgang mit anderen Menschen, wie frei und unbeeinflussbar kann agiert werden? Wie stark ist das eigene Bewusstsein?
- Wie ist das eigene Energiemanagement? Gibt es Überschätzung, funktionelle Überfrachtung, Burn-out-Gefährdung?
- Gibt es ein Bewusstsein davon, was das eigene Charisma stärkt und schwächt (Erwartungen, Kontexte, Menschen, Situationen)?

Charisma beginnt im Kopf

Hier ein paar Tipps zum Selbstcoaching.

Anders denken
Mental sortieren. Wenn Sie sich unsicher und unwirksam fühlen, reflektieren Sie zuerst, welche Gefühle Sie belasten: Bedenken wie *„hoffentlich wirke ich kompetent"*, *„ich wünschte, die Rede wäre schon vorbei"* oder *„warum immer ich, ich kann das nicht"*, *„meine Meinung interessiert sowieso nicht"* erzeugen innere Zerrissenheit. Solche Zweifel blockieren und ruinieren ihre Ausstrahlung. Orientieren Sie sich mental konsequent neu. Es gibt keinen Grund, nur negative Gedanken zuzulassen. Optimistische Erwartungen wie *„mal schauen, wer mich zuerst anlächelt"*, *„ich bin gespannt, wer guckt"* oder *„wer mich wohl unterstützen wird"* haben eine positive Wirkung auf das Ergebnis. Erlaubt ist auch ein „Scheiß-egal-Gefühl", denn manchmal gibt auch das Kraft und führt zu einer kämpferischen, starken Ausstrahlung.

Grundeinstellungen überprüfen. Fast jeder musste im Leben schon psychische Verletzungen erdulden, die mitunter bis heute nachwirken. Schlechtes Selbstbewusstsein kann etwa von Versagenssituationen in der Schule herrühren. Charismatische Redner sind sich ihrer Talente bewusst und in drei Punkten jederzeit überzeugt von sich. Erstens: *„Ich mag mich."* Zweitens: *„Ich bin bei Gesprächspartnern willkommen."* Drittens: *„Ich bin es wert, dass man mir zuhört."* Wer sich diese Aspekte zueigen macht, erhöht sein Selbstwertgefühl. Jeder kann nachreifen.

Kritik annehmen. Charismatische Personen haben wenig Angst vor Kritik. Sie analysieren sie nüchtern: Nur sachliche Argumente zählen und die nehmen sie dankbar auf – und ändern etwas. Machen Sie sich klar, dass Kritik an Ihrer Person nichts zur Sache tut. Auch folgender Gedanke hilft: *„Bei 99 Prozent Ablehnung gibt es immer noch ein Prozent Befürworter."* *„Sind alle gegen mich, stehe ich zumindest selbst noch hinter mir."* Motto: *„Ich bin nicht auf der Welt, um so zu sein, wie andere mich haben wollen."* Charismatische Personen sind relativ unbeeinflusst von anderen wirkungsvollen Personen. Sie sind nicht arrogant-abwertend, sondern in freiem Selbstbewusstsein zu Hause.

Angst ertragen. Wo die Angst ist, geht es lang. Das Leben ist ein Lernprozess. Wer Herausforderungen munter ergreift und versucht, mutig mit ihnen umzugehen, tut sich in schwierigen Situationen leichter. Fehler sind oft Rückmeldungen zur Neuausrichtung. Auch Niederlagen sind ein Gewinn an Lebenserfahrung, oft unangenehm, aber nicht zu vermeiden. Stellen Sie sich mutig diesen Achterbahnfahrten. Alles verändert sich – immer wieder.

Veränderungen erlauben. Charismatische Köpfe interpretieren den Status quo nicht als unverrückbar. Sie begreifen neue Erfahrungen als Quelle der eigenen Entwicklung. Veränderungen gegenüber sind sie deshalb aufgeschlossen. Sie haben Spaß daran, ihre eigene Persönlichkeit zu reflektieren und ihre Gewohnheiten zu verändern. Nichts ist in Stein gemeißelt. Zu wissen, dass wir nicht so weiterleben müssen, wie wir gestern gelebt haben, ist eine große Erkenntnis.

Klarheit zeigen. Starke Persönlichkeiten eiern nicht herum. Sie treffen konsequent Entscheidungen – auch in eigener Sache. Ihre Devise heißt: *„akzeptiere es, lasse es oder ändere es".* Entweder sie akzeptieren eine Situation ohne zu nörgeln, sie ziehen sich aus ihr zurück oder sie versuchen, sie zu ändern. Seien Sie sich bewusst, dass es immer nur diese drei Möglichkeiten gibt, zwischen denen Sie wählen können. So gewinnen Sie Klarheit im Kopf und hören auf zu jammern.

Sich täglich blamieren. Charismatiker stehen zu sich und leben ihren eigenen Stil. Sie sollten sich klar machen: Routine führt immer zu den gleichen Ergebnissen. Wenn Sie wollen, dass sich etwas verändert, dann verändern Sie sich. *„Blamiere dich täglich"* ist ein gutes Training dafür. Wer regelmäßig Risiken eingeht und dabei auch mal seine innere „rote Linie" übertritt, fordert Erfolgserlebnisse heraus.

Übrigens leben Exzentriker nach einer englischen Studie länger und sind geistig gesünder – Anti-Aging als guter Grund für die tägliche „rote Linie".

Respekt leben. Wer eine starke Ausstrahlung hat, liebt den Umgang mit Menschen. Er schätzt sein Gegenüber und akzeptiert dessen Freiheiten und Marotten. Er denkt: *„Ich habe etwas zu erzählen und ich biete euch meine Wahrheit, meine Geschichte an."* Gleichzeitig hört er zu, wenn andere etwas zu erzählen haben. Die Welt ist so vielfältig wie die Menge der Menschen, die sie betrachten, und jeder hat seine Geschichte. Er sucht aktiv den Kontakt mit klugen, warmherzigen und ehrlichen Menschen. Ehrlichkeit und Zuverlässigkeit ist ein hoher Wert, den er wertschätzt (nährende Beziehungen). Den Kontakt mit Schwätzern, Blendern, oberflächlichen, unehrlichen Menschen reduziert er (zehrende Beziehungen).

Anders wirken

Raum einnehmen. Wer einen Raum betritt, anstatt in der Türschwelle stehen zu bleiben, wird als resoluter und energischer eingeschätzt. Versuchen Sie es. Beim ersten Mal ernten Sie vielleicht Verwunderung, beim nächsten Mal ist es dann schon normal. Es lohnt auch, ein paar Gedanken über die Platzwahl zu verschwenden. Wer nicht in die Sonne blinzeln möchte, wählt beispielsweise einen Stuhl mit dem Fenster im Rücken. Oder Sie nehmen den Platz rechts vom Chef, das ist der Platz mit Statuszuwachs. Sitzen Sie als Frau nicht auf dem Springerplatz an der Tür, der für den ist, der noch mal schnell die Kopien für die anderen macht.

Mit Zeit umgehen. Jeder kennt nicht endende Diskussionen. Wenn es Ihnen zu lange dauert, dann trauen Sie sich zu unterbrechen. Wenn die Unterbrechung freundlich erfolgt, werden es Ihnen meist auch andere danken. Wer das schafft, erlangt in der Regel eine höhere Wertschätzung – bei Kollegen und Vorgesetzten. Bringen Sie ein neues Thema ein oder einen anderen Aspekt des Themas, das steigert Ihren Status.

Eigene Themen disuktieren. Frauen leisten oft emotionale Gesprächsarbeit und helfen die Themen, die ein Mann eingebracht hat, zu entwickeln (kommunikative Hebamme). Seien Sie mutig und lassen Sie das öfter mal sein. Schweigen Sie abwartend oder bringen Sie Ihre eigenen Interessen ein. Das gibt Ihnen die Chance, auf Themen aufmerksam zu machen, die Ihnen unter den Nägeln brennen.

Körperhaltung beachten. Versuchen Sie Ihr selbstbewusstes Denken auch in Ihrer Haltung auszudrücken. Frauen stehen gern asymmetrisch mit schief gelegtem Kopf und verkrümeln sich so und signalisieren Unterwürfigkeit. Versuchen Sie Ihre Überzeugungen auch in Ihrer Körpersprache widerzuspiegeln. Stellen Sie sich aufrecht und resolut hin. Sie werden automatisch mit beiden Beinen auf dem Boden stehen wollen – im wahrsten Sinne des Wortes. Symmetrische Gesten strahlen in der Regel Sicherheit und Ruhe aus. Doch auch eine Hand in der Tasche kann überzeugen, wenn sie dort nicht hilflos geparkt wird, sondern Ausdruck innerer Ruhe und Souveränität ist.

Stimme kontrollieren. „Personare", das Grundwort zu Persönlichkeit, bedeutet: *durchtönen* (wie eine Stimme, die durch eine Maske tönt, ein Begriff aus der Theaterarbeit). Persönlichkeit hat also deutlich etwas mit Stimme zu tun. Ihre Stimme transportiert Ihre Persönlichkeit und Ihre aktuelle Stimmungslage. In der Regel werden tiefere und entspannte Bauchstimmen als souveräner und charismatischer empfunden. Überhöhte Stimmen klingen eher gestresst und angestrengt. Lassen Sie Ihre Stimme testweise in tiefere Gefilde sacken, ohne dabei zu verkrampfen. Sprechen Sie doch mal mit dem Brustton der Überzeugung. Die Stimme kann variieren – in Höhe und Lautstärke, probieren Sie das aus. (Tönen Sie doch mal Vokale im Auto, üben Sie ruhig und voll zu sprechen und spüren Sie Ihren Körper als Resonanzraum. Das macht bei voller Sauerstoffzufuhr auch einen schönen Teint.)

Pausen leben. Kurze Sprechpausen wirken für den Vortragenden in einer Stresssituation oft wie eine Ewigkeit. Bei den Zuhörern erzeugen sie aber Aufmerksamkeit auf das, was folgt. Gedankenpausen sind nicht peinlich, wenn Sie anschließend geordnet und ruhig fortfahren. *„Der Titel meines Vortrages lautet ... (Pause) ... Charisma."* Durch die Unterbrechung markieren Sie sogar wichtige Worte. Wen es bei einem Vortrag nach einem Schluck Wasser dürstet, der nimmt das Glas selbstverständlich und stellt es langsam wieder zurück – ohne es vorher anzukündigen und ohne sich zu entschuldigen.

Begegnung genießen. Der erste Eindruck birgt viele Chancen. Charismatischen Menschen geht es aber nicht nur darum, wie sie selbst wirken, sondern sie interessieren sich für den anderen und zeigen das. Beispiel: Wenn Sie beim Vorstellen den Namen nicht verstehen, dann fragen Sie nach. Wer Interesse am Gegenüber hat, schaut ungehetzt und fokussiert und ist bei einer Begegnung ganz im Moment. Das zeigt Respekt und Wertschätzung. Verschenken Sie doch mal öfter 100%ige Aufmerksamkeit.

Angemessenheit und Flexibilität
Wer Signale nur dem Ziel verschreibt, eine höhere Wirkung zu erzielen, läuft Gefahr zu versteifen und als Klischee zu enden. Je status- und emotionsflexibler sich ein Mensch verhält, desto wirkungsvoller ist seine Ausstrahlung. Nehmen Sie nicht alles persönlich. Kultivieren Sie Humor, auch über sich selbst. Realisieren Sie immer, dass die Zeit auf Erden begrenzt ist und Sie Teil eines Spiels sind. Jederzeit ersetzbar. Bleiben Sie uneitel und trotzdem klar und deutlich.

Wenn Sie die Erfahrung machen, dass Ihnen einzelne Verhaltensweisen nicht liegen, weil Sie sich nicht wohlfühlen, dann fahren Sie sie zurück. Weniger ist oft mehr, wenn Sie dadurch denken: Das passt zu mir, das bin ich.

Authentisch sein

Folgen Sie Ihrem eigenen Weg und meiden Sie die ausgetretenen Pfade der anderen. Jenseits von massenmedialer Verwässerung und Überbenutzung des Begriffs (Paris Hilton als Charismatikerin) können bei der Beschäftigung mit dem Thema Charisma positive, der Gemeinschaft nützende Verhaltensweisen entdeckt werden, die die heilenden und unterstützenden Komponenten von Charisma in den Vordergrund stellen. Charismatisches Verhalten auf dem Boden persönlicher Reife und Tugendhaftigkeit sowie eine über sich selbst hinausgehende, visionäre Kraft sind glaubwürdig und authentisch.

Hier kann Charisma dann als selbstbestimmtes, frei wählbares Verhalten entstehen, das wertschätzend und einigend in Konflikten ist und Menschen in positiver Weise „heilend und integrierend" beeinflusst. Begleitet von persönlicher menschlicher Reifung, die bei gutem Coaching eigentlich immer passiert, ist es durch charismatisches Verhalten möglich, die eigenen Fähigkeiten und Talente bestmöglich in ein System einzubringen und auch die Begabungen anderer Menschen zu fördern bzw. sogar erst zu entfalten. Charismatisches Verhalten wird zur Ressource, wenn es zur Gestaltung und Ermöglichung von Situationen eingesetzt wird, in denen dadurch das Beste geschehen kann.

Nur wer Profil hat, hinterlässt Spuren.

KEREEN KARST

DARIN BIN ICH *PROFESSIONAL WOMAN*: Selbstständige Personal- und Organisationsentwicklerin, Coach und Trainerin. Ich entwickle Menschen und Organisationen, die in einer Veränderung sind; spende und steuere vor allem Energie und gebe Orientierung. Mein Talent ist der schnelle und direkte Zugang zu Menschen, der mich andere bewegen lässt.

DAS HABE ICH VORHER GEMACHT: Leitung einer mittelständischen Personalabteilung, mehrere Jahre aktiven Verkauf und Kundenservice.

DAS HAT MEINEM LEBEN RICHTUNGSÄNDERUNGEN GEGEBEN: Ein Jahr Auslandsaufenthalt in Kanada, die Entscheidung zur Selbstständigkeit nach 15 Jahren Angestelltenzeit, meine erste Coaching- und NLP Ausbildung, das Leben in einer Patchworkfamilie, die regelmäßige Selbst-Reflexion.

FÜR ERFOLG BRAUCHT MAN: Freude an dem, was man tut, seinen Talenten entsprechend das passende Umfeld und natürlich auch Aktivität, Ausdauer und Steher-Qualitäten.

DAS HABE ICH ZULETZT GELERNT: Mut aufzubringen und mir zu vertrauen, meinen Beruf auch auf Englisch auszuüben und die ersten Workshops und Coachings in Englisch zu leiten.

DAS WÜRDE ICH GERNE NOCH LERNEN: Hier und da meine Power auszubalancieren, Druck und Tempo rauszunehmen und mehr (nur) „im dritten Gang" zu fahren.

DIESER FILM GEFÄLLT MIR: Mich hat „Dead Man Walking" mit Sean Penn sehr fasziniert.

DIESES BUCH GEFÄLLT MIR: Ein echter, sehr aktueller, spannender und bewegender Lebensbericht, ganz nah an unserem Leben: „Ich bin Zeugin des Ehrenmords meiner Schwester", von Nourig Apfeld.

DIESES BUCH EMPFEHLE ICH DEN LESERINNEN MEINES BEITRAGS BESONDERS: „Du bist, was Du sagst – Was unsere Sprache über unsere Lebenseinstellungen verrät" von Joachim Schaeffer-Suchomel.

IN DIESER LANDSCHAFT HALTE ICH MICH GERN AUF: Im Grünen, im Wald, das entspannt mich sehr, lässt mich tief und ruhig durchatmen, erdet mich und ich komme zu mir.

EINE STADT, DIE ICH LIEBE: Vancouver, wie genial ist das: Man hat Strand & Meer, Berge vor der Tür zum Skifahren, Großstadtflair und mildes Klima. Wonderful!

DAS BERÜHRT MICH: Wenn Menschen sich öffnen und Gefühle zeigen.

DAS KOSTET MICH KRAFT: Mein Tempo zu drosseln, langsam und deutlich zu sprechen, darauf zu achten, dass andere mitkommen.

DAS GIBT MIR KRAFT: Mein Heim und meine Partnerschaft, Gespräche mit meinen Freunden, Ruhezeiten mit mir selber, Reisen zum Abstand gewinnen und neu betrachten, mich körperlich zu betätigen und mich dabei zu spüren.

DAS TUE ICH GERN FÜR MICH: Zur Massage, zur Kosmetik gehen und die Wärme der Sauna genießen.

DIESE RESSOURCEN KANN ICH EMPFEHLEN: Schreiben, Gedanken aufschreiben, Tagebuch schreiben. Interessant dazu Folgendes: Welche Art von Problemlösung ruft welche Reaktionen hervor? Eine Studie sagt: mit Freunden sprechen verschlimmert die Dinge oft gar. Zu einem externen Berater gehen verbessert sie manchmal. Beste Ergebnisse erfolgen beim Schreiben. Denn das wunderbare und heilsame „langsame Verfertigen von Gedanken" beim Sprechen ist beim Schreiben noch ausgeprägter.

MEIN SCHÖNSTER LUSTKAUF: 2 Flugtickets nach NY, für eine zauberhafte Woche mit meinem Mann zum Hochzeitstag.

DAS TUE ICH, WENN ICH ÜBERRASCHEND ZWEI STUNDEN ZEIT GEWINNE: Mich auf meine Couch lümmeln und entspannen und vielleicht eine Freundin anrufen oder TV gucken.

ETWAS WICHTIGES, DAS ICH AUF DEM WEG ZUR *PROFESSIONAL WOMAN* GELERNT HABE: Andere besser zu verstehen, in dem ich auch höre und sehe, was „hinter" dem gezeigten Verhalten oder dem gesagten Wort stehen mag – ich frage mich: Was bewegt denjenigen wirklich, was treibt ihn, worum geht's eigentlich?

MEINE WWW(S): www.kereenkarst.de und www.karsting.de.

KEREEN KARST
Die Dinge kraftvoll auf den Punkt bringen: Power-Kommunikation bringt Frauen weiter

Der Talmud sagt:
Achte auf deine Gedanken, denn sie werden Worte.
Achte auf deine Worte, denn sie werden Handlungen.
Achte auf Deine Handlungen, denn Sie werden Gewohnheiten.
Achte auf deine Gewohnheiten, denn sie werden Dein Charakter.
Achte auf Deinen Charakter, denn er wird Dein Schicksal.

Es ist ein alter Hut: Sprache schafft Bewusstsein. Interessant ist jedoch, dass Menschen im Alltag, im Beruf und selbst bei wichtigen Präsentationen oder Geschäftsgesprächen trotzdem relativ wenig Aufwand betreiben, um ihre Kommunikation bewusst und gezielt einzusetzen und somit ihre Interessen aktiv zu vertreten. Dabei ist Sprache ein wichtiges Medium des Ausdrucks und beeinflusst Sprecher und Hörende gleichermaßen. Das gilt für Frauen und Männer – Frauen sind jedoch häufig weniger geübt darin, ihre Sprache auch dafür zu nutzen, sich durchzusetzen, was im Berufsalltag und in Führungspositionen sehr wichtig ist.

Die wichtigste Botschaft zuerst: Worte wirken wirklich!

Ich möchte Ihnen, liebe Leserin, in meinem Beitrag zu diesem Buch einige interessante und vor allem konkrete Möglichkeiten einer kraftvollen Kommunikation zeigen, die Ihnen ein größeres Repertoire an Kommunikationsverhalten bieten. Dazu habe ich Beispiele aus meinem Coaching- und Beratungsalltag für Sie zusammengetragen, um Ihnen aufzuzeigen, wie Sie klare Ansagen machen können, sprachlich überzeugen und dadurch bewusst Gespräche steuern können.

Dazu möchte ich als Erstes eine kleine historische Begebenheit erzählen: Benjamin Zander, Chefdirigent der Bostoner Philharmoniker, berichtete in einer seiner wunderbaren Reden von einer bemerkenswerten Szene, die deutlich macht, wie Kommunikation funktioniert. Zwei Schuhverkäufer sind Ende des 19. Jahrhunderts in Afrika unterwegs und melden an ihr Unternehmen jeweils einen Text zum gleichen Thema. Der eine telegrafiert: „Unterfangen aussichtslos. STOP. Hier trägt niemand Schuhe. STOP". Der andere berichtet: „Grandiose Chance. STOP. Hier trägt noch niemand Schuhe. STOP".

Ein schönes Beispiel, wie Sprache unser Inneres, unsere Wahrnehmung ausdrückt – hier erleben zwei Schuhverkäufer dieselbe Landschaft und der eine deutet sie als begeisternde Chance, der andere als völlig uninteressant.

Führung durch Sprache

Eine Kundin, die sich in ihrer Führungskompetenz entwickeln wollte, sagte zu mir: „*Ich möchte kein Führer sein, äh, nicht führen, eher sehe ich uns als Team, und ich möchte der Captain sein.*"

Die Art ihrer Ausdrucksweise legte die innere Rollendiffusion meiner Kundin frei: Sie sah sich lieber als Kollegin denn als Chefin und kam so in ihrem Führungsalltag in Rollenkonflikte. Für meine Coachingarbeit war somit im ersten Schritt wichtig, über ihr Rollen- und Selbstverständnis als Führungskraft zu sprechen, ehe es um Führungstechniken gehen konnte.

Eine andere Kundin sprach in einem Coaching des Öfteren von „*ihren Mädels*", wenn sie über ihren Führungsalltag sprach. Diese Frau empfand sich unüberhörbar als Mutter des Teams, sah ihre Mitarbeiterinnen als ihre Kinder an. Handelten die Kinder dann jedoch nicht wie vereinbart oder zeigten sich ob einer freundlichen Geste seitens der Chefin nicht dankbar, verstand meine Kundin die Welt nicht mehr. Ihre Vokabel „*meine Mädels*" offenbarte mir ihren inneren Stolperstein. Denn: Als Führungskraft ist sie nicht die Mutter ihres Teams, sondern die Chefin. Ihre Mitarbeiter kommen morgens durch die Unternehmenstür, weil sie hier Geld verdienen und einen Arbeitsvertrag unterschrieben haben – und nicht, weil sie ihrer Chefinnen-Mutter gefallen wollen. Seitdem dies auch meiner Kundin bewusst ist, ist eine andere Wortwahl für sie möglich – sie hat ihre Rolle für sich neu klären können.

ÜBEN SIE SICH IN DER SPRACHANALYSE, DAMIT IHRE KOMMUNIKATION DIE PASSENDE WIRKUNG ENTFALTET!
Üben Sie als Erstes aus der Beobachter-Rolle heraus. Werden Sie zur Diagnostikerin, zum Sprach-Profiler: Setzen Sie sich ein paar Tage lang bewusst die Analysebrille auf und beobachten Sie Menschen bei Unterhaltungen, in der Bahn, im Restaurant oder im Aufzug. Analysieren Sie das Sprachverhalten Ihrer Umwelt mit Hilfe der folgenden Fragen:
• Was sagt die beobachtete Person?

- Worauf legt sie Wert?
- Was fokussiert die Person inhaltlich in ihren Aussagen? Welche Worte werden eingesetzt? Wird eher sachlich oder eher persönlich argumentiert?
- Hören Sie Konjunktive und unbestimmte Worte?
- Redet derjenige gezielt über einen Themenpunkt oder eher um das Eigentliche herum?
- Braucht er viele oder wenige Worte, um sich auszudrücken?
- Wie lang ist ein Satz?
- Welches Bedürfnis, welche Motivation und Grundeinstellung vermuten Sie hinter den gehörten Worten?
- Wie wirkt die Person auf Sie: sicher, unsicher, hart, weich, kompetent, klar und kraftvoll?

Typische Fehler von Frauen bei der Kommunikation

Ich sitze vor einigen Monaten mit mehreren Kolleginnen und Kollegen im Rahmen eines großen Projektes in einer Besprechung zusammen, und wir diskutieren eine bestimmte Vorgehensweise.

Karin S. hat einen Vorschlag und sagt: *„Es würde noch eine andere Möglichkeit geben und es könnte gut sein, dass diese dem Kunden eher hilft; daher schlage ich vor, wir könnten dies nochmal zusammen diskutieren. Es geht darum, ... aber ich weiß nicht, wie wir das dem Kunden erklären können und ob das für Euch, aus Eurer Sicht auch in den Gesamtprozess passen würde."*

Unsere Sprechweise deckt die persönlichen Hintergründe unseres Tuns und Denkens auf. Der Ton macht die Musik. Es ist relevant, wie jemand etwas sagt. Karin S. spricht freundlich, höflich, zurückhaltend – sie trägt ihre fachliche Meinung zögernd, leise und mit weichen Worten vor. Sie verpasst die Chance, die Gruppe mit ihrem Sprachbeitrag zu führen und das zu erreichen, was sie für eine gute Idee hält.

Was hätte Karin S. sprachlich anders machen können? Die Lösung liegt darin, Power-Kommunikation einzusetzen. Dabei geht es nicht um Machtausübung oder verbale Bolzerei. Vielmehr übersetze ich den Begriff der Power mit dem der Wirksamkeit.

Wenn Sie mit Sprache führen möchten, dann stellen sich also folgende Fragen:

- Wie kann ich wirksam und effektiv in genau dieser Situation und mit diesem Gegenüber so kommunizieren, dass ich eine positive Sogwirkung erziele und genau das ausdrücke, was ich meine?
- Und wenn ich überzeugen will, wie kann mir das spielend leicht gelingen?

Dabei spielt es keine Rolle, ob es sich um eine Besprechung, ein Verkaufsgespräch oder eine Diskussion mit Ihrem Partner handelt.

ÜBEN SIE SICH IN SELBSTBEOBACHTUNG UND SELBST-BEWUSSTSEIN, DAMIT IHRE KOMMUNIKATION AN FLEXIBILITÄT GEWINNT!
Lieblingsformulierungen zeigen Ihnen und Ihrem Umfeld, was Ihnen wichtig ist, wie Sie als Mensch geartet sind und welche Einstellung Sie zu etwas haben. Hören Sie sich also bewusst einen Tag lang selbst zu, und schreiben Sie Ihre Dialoge auf. Schreiben Sie auf, welche Sätze Sie laut und auch leise innerlich immer wieder sagen. Welche Sätze oder Vokabeln sind typisch für Sie? Fragen Sie beste Freunde, enge Kollegen oder Ihren Partner, die oft mit Ihnen sprechen.

		Nutzen Sie die Kurzformel der Power-Kommunikation
P	**Persönlich** → „ich" statt „man"	Seien Sie **persönlich**. Sprechen Sie nicht von „man", sondern von sich. „Ich" heißt die richtige Vokabel, um als Individuum wahrgenommen zu werden. Zeigen Sie sich, auch verbal, und stehen Sie zu Ihrer Meinung. „Mir ist wichtig ..." „Ich möchte gerne noch als Idee einbringen ..." Auch in Konfliktgesprächen: Nutzen Sie Formulierungen wie „Aus meiner Sicht ..."
O	**Orientierung** → kommen Sie auf den Punkt	Geben Sie Ihrem Gesprächspartner im Gespräch zügig eine **Orientierung**, was Thema & Ziel Ihres Redebeitrages ist. Sagen Sie, worum es Ihnen geht – in knackig-kurzen Sätzen.
W	**Wunsch/Bedürfnis** → erst innen, dann außen	Äußern Sie klar Ihren **Wunsch** oder Ihr **Bedürfnis**. Was ist Ihr Anliegen? Kommen Sie direkt auf den Punkt. „Mir ist wichtig, das Thema von gestern heute noch einmal zu besprechen; mir geht's dabei um **Klarheit**, wo jeder von uns steht." „Wenn ich Ihnen einen Vorschlag mache, bitte ich Sie anschließend um Ihr **Feedback**." Klären Sie zuerst für sich im Inneren, was Sie eigentlich wollen und sprechen Sie es dann auch aus. So werden Sie als selbstsicher und klar wahrgenommen.

E	Ehrlichkeit → Mensch statt Mauer	Wir erleben Menschen dann als vertrauensvoll und positiv beeindruckend, wenn wir ihnen glauben und sie sich als Mensch authentisch zeigen. Das Gegenteil sind Menschen, die sich hinter Fakten verstecken und verbal eine emotionslose Mauer aufbauen. Trauen Sie sich, eine persönliche Meinung zu äußern und ehrlich zu sein (dem Kontext angemessen).
R	Ruhe → Fakten statt Interpretationen	Im Zweifel immer **sachlich** und damit **ruhig** bleiben. Sagen Sie, was Sie beobachten, gehört oder gelesen haben, nicht was Sie interpretieren oder glauben zu wissen. Damit bleiben Sie automatisch ruhig, sachlich und überzeugend.
-K	Konkret → Indikativ statt Konjunktiv	Der größte Faux-Pas vieler Frauen: Sie sprechen in Möglichkeiten, ausgedrückt in Konjunktiven (könnten, müssten, würden), die das Gesagte weich machen, so wie auch Füllwörter es tun (vielleicht, eigentlich). Sprechen Sie **konkret**! Haben Sie eine Meinung, dann stehen Sie dazu! Statt „Ich würde gerne mit Ihnen nochmal über … sprechen." → „Ich möchte bitte mit Ihnen noch einmal über … sprechen."

Wie Sprache die Karriere beeinflusst – ein Beispiel aus der Praxis

Coaching ist eine erfolgreiche Methode zur beruflichen und persönlichen Weiterentwicklung. Als Coach begleite ich Veränderungsprozesse im 4-Augen-Gespräch und unterstütze meinen Coachee, eigene Lösungen für Probleme oder Stolpersteine zu finden und so eigene Visionen, Ziele und Handlungsmöglichkeiten zu verwirklichen.

Wenn Sie sich eine Lampe vorstellen, die über Ihrem Kopf hängt und einen Lichtkegel mit einem gewissen Blickfeld erzeugt, dann versetzt Coaching den Coachee in die Lage, diese Lampe umzuhängen und so mehr Licht zu ermöglichen. Neue Perspektiven eröffnen sich, blinde Flecken werden deutlich, und der Coachee findet neue Ideen oder Lösungen, die einen Unterschied machen, das Bisherige *jetzt* anders zu erleben. Wer es noch nie erlebt hat, sollte sich unbedingt einmal ein Coaching gönnen. Denn Coaching kann man nicht erklären, man muss es erleben!

Ich erzähle Ihnen nun die Coachinggeschichte von Sabine M. – ein Coaching, das für mich sehr beeindruckend war und für Sabine M. ein Meilenstein ihrer beruflichen Karriere werden sollte.

Die Geschichte von Sabine M.: Sich als FRAU verbal durchsetzen

Sabine M. ist eine patente, fachlich erfolgreiche Abteilungsleiterin in einem deutschen Konzern im technischen Umfeld; sie bat mich um ein 1-tägiges Coaching, während dessen ich sie im Alltag begleiten, in ihrem Agieren beobachten und ihr Feedback geben sollte.

Ich nenne das KARST!NG, weil ich für solche besonderen Coachings einen speziellen Interventionskoffer gepackt und darin Verhaltensbeobachtung und direkte Übung am Arbeitsplatz miteinander kombiniert habe.

Das Coachingthema von Sabine M.: Sie ist groß und gut aussehend, fachlich sehr kompetent – in manchen Themen kompetenter als ihre hierarchisch gleichgestellten männlichen Kollegen; außerhalb ihrer eigenen Abteilung, z.B. in Projektmeetings, konnte sie sich jedoch bisher nicht durchsetzen. Ihre Beiträge wurden von den Kollegen regelrecht überhört, sie wirkte auf sie brav und zurückhaltend – und wurde trotz ihrer Erscheinung übersehen.

Von sich selbst sagt sie zu Beginn des Coaching: „Ich bin nett, freundlich, vertrete meine Meinung eher zurückhaltend bis gutmütig und teamorientiert. Ich verstehe nicht, warum ich abgebügelt werde und denke in Meetings oft: ‚Nun lasst mich doch mal reden!' Ich mag diese dominanten Redner nicht, und mir fehlt das Selbstvertrauen und Durchsetzungsvermögen. Theoretisch weiß ich, wie alles geht, aber irgendwie krieg ich es nicht hin."

Wir vereinbaren nach einem Vorgespräch, dass ich Sie sowohl in ihrem eigenen Team erlebe als auch in zwei Besprechungen, die just am Coachingtag stattfinden und an denen die entsprechenden bereichsfremden Herren teilnehmen, von denen sie sagt, dass sie bei ihnen nicht zu Wort kommt. Ich gehe offiziell als ihr Coach mit und darf in all diesen Besprechungen im Hintergrund sitzen und beobachten.

Am Coachingtag erlebe ich Sabine M. zunächst in einem Gespräch mit einer Mitarbeiterin aus dem eigenen Team freundlich, sachlich, entspannt – in klaren, deutlichen und kurzen Sätzen sprechend. Sie wirkt fachlich kompetent, gibt Orientierung, hinterfragt und ist sehr fokussiert auf das Thema und ihre Mitarbeiterin.

Ich höre Sätze wie:

- *„Ich bitte Sie ... zu tun."*
- *„Wie sind Sie ... erreichbar?"*
- *„Bis wann, denken Sie, können wir ...?"*
- *„Wie ist Ihre Meinung zu dem Fall?"*
- *„Mir ist wichtig, dass wir bis ... Du solltest bitte dabei ... und denk bitte auch an ..."*

- *„Ist das so o.k. und verständlich für Dich?"*

Auch in einem späteren Telefonat mit einem externen Dienstleister ist Sabine M. ruhig, bestimmt, sagt klar, was sie will und was nicht geht, lobt, dankt und deutet verbal konkret auf ihr Ziel hin. Alles prima.

Dann folgt ein zweites Gespräch – und etwas Merkwürdiges passiert: Ein hierarchisch gleichgestellter Kollege aus einem anderen Standort kommt ins Büro und hat eine Frage zum Projektstatus. Es bahnt sich ein leichter Konflikt an. Sabine M. will ihren Standpunkt verdeutlichen und ihr Gegenüber von ihrer Meinung überzeugen.

Nun höre ich auf einmal neue Tonlagen und Formulierungen:
- *„Vielleicht können Sie verstehen, dass ...?"*
- *„Ich würde Sie bitten, wenn Ihnen das möglich ist, eventuell auch zu verstehen, dass ..."*
- *„Was meinen Sie: geht das?"*

Zwischendurch lacht Sabine M. immer wieder unsicher auf. Verlegenheit? Irritation? Das Lachen wirkt unpassend, mädchenhaft, kindlich. Und die vielen Konjunktive lassen Sabine M. schwammig bleiben, sie wird ein leichter Köder für den Kollegen, der nun ein Stück mehr seine Position durchbringen kann. Der Fall bleibt für den Moment sachlich ungeklärt. Sabine M. ist frustriert.

Nachmittags in einem großen Meeting wird es noch deutlicher: Sabine M. sitzt mit vier Herren aus anderen Bereichen, gleich- oder höherrangig, in einer Projektsitzung. Ich höre von ihr wieder das seltsame Lachen, unzählige Fragezeichen, viele Konjunktive und keinen Satz, der mit „Ich" beginnt.

Was passiert hier gerade? Sabine M. demontiert ihre eigene Performance – einzig und allein durch ihr Sprachverhalten. Statt direkter Appelle setzt sie bittende Worte und Formulierungen ein, die weder ihrer Kompetenz noch ihrer hierarchischen Position entsprechen. Kein Wunder, dass sie hier keine Chance hat zu punkten.

Ich! Bin! Kompetent! Und! Nicht! Dominant!
Wir arbeiten an Sabine M.s Selbst-Positionierung. Dabei spiegele ich ihr zunächst, dass sie sehr empathisch mit Menschen umgeht, lächelt, zuhört, integrierend und kollegial auftritt, dies jedoch übertreibt, wenn sie in den Kleinmädchen-Status rutscht.

Wir machen uns gemeinsam auf die Suche nach den unbewussten Motiven, die hinter diesem Verhalten stecken. Sabine M. fragt sich, wie viel sie von sich zeigen darf und wann es in Ordnung ist, als Frau dominant aufzutreten. Auch ihre nonverbale Sprache nimmt nicht viel Raum und Platz ein, sie zeigt nur minimale Gestik. Ich nehme ihr die Sorge, andere zu überrollen und wie ein Mannweib zu wirken. Davon ist sie weit entfernt. Die klare und direkte Sprache beherrscht sie in ihrem eige-

*nen Team – also kann sie diese auch auf Situationen in anderen Hierarchien über-
tragen.*

*Wir üben Formulierungen: Ich-Aussagen und Sätze mit einem Ausrufezeichen.
Die Sätze haben den gleichen Inhalt wie sonst auch, sie wirken jedoch anders. Sabine
M. bezieht damit Position, sie zeigt sich, nimmt Raum ein und beweist ihre Kompe-
tenz auch in der Sprache. Statt Fragen stehen jetzt Aussagen auf dem Programm.*

*Nach dem eintägigen Coaching übt Sabine M. auch in Projektsitzungen mit Kol-
legen ihre neue Power-Kommunikation. Sie berichtet mir zwei Wochen nach dem
Coaching begeistert davon, dass sie sich in einem schwierigen Meeting gegen ihre Kollegen durchsetzen konnte, ohne das Gefühl zu haben, sich wie ein Mann und damit
unweiblich zu benehmen. Ziel erreicht!*

Frauen in Führungspositionen kommunizieren häufig nicht rollengemäß und
machen dadurch regelmäßig die Erfahrung, dass sie nicht gehört, nicht ausreichend ernst genommen werden oder einfach nicht überzeugen können. Gezieltes
Bewusstmachen, Coaching und Übungen kraftvoller Worte und Formulierungen
helfen Führungsfrauen in ihrer verbalen Performance. Ihre Sprache sollte kraftvoll
wirken, sie wollen Vertrauen bilden und damit einen positiven Sog erzeugen, wirksam überzeugen und sich klar ausdrücken!

Nutzen Sie für Ihre Power-Kommunikation wirksame Formulierungen!

Ersetzen Sie Unworte (links) durch Vertrauen bildende und starke Worte (rechts)
wie:

Unworte	Starke Worte
Ich werde versuchen ...	Ich werde ... tun.
Ich würde gerne / ich möchte ...	Ich werde ...
Ich könnte ...	Ich kann ...
Ich sollte ...	Ich werde ...
Ich hätte ...	Ich habe ...
Ich wäre bereit ...	Ich bin bereit...
Ich müsste nur noch ...	Ich muss noch ...
Ich wollte ...	Ich will/Mir ist wichtig ...
Ich glaube ...	Ich bin davon überzeugt ...

Unworte	Starke Worte
Ich helfe Ihnen ...	Ich unterstütze Sie bei ...
Ich verspreche Ihnen ...	Ich sage Ihnen zu ...
Das müssen Sie so sehen ...	Haben Sie schon einmal überlegt, wie ...
Können wir jetzt zum Abschluss kommen ...	Sind nun für Sie jetzt alle Fragen beantwortet?

Power-Kommunikation als Überzeugungs- und Verkaufsinstrument

Führen heißt, Gespräche führen. Dabei ist es unwichtig, ob wir einem Kunden ein Produkt oder eine Dienstleistung überzeugend präsentieren und verkaufen wollen oder einen Mitarbeiter, Projektkollegen oder den eigenen Partner begeistern und von einem Ziel überzeugen wollen. Wir nutzen Worte und Argumente, um uns und unsere Idee gut zu verkaufen. Dazu führen wir Gespräche.

Ich verrate Ihnen ein Geheimnis aus der Welt des Verkaufens. Verkäufer wissen: Nur wenn der Kunde einen Vorteil aus dem angebotenen Produkt oder der Dienstleistung ziehen kann und einen Nutzen für sich sieht, kommt der Verkaufserfolg. Mit rein sachlichen Argumenten hat selten jemand erfolgreich verkauft. Es gehört eine große Portion Psychologie dazu. Wer erkennt, was einen Kunden antreibt, kann darauf reagieren und die geheimen Wünsche des Kunden für sich nutzen. Denn eine Kaufentscheidung fällt nicht (nur) im Kopf.

Sehen Sie nun Ihre Ansprache vor Mitarbeitern, Kollegen in einem Projektmeeting oder auch die Diskussion um das nächste Reiseziel mit Ihrem Partner einmal als Verkaufsgespräch – Sie wollen Ihre Meinung überzeugend verkaufen. So wird Ihr Mitarbeiter, Partner oder Kollege für einen Moment zu Ihrem Kunden. Und ich zeige Ihnen, wie Sie mit der Kraft der Kaufmotiv-Sprache punkten und Ihre Ziele erreichen.

Der innere Antrieb des Menschen, sich für eine bestimmte Alternative zu entscheiden, wird als Motiv bezeichnet. Motive sind zeitlich überdauernd und bilden sich früh im Kontext von Persönlichkeit, Erfahrung und Erleben. Jeder Mensch hat eine bestimmte Motivkonstellation – also innere Bedürfnisse, die befriedigt werden wollen. Verkäufer nutzen diese Motive, um ihr Angebot überzeugend darzustellen. Diese Motive können auch Sie dazu nutzen, Ihre Sprache entsprechend auf Ihr Gegenüber auszurichten.

Es gibt fünf Motive, die einer Kaufentscheidung zugrunde liegen:

Bequemlichkeit	Gewohnheit, Komfort, praktisch
Geldvorteil	Sparen, gewinnen, Vorteil, erhöhen, steigern
Schutz und Sicherheit	Gesundheit, Zuverlässigkeit, leben, verhindern
Prestige, Image	Anerkennung, Einfluss, Beliebtheit, steigern, Aussehen
Neugier, Selbstverwirklichung	Ausprobieren, Überlegenheit, Unabhängigkeit, Bestleistung, erhöhen, meistern, auftreten

Formulierungen, die Ihnen helfen, Ihre Power-Kommunikation passend zum Motiv Ihres Gegenübers auszurichten:

Motive	Nutzenformulierungen
Bequemlichkeit	„Sie können ganz einfach ...“ „... sind Sie unabhängig ...“ „... das erleichtert Ihnen ...“ „Sie brauchen sich um nichts zu kümmern ...“
Geldvorteil	„Sie sparen ... und gewinnen ...“ „... bringt Ihnen zusätzlich ...“ „Sie senken ...“
Sicherheit	„Sie können darauf vertrauen, dass ...“ „... das bewahrt Sie ...“ „... gewährleistet Ihnen ...“ „Sie profitieren ...“
Prestige, Image	„Sie haben einen Vorsprung ...“ „Sie setzen auf einen guten Namen ...“ „Sie liegen damit absolut im Trend ...“ „Sie gewinnen ein neues Profil hinzu ...“
Neugier, Selbstverwirklichung	„Sie können ... selbst ausprobieren.“ „Sie werden Spaß haben.“ „Sie werden überrascht sein.“ „Die neueste Entwicklung ...“

IHRE MOTIV-ÜBUNG FÜR DEN ALLTAG
Schritt 1:
Hören Sie genau zu, was Ihr Gegenüber sagt und analysieren Sie, welche Argumente und Worte seine Motive freilegen. Prüfen Sie: Wonach entscheidet er, ob er etwas gut findet oder nicht?
Schritt 2:
Drücken Sie Ihre eigene Argumentation so aus, dass diese dem Motiv Ihres Gegenübers entspricht. So können Sie ihn überzeugen und für sich gewinnen.

Sprache läuft über die Sinne: Nutzen Sie alle Kanäle!

Jeder Mensch ist anders gestrickt – und die Kunst ist es, das richtige Strickmuster zu finden, um unterschiedliche Menschen gleich gut zu erreichen. Das Strickmuster der gelungenen Kommunikation wird bestimmt durch unsere fünf Wahrnehmungsmuster: visuell, auditiv, kinästhetisch, olfaktorisch und gustatorisch. Dies ist für unsere Power-Kommunikation eine sehr hilfreiche Ebene, um sie wirkungsvoll einzusetzen.

Menschen nehmen unterschiedlich wahr und verarbeiten in ihrem internen System individuell verschieden. Jeder Mensch hat andere Präferenzen, welche Sinneskanäle er beim Senden und Empfangen hauptsächlich aktiviert. Wenn Sie auf allen Kanälen funken und aufnehmen wollen, sollten Sie Ihre Sprache entsprechend anreichern. Das führt zu mehr Verständigung und Verständnis.

Wahrnehmungskanäle	Verarbeitungsarten
Visuell = sehen	Inhalte, Bilder, Form, Farbe, Bewegung, Position
Auditiv = hören	Töne, Geräusche, Melodie, Modulation, Tonlage
Kinästhetisch = spüren, fühlen	Temperatur, Muskeltonus, Spannungszustände
olfaktorisch = riechen	Gerüche und deren Intensität und Richtung
gustatorisch = schmecken	Geschmacksqualitäten und deren Intensität

Das Ziel für eine gelungene Kommunikation ist, die Sinnespräferenzen unseres Gesprächspartners zu erkennen und die eigene Kommunikation darauf einzustellen. Dadurch begegnen wir unserem Gegenüber auf derselben Sprachwelle, geben dem anderen ein gutes Gefühl und erleichtern auf diesem Wege die gemeinsame Kommunikation.

Visuelle Wörter und Redewendungen	Auditive Wörter und Redewendungen	Kinästhetische Wörter und Redewendungen	Olfaktorische Wörter und Redewendungen	Gustatorische Wörter und Redewendungen
Perspektive	klingen	haarscharf	riechen	lecker
Einblick	gehört werden	spannend	duftig	köstlich
Licht ins Dunkel bringen	ganz Ohr sein	bewegen	stinkig	schmecken
absehbarer Zeitrahmen	Totenstille	einfühlen	das stinkt mir	auf den Geschmack gekommen
Farbe bekommen	das Gras wachsen hören	verwurzelt sein	anrüchige Gesellschaft	Schokoladenseite zeigen
rosarote Brille tragen	Daher pfeift der Wind.	etwas begreifen	etwas erst beschnuppern	Mir läuft das Wasser im Munde zusammen.
Tunnelblick	Das klingt vernünftig.	belastet werden	Stallgeruch haben	Rache ist süß.
Ich möchte, dass du mich ansiehst.	von Tuten und Blasen keine Ahnung haben	in die Ecke gedrängt werden	die Nase überall reinstecken	Es kotzt mich an.
Silberstreif am Horizont sehen	nur mit einem Ohr zuhören	Es wird schon gehen.	eine Nase dafür haben	eine delikate Angelegenheit
schwarzsehen	ich möchte ausdrücklich betonen	Knüppel zwischen die Beine werfen	den Braten riechen	es satt haben
den Augen nicht trauen	im Einklang sein	ein Stein vom Herzen gefallen	Da kannst du Gift drauf nehmen.	sauer aufstoßen
Land in Sicht		in den Griff bekommen		
glänzende Aussichten		Mich drückt der Schuh.		

Visuelle Wörter und Redewendungen	Auditive Wörter und Redewendungen	Kinästhetische Wörter und Redewendungen	Olfaktorische Wörter und Redewendungen	Gustatorische Wörter und Redewendungen
den Wald vor lauter Bäumen nicht sehen		Das Eis ist gebrochen.		
		etwas aus dem Ärmel schütteln		

Sie können ein- und dieselbe Aussage auf verschiedene, sinnesspezifische Arten formulieren. Die wichtigsten Ebenen, die von den meisten Menschen unterschiedlich stark präferiert werden, sind die visuellen, auditiven und kinästhetischen Kanäle.

So können Sie sich auf den drei wichtigsten Sinneskanälen ausdrücken:

Botschaft	visuell	auditiv	kinästhetisch
Ich verstehe Sie (nicht).	Ich sehe (nicht), was Sie meinen.	Ich höre Sie (nicht) deutlich.	Ich habe (nicht) das Gefühl, dass das, was Sie sagen, richtig ist.
Ich möchte Ihnen etwas mitteilen.	Ich möchte Ihnen etwas zeigen (ein Bild von etwas).	Ich möchte, dass Sie sorgfältig auf das hören, was ich Ihnen sage.	Ich möchte, dass Sie mit mir in Kontakt kommen.
Beschreiben Sie mir mehr von Ihrer gegenwärtigen Erfahrung.	Beschreiben Sie mir deutlich das Bild, was Sie jetzt sehen.	Erzählen Sie mir genauer, was Sie jetzt sagen möchten.	Lassen Sie mich mit Ihrem jetzigen Gefühl in Kontakt kommen.
Ich mag die Erfahrung, die wir beide jetzt machen.	Jetzt sehe ich das wirklich klar und deutlich.	Das hört sich für mich wirklich gut an.	Das gibt mir ein gutes Gefühl. Ich habe ein gutes Gefühl bei dem, was wir machen.

Botschaft	visuell	auditiv	kinästhetisch
Verstehen Sie, was ich sage?	Sehen Sie, was ich Ihnen deutlich machen möchte?	Hört sich das, was ich Ihnen sage, für Sie richtig an?	Ist das, womit ich Sie in Kontakt bringe, Ihrem Gefühl nach richtig?

Mein Fazit: Powern Sie mit Ihrer Kommunikation!

Innere Klarheit und eine positive Haltung erzeugen starke Worte im Außen. Sprache schafft Bewusstsein und Wirkung. Worte sind ein Teil unseres Images, sie werden zu Handlungen und damit zu Realität.

Machen wir uns nichts vor: Wir alle wollen gut dastehen, wir wollen gemocht werden, wir wollen, dass unser Tun gelingt. Warum sollen wir also nicht unsere Sprache als bewusstes Mittel einsetzen, um unsere Vorstellungen zu vermitteln?

Die Fähigkeit, andere Menschen zu begeistern, zu beeinflussen, Sog zu erzeugen – diese Fähigkeit beeinflusst stark, ob wir überzeugend sind oder nicht. Nutzen Sie also die Geheimnisse und Lösungsideen der Power-Kommunikation im Alltag – mit dem Ziel, gute Gespräche zu führen und authentisch zu überzeugen!

NICOLA FRITZE

DARIN BIN ICH *PROFESSIONAL WOMAN*: Als selbstständige Rednerin, Trainerin und Coach engagiere ich mich mit viel Begeisterung und Leidenschaft für Menschen, die ihr Potenzial entfalten wollen, die Wege der Selbstmotivation suchen, die aus wenig hilfreichen Denk- und Verhaltensmustern ausbrechen und einen wertschätzenden Umgang mit sich selbst und anderen entwickeln wollen.

DAS HABE ICH VORHER GEMACHT: Ich habe mein Pädagogikstudium durch 6 Jahre Telefonverkauf finanziert und anschließend drei Jahre ein Team eines Mittelständischen Unternehmens geführt.

DAS HAT MEINEM LEBEN RICHTUNGSÄNDERUNGEN GEGEBEN: Meine Bühnenerfahrungen mit dem Improvisationstheater und dabei insbesondere das Gefühl, vor Publikum auf einer Bühne im Rampenlicht zu stehen, überhaupt keinen Plan zu haben, wie die Szene sich entwickeln wird und einfach sich selbst und seiner Kreativität zu vertrauen. Und natürlich meine Entscheidung, mich selbstständig zu machen und das wunderbare Gefühl, meine eigene Chefin zu sein.

FÜR ERFOLG BRAUCHT MAN: Das Feuer der Begeisterung, das Funken versprüht, Willenskraft, Mut, Ausdauer, Disziplin, die Lust am Lernen und den Glauben an sich und seine Fähigkeiten.

DAS HABE ICH ZULETZT GELERNT: Es ist sehr wichtig, ein gutes Netzwerk zu haben, dem ich wirklich vertrauen kann und das sich gegenseitig unterstützt.

DAS WÜRDE ICH GERNE NOCH LERNEN: Ukulele spielen und singen, über meine Slackline balancieren, ohne in den Teich zu fallen.

DIESER FILM GEFÄLLT MIR: „Willkommen bei den Schti's". Ich lache mich immer wieder kugelig und dabei ist das Thema auch noch tiefsinnig: Mit welchen Vorurteilen laufen wir durch das Leben und wie verhalten wir uns, wenn wir das glauben, was wir denken?

DIESES BUCH GEFÄLLT MIR: Paulo Coelho: „Der Alchimist". Es hat mir zu Beginn meiner Selbstständigkeit Mut gemacht, meinen Traum zu leben.

DIESES BUCH EMPFEHLE ICH DEN LESERINNEN MEINES BEITRAGS BESONDERS: Tom Schmitt und Michael Esser: „Status-Spiele. Wie ich in jeder Situation die Oberhand behalte".

IN DIESER LANDSCHAFT HALTE ICH MICH GERN AUF: Wahlweise in meinem inneren Garten, in dem ich immer wieder Neues entdecke, oder an einem langen Sandstrand, der sich glitzernd und sanft mit dem klaren blauen Meer verbindet.

EINE STADT, DIE ICH LIEBE: Berlin – meine Heimatstadt für die ersten 37 Jahre. Voller Leben, voller Angebote, voller Grün.

DAS BERÜHRT MICH: Wenn ich Menschen berühren kann und sie zeigen, wer sie wirklich sind.

DAS KOSTET MICH KRAFT: Langes Sitzen, den Tag im Dunkeln zu beginnen, zu wenig Schlaf.

DAS GIBT MIR KRAFT: Mich von meinem Mann umarmen lassen, mit einer guten Freundin reden, Yoga, Meditation, in der Natur sein, Blick auf den Horizont, laufen, tanzen, mich mit meinen Gedanken in unserem kleinen Goldfischteich verlieren, ein Stück gute Bitterschokolade lutschen.

DAS TUE ICH GERN FÜR MICH: Jede Art von Massage (davon bekomme ich nie genug), was besonders Gutes essen, ein Vollbad, ein Spaziergang und natürlich auch mal schön shoppen gehen.

DIESE RESSOURCEN KANN ICH EMPFEHLEN: Bewegung in der Natur! Das pustet den Kopf durch, inspiriert und klärt.

MEIN SCHÖNSTER LUSTKAUF: Ein wunderschöner Füller.

DAS TUE ICH, WENN ICH ÜBERRASCHEND ZWEI STUNDEN ZEIT GEWINNE: Dann lasse ich mich überraschen, worauf ich spontan am meisten Lust habe.

ETWAS WICHTIGES, DAS ICH AUF DEM WEG ZUR *PROFESSIONAL WOMAN* GELERNT HABE: Wir dürfen nicht alles glauben, was wir in unserer Innen- und Außenwelt so hören – aber wir sollten stets an uns glauben.

MEINE WWW(S): www.nicolafritze.de.

NICOLA FRITZE
Oben auf der Leiter: Statusmerkmale bewusst einsetzen

Klappe, die erste

Ein Meeting – wie jeden Montag. Diesmal ist ein besonders wichtiges Thema auf der Agenda: Wie können wir unsere Kunden halten, die von einem Mitbewerber gerade massiv abgeworben werden? Sie haben sich im Vorfeld einige Gedanken dazu gemacht und – wie Sie finden – eine wirklich gute Idee entwickelt. Ihr Chef eröffnet das Meeting gleich mit dem brisanten Thema, Ihre überwiegend männlichen Kollegen blättern geschäftig in ihren Unterlagen, da ergreifen Sie sofort die Gelegenheit und bringen Ihre Idee auf den Tisch. Dabei schauen Sie in die Runde und versuchen mit allen Augenkontakt aufzubauen, damit sich alle angesprochen fühlen. Und Sie lächeln, um eine positive Atmosphäre herzustellen: „Ich könnte mir vorstellen, dass ein ganz spezielles Bonus-Programm, von dem nicht nur die ganz Familie, sondern auch Freunde unserer Kunden profitieren, eine Möglichkeit wäre, die Kunden wieder stärker an uns zu binden, weil sie dann einen deutlichen Mehrwert haben, den sie ungern aufgeben wollen. Und dieses Bonus-Programm könnte man auch noch rückwirkend an die Zeit koppeln, die der Kunde schon bei uns ist. Was meinen Sie, wäre das nicht eine gute Lösung?"

Eine Diskussion beginnt. „So was Ähnliches hatten wir schon mal ...", „Das klingt ja wie ein Vielfliegerprogramm ...", „Wieso machen wir es nicht genau so wie unser Mitbewerber ...", „Wir könnten auch mal wieder verstärkt als Sponsor für den Fußballverein an die Öffentlichkeit treten und unsere Beliebtheit dadurch steigern ..."

Sie sind enttäuscht. Ihr Vorschlag wird nicht ernst genommen und erst recht nicht aufgegriffen und weiterentwickelt. Stattdessen scheint es so, als wenn sich Ihre Kollegen durch endlos lange Wortbeiträge profilieren wollen. Sie haben keine Lust bei diesem Spiel mitzumachen. Eine Stunde später ergreift Ihr Kollege rechts von Ihnen das Wort und richtet sich direkt an den Chef: „Ich weiß, was wir tun: Unsere Kunden erhalten Treuepunkte, je länger sie bei uns sind, desto mehr Punkte bekommen sie, auch rückwirkend. Diese Punkte können nicht nur die Kunden selbst, sondern auch deren Familie und Freunde einlösen. So gewinnen wir auch neue Kunden. Wir bieten also einen Mehrwert, auf den unsere Kunden nicht mehr verzichten wollen und deshalb bleiben sie uns treu. Das ist doch die Lösung."

Ungläubig schauen Sie Ihren Kollegen an. Das ist doch exakt *Ihre* Idee von vor einer Stunde! Die anderen sind still. Man denkt nach. Der Chef nickt. Schließlich wird die Idee konkretisiert, weiterentwickelt und abgesegnet. Sie sind frustriert. Warum hat man Sie und Ihre Idee gleich zu Anfang nicht wahrgenommen?

Kennen Sie solche Situationen? Haben Sie auch manchmal das Gefühl, dass Sie und Ihre Vorschläge – ganz besonders in einer männerdominierten Business-welt – nicht ausreichend wahrgenommen werden? Wenn ja, dann liegt es mit hoher Wahrscheinlichkeit an dem Status, den Sie in so einem Meeting beispiels-weise einnehmen.

Was ist Status?

Status ist ein – zumeist unbewusstes – Verhalten, das in der verbalen und nonver-balen Kommunikation eine maßgebliche Rolle spielt. Sobald zwei oder mehr Men-schen aufeinandertreffen, beginnt das Spiel um den Status. Man taxiert – ebenfalls meist unbewusst – sein Gegenüber: Wer verdient mehr Respekt? Wer ist sympa-thisch? Wer setzt sich durch? Wer wird belächelt? Auf wen wird gehört? Wen bit-tet man um neuen Kaffee? Wem macht man Platz? Mit verbalen und nonverba-len Signalen wird die Rangfolge der Anwesenden entschieden. Status hat einen großen Einfluss auf die Karriere und daher werden gerade in Meetings gerne Spiele gespielt, um seinen Status zu erhöhen. Natürlich spricht man nicht darüber, aber dennoch spielt jeder und jede bei den Status-Spielen mit – bewusst oder unbe-wusst. Wenn man die Spielregeln kennt, ist es einfacher, das Verhalten der ande-ren zu verstehen und seinen eigenen Status zu erhöhen. Frauen sind meistens gut darin, Sympathiepunkte zu gewinnen: Sie lächeln viel, sind freundlich und zuvor-kommend, hilfsbereit, empathisch, bescheiden, fürsorgend und denken und han-deln beziehungsorientiert. Das heißt, sie sind stets um ein harmonisches Mitei-nander bemüht und stellen sich selbst und ihre Ansprüche oder Bedürfnisse auch gerne mal zurück. Typisches Frauen-Verhalten im Businesskontext, bei dem sich das beziehungsorientierte Denken und Handeln zeigt, ist zum Beispiel: Den Mee-ting-Raum eindecken (es macht ja sonst keiner), mal eben schnell neuen Kaffee holen, Geld einsammeln für Geburtstagsgeschenke und natürlich auch eine schöne Karte kaufen, auf der alle unterschreiben, für andere und ihre Probleme immer ein offenes Ohr haben, auch wenn sich gerade die Arbeit stapelt, anderen einen Gefal-len tun, immer wieder „Ja" sagen, obwohl ein „Nein" angebracht wäre, Ärger lie-ber runterschlucken, andere möglichst nicht unterbrechen, ab und zu mal einen

Kuchen mitbringen usw. Wenn Sie sich in einigen dieser Verhaltensweisen wiederfinden, bedeutet das für Sie: Andere finden Sie vermutlich sehr sympathisch, schenken Ihnen aber weniger Respekt. Doch Respekt ist genau das, was Sie im Business brauchen, um von anderen wahrgenommen und ernst genommen zu werden und die Karriereleiter zu erklimmen.

Status ist so alt wie die Menschheit selbst
Unser intuitives Wissen über Status, über Hierarchien und Rangfolgen stammt noch aus der Zeit, als unsere Vorfahren als Rudel von Jägern und Sammlern durch die Welt zogen und Sprache noch nicht existierte. In diesen Rudeln gab es ganz klare Rangfolgen, die für das Überleben der gesamten Gruppe ausgesprochen wichtig waren. Da niemand hätte sagen können „Ich bin der Boss!", mussten alle Statusfragen durch Körpersprache und Verhalten geklärt werden. Dafür hatten unsere Vorfahren Spielregeln und eine ganz besondere Wahrnehmungsfähigkeit von Signalen entwickelt. Auch wenn sich mittlerweile viel geändert hat, so ist diese Wahrnehmungsfähigkeit immer noch da und unbewusst versuchen wir im Umgang mit anderen Menschen immer wieder die Rangfolge herzustellen, sei es eine vermutete oder eine tatsächliche.

Das Konzept des „Status" wurde in den 60er Jahren des 20. Jahrhunderts von Keith Johnstone, dem Begründer des modernen Improvisationstheaters, wieder entdeckt und als erlernbares Verhaltensmodell weiterentwickelt. Inspiriert durch die Arbeiten des Verhaltensforschers Desmond Morris (bekannt durch das Buch „Der nackte Affe") beobachtete Johnstone Alltagsszenen auf der Straße und stellte fest, dass Menschen im Umgang miteinander stets bemüht sind, ihren Status darzustellen. Als er das Status-Verhalten im Improvisationstheater etablierte, wurden die improvisierten Szenen gleich viel interessanter – der Status ist die Würze zwischen den Schauspielern. Menschen können ihren Status durch Körperhaltung, Körpersprache und Sprechweise markieren und auch durch das, was sie sagen, wobei sie entweder sich selbst erhöhen bzw. herabsetzen oder umgekehrt den Mitspieler herabsetzen bzw. erhöhen.

Status ist immer und überall. Mal hoch, mal tief.
Status bestimmt also darüber, wie wir kommunizieren und was wir erreichen. Er soll eine Rangfolge sicherstellen. Wenn wir uns diese Rangfolge wie eine Leiter vorstellen, dann gibt es Positionen oben auf der Leiter, die einflussreicher oder wichtiger sind, und es gibt Positionen unten auf der Leiter, die weniger wichtig oder schwächer sind. Wer einen hohen Platz auf der Statusleiter beansprucht, wird einen hohen Status ausdrücken. Wer einen niedrigen Platz einnimmt, zeigt das durch einen niedrigen Status. Es gibt also den Hochstatus und den Tiefstatus.

Treffen Menschen aufeinander, so zeigt sich die Rangordnung, die sich einstellt, dadurch, wie die Menschen miteinander umgehen. Es kann zum Beispiel
geschehen, dass jemand gegenüber Person A tiefen Status zeigt und gegenüber
Person B einen hohen Status. Dann sieht sich der betreffende in der Rangfolge
zwischen Person A und B. Dies ist z. B. häufig bei Führungskräften im mittleren
Management zu beobachten: Ihren Mitarbeitern gegenüber treten Sie im Hochstatus auf, ihrem Boss hingegen nehmen sie den Tiefstatus ein.

Es gibt Menschen, die gerne im Hochstatus auftreten und sich damit Respekt
verschaffen und es gibt Menschen, die den Tiefstatus bevorzugen, weil sie dadurch
sympathisch wirken. Dabei ist es jedoch sehr wichtig zu beachten, dass Status ein
Verhalten ist und keine Eigenschaft oder gar ein Persönlichkeitsmerkmal. Das
bedeutet, dass niemand ein „Hochstatusmensch" oder ein „Tiefstatusmensch" ist.
Vielmehr ändert sich das Statusverhalten von Menschen von Situation zu Situation – Status ist also immer auch abhängig vom Kontext. Zum Beispiel kann die
Chefin, die in der Firma im Hochstatus auftritt, zu Hause ihrem Mann gegenüber
den Tiefstatus bevorzugen.

Die meisten Menschen haben in bestimmten Situationen oder bestimmten
Personen gegenüber ihren persönlichen „Wohlfühlstatus" und verhalten sich
danach. Es ist wichtig, diesen „Wohlfühlstatus" zu kennen und zu wissen, wie man
ihn bewusst verändert, wenn es die Situation oder der Gesprächspartner erfordert.
Das Tückische am „Wohlfühlstatus" ist, dass wir ihn meistens völlig automatisch
einnehmen, obwohl uns hinterher klar ist, dass dies nicht optimal war.

Keith Johnstone berichtet in seinem Buch „Improvisation und Theater" von
drei Lehrern, die er in seiner Kindheit kennengelernt hat. Der eine war ein „Softie",
dem alle Schüler auf der Nase herumtanzten, sein ganzes Auftreten war Tiefstatus.
Ein anderer trat ausschließlich mit Hochstatus auf und vor ihm zitterten alle Schüler, weil er eine ungeheure Autorität ausstrahlte. Er war gefürchtet und konnte sich
deshalb bei den Schülern durchsetzen. Der dritte war bei den Schülern sehr beliebt
und hatte trotzdem keine Probleme mit der Disziplin. Dieser Lehrer beherrschte
die Kunst, seinen Status flexibel den Erfordernissen der Situation anzupassen. Er
war ein Status-Spieler.

Wie drücken wir Status aus?

Zu einem Teil natürlich durch das, *was* wir sagen. Zum Beispiel wird jemand, der
allen anderen Anweisungen gibt, einen hohen Status beanspruchen. Wenn er dabei
aber mit einer hohen Stimme und sehr schnell spricht, den Gesprächspartnern
nicht in die Augen sieht, sondern auf den Boden blickt und die Schultern hängen
lässt, dann „stimmt" etwas nicht mit ihm und unabhängig von dem, was er sagt,
ist klar, dass er keinen hohen Status hat. Das bedeutet, den weit größeren Teil der

Informationen über unseren Status geben wir durch nonverbale Signale zu erkennen. Dazu zählt unsere Körperhaltung, die Art, wie wir uns bewegen, und die Art und Weise, wie wir sprechen.

Wenn Sie wieder mal durch eine volle Fußgängerzone gehen achten Sie doch mal darauf, wer Ihnen ausweicht und wer nicht. Probieren Sie Verschiedenes aus, damit die anderen Ihnen ausweichen. Vermutlich haben Sie schon ein paar Ideen, wie Sie sich verhalten müssten?

Die folgenden körpersprachlichen Merkmale drücken hohen Status einer Person aus:

- *Viel Raum einnehmen (z.B. durch große Gesten, viel Platz am Tisch beanspruchen).*
  Wer viel Platz beansprucht, der kann nicht eingeengt werden, vielmehr drängt er andere in die Enge.
- *Mit beiden Beinen fest am Boden stehen und die Position halten.*
  Wer so steht, steht wie ein Fels in der Brandung und hat es nicht nötig in irgendeiner Weise nachzugeben oder sich durch andere vorschreiben zu lassen, wo er stehen oder gehen soll.
- *Wenig Bewegung – wenn, dann langsam und ruhig.*
  Majestätische Bewegungen, die Würde, Ruhe und Souveränität ausdrücken.
- *Ruhig, tief und gleichmäßig atmen.*
  Zeichen der inneren Ruhe und Sicherheit. Allerdings auch ein Trick, denn wer bewusst ruhig und gleichmäßig atmet, wird sehr bald auch insgesamt ruhiger und entspannter.
- *Den Kopf gerade und still halten.*
  Ein Zeichen dafür, dass jemand feste Überzeugungen besitzt, sein Ziel fest vor Augen hat und niemandem ausweichen muss.
- *Kinn etwas höher.*
  Klares Zeichen, dass sich die Person für etwas Besseres hält. Kommt das Kinn hoch, geht auch die Nase nach oben. Daher kommt auch der Ausdruck „hochnäsig", der eine extreme Form des „Kinn hoch" bezeichnet.
- *Blickkontakt halten und wenig blinzeln.*
  Wer so blickt, schaut wie ein Jäger, der sein Opfer fest im Blick hält, ist aufmerksam und jederzeit bereit, seine Beute zu erlegen.
- *Gerade, aufrechte Haltung.*
  Man hat es nicht nötig, sich gegenüber anderen klein zu machen, ist sich seiner Größe bewusst und zeigt das auch allen anderen.
- *Fußspitzen gerade nach vorn oder leicht nach außen.*
  Dadurch präsentiert jemand seine verletzliche Körpermitte und demonstriert: „Ich brauche mich nicht zu schützen". Die Extremform davon ist der „Cowboygang", der aber leicht ins Lächerliche abkippen kann.

- *Sprache langsam und deutlich.*
  Das zeigt, dass jemand weiß, was er sagen will, und lässt keinen Zweifel daran, dass alles, was er sagt, auch so gemeint ist. Das Gesagte ähnelt eher einer Anweisung oder einem Befehl.
- *Stimme tief, geht am Satzende runter (Punkt-Betonung).*
  Die Punktbetonung, nach Michael Grinder auch glaubwürdiger Sprechstil genannt, wirkt kompetent. Sie macht deutlich, wer das Sagen hat.
- *Sich für seine Antwort Zeit lassen.*
  Man lässt sich durch niemanden unter Druck setzen und macht dadurch deutlich: „Die Zeit gehört mir, ich bestimme das Tempo".
- *Den anderen an Schulter, Arm etc. berühren.*
  Das ist eine dominante Geste, die dem anderen zeigt: „Schau, ich kann dich anfassen, ohne dass du was dagegen tun kannst". Oft drückt diese Berührung auch eine Beherrschung bildlich aus, z.B. sagt die Hand von oben auf die Schulter gedrückt: „Du bist unter mir". Je weiter oben die Berührung, desto beherrschender, den anderen am Kopf anzufassen ist eine absolute Extremform.
- *Breites Lächeln.*
  Zeigt Souveränität und Wohlbefinden. Wichtig ist allerdings, dass beim Lächeln die oberen und die unteren Schneidezähne gezeigt werden. Dann ist das Lächeln gleichzeitig auch ein „Zähnezeigen", also ein Zeichen von Kampfbereitschaft.

Im Gegensatz zu den genannten Hochstatusmerkmalen drücken die folgenden Merkmale einen tiefen Status einer Person aus:
- *Wenig Raum einnehmen (Arme dicht am Körper, Gesten nur mit den Händen, wenig Raum am Tisch einnehmen).*
  Dadurch zeigt man, dass man nicht viel Raum beansprucht und niemanden einengen will. Eine Extremform sind die winzigen Tippelschritte einer japanischen Geisha.
- *Anderen immer ausweichen.*
  Man will niemandem im Wege stehen. Alle anderen haben Vorfahrt und sind also wichtiger als man selbst oder könnten sich provoziert fühlen, wenn man im Weg steht.
- *Hektische Bewegungen.*
  Zeigen Unsicherheit, eigentlich will man unauffällig bleiben und alles vermeiden, was Aufmerksamkeit erregt.
- *Körpergewicht nur auf einem Bein, häufiger Wechsel des Standbeins.*
  Zeigt, dass man sich seines Standpunktes nicht sicher ist oder gar keinen Standpunkt hat.
- *Eher schnelle und flache Atmung.*
  Zeichen der inneren Anspannung, man verliert seine „innere Mitte".

- *Den Kopf zur Seite neigen, viel nicken.*
  Der zur Seite geneigte Kopf ist eine Demutsgeste, durch die die verletzliche Halsschlagader präsentiert wird. Es kann in bestimmten Zusammenhängen ein Versuch sein, durch Zeigen der Verletzlichkeit Nähe herzustellen, z.B. beim Flirten. In anderen Zusammenhängen ist es aber eher ein Zeichen von Schwäche. Nicken soll Zustimmung mit dem Gegenüber ausdrücken und so Sympathie sichern.

- *Berührungen im Gesicht.*
  Wer beim Sprechen die Hand vor dem Mund hält ist sich nicht über das sicher, was er sagt.

- *Kinn runter.*
  Die Neigung des Kopfes nach unten drückt Demut gegenüber einem Mächtigen aus wie z.B. bei einer Verbeugung.

- *Gebeugte Haltung, Schulten hängen nach vorn.*
  Drückt Unterwürfigkeit und Demut aus, die Brust wird geschützt. Insgesamt eher eine passive Abwehrhaltung als eine offensive Stellung.

- *Sich kleiner machen.*
  Ein Versuch, die eigene Größe zu verstecken und nicht unangenehm aufzufallen bzw. um von Stärkeren nicht als Gefahr angesehen zu werden.

- *Blicken ausweichen, nach unten und zur Seite wegschauen, viel blinzeln.*
  Man will niemandem durch einen direkten Blick provozieren und nicht als angriffsbereit verstanden werden.

- *Fußspitzen leicht nach innen.*
  Versuch, die Körpermitte zu schützen.

- *An Fingern kauen, an Ketten, Haaren etc. rumspielen, auf den Lippen kauen.*
  Ein Zeichen von Nervosität und Unbehagen mit der Situation.

- *Leise, schnell und undeutlich sprechen.*
  Drückt aus: „Das was ich sage, ist ohnehin nicht wichtig."

- *Beim Sprechen kurze Füllwörter wie „äh", „eigentlich", „nicht wahr?", „oder?" benutzen.*
  Dadurch drückt man Unsicherheit über das Gesagte aus und will sich einer positiven Reaktion des Gegenüber stets versichern.

- *Auf Fragen schnell antworten.*
  Drückt Gehorsam aus.

- *Stimme hoch, geht am Satzende noch höher (Fragezeichen-Betonung).*
  Das Gesagte wirkt wie eine Frage, die auf Zustimmung wartet und nicht wie eine klare Aussage. Der Sprecher ist sich des Gesagten also nicht sicher und wartet auf Bestätigung durch sein Gegenüber.

- *Häufiges Lächeln und Kichern.*
  Dadurch wird versucht beim Gegenüber Sympathie zu erzeugen, um nicht als Angriffsziel zu gelten.

Eine einfache Formel wird es Ihnen erleichtern, Statusmerkmale zu erkennen, zu verstehen und gezielt einzusetzen: *Status = Raum und Zeit.* Je mehr Raum und Zeit Sie sich nehmen, desto höher ist Ihr Status. Um es noch deutlicher zu machen: Stellen Sie sich mal kurz eine Königin vor, die ihrem Volk zuwinkt. Wie würde das aussehen? Und nun stellen Sie sich bitte ein kleines Kind vor – wie würde das winken? Die Königin in ihrem hohen Status winkt langsam. Das Kind hingegen winkt schnell. Raum und Zeit spiegelte sich übrigens auch immer wieder sehr deutlich in der Mode: Denken Sie z.B. an die ausladenden Kleider der feinen Leute im Zeitalter des Barock. Je mehr Raum ein Kleid einnahm, desto höher war der Platz der Dame in der gesellschaftlichen Rangordnung. Und in diesen Kleidern konnte man sich auch nur langsam bewegen. Diese Mode stand also für Raum und Zeit. Auch das gemächlich getanzte Menuett, das für diese ausladenden Kleider die wohl einzig angemessene Tanzform war, drückte einen gesellschaftlichen Status aus.

Überall, wo Sie von fremden Menschen umgeben sind, können Sie wunderbar mit Ihrem Status experimentieren. Sie brauchen z.B. Hilfe in einem Geschäft und finden endlich einen Verkäufer? Beginnen Sie doch mal nicht mit „Entschuldigung, könnten Sie mir vielleicht helfen …", sondern mit „Guten Tag, ich brauche bitte Ihre Hilfe …". Sie haben in der Bahn einen Fensterplatz und müssen den Mitreisenden am Gangplatz bitten, Sie durchzulassen? Bitten Sie ihn mal ganz bewusst im Hochstatus und mal im Tiefstatus darum. Experimentieren Sie dabei mit Ihrer Wortwahl, Ihrem Sprach- und Bewegungs-Tempo, Ihrem Blickkontakt usw.

Status und Beziehung

Der Status, den eine Person gegenüber einer anderen einnimmt, zeigt auch welche Art von Beziehung diese Person zur anderen bevorzugt. Jemand, der einen hohen Status zeigt, geht zur anderen Person eher auf Distanz. Sympathie, Harmonie und Einklang ist diesem Menschen weniger wichtig. Er legt mehr Wert auf Respekt und Achtung. Einem Hochstatus-Typen sind Konfliktsituationen willkommen, um seinen Status zu zeigen und für sein Ziel zu kämpfen. Er nimmt Meinungsverschiedenheiten sportlich.

Auf der anderen Seite versucht jemand, der gegenüber einer anderen Person seinen Status senkt, Nähe herzustellen und Sympathie zu erlangen. Harmonie und

Einklang sind für einen solchen Menschen wichtige Werte und Konflikte werden eher vermieden.

Wenn man sich die Liste der Hochstatus- und Tiefstatusmerkmale anschaut, so fallen dort einige körpersprachliche Signale auf, die auch beim Flirten zu beobachten sind. In der Tat setzen wir beim Flirt oft bestimmte Tiefstatus-Signale ein, um Sympathie und Nähe herzustellen. Wer sich dem Partner gegenüber „verletzlich" zeigt, demonstriert Zugänglichkeit und den Wunsch nach Nähe und Vertrautheit.

Innerer und äußerer Status

Um das Statusverhalten von Menschen noch besser zu verstehen, ist es hilfreich ein weiteres Merkmal heranzuziehen und zwischen einem *inneren* und einem *äußeren* Status zu unterscheiden (siehe auch Tom Schmitt und Thomas Esser: „Status-Spiele. Wie ich in jeder Situation die Oberhand behalte", Scherz Verlag, 2009).

Der *äußere Status* beschreibt das Status-Verhalten, das man nach außen zeigt. Der *innere Status* dagegen bezeichnet die eigene, innere Haltung. Der innere Status ist sehr wichtig für die Wirkung, die meine äußeren Statushandlungen erzielen. Ein einfaches Beispiel dafür: Sie möchten eine andere Person dazu bringen, etwas Bestimmtes für Sie zu tun. Sie wollen also die andere Person überzeugen. Das gelingt umso besser, je mehr Sie selbst auch innerlich davon überzeugt sind, dass das, was Sie erreichen wollen, richtig ist und Ihnen zusteht.

Umgekehrt bedeutet das aber auch, dass Sie in einer Angelegenheit, in der Sie sich unsicher fühlen, nicht wirklich überzeugend sein können. Allerdings können sich der äußere und der innere Status gegenseitig beeinflussen. Wer außen längere Zeit bewusst Hochstatus-Merkmale einsetzt, gewinnt zuweilen auch innere Sicherheit. Umgekehrt geht das allerdings auch. Setzen Sie daher ganz bewusst und gezielt nach außen Hochstatus-Merkmale ein, wenn Sie sich innerlich unsicher fühlen: Achten Sie darauf, mehr Raum einzunehmen (z.B. am Tisch oder auf dem Stuhl), atmen Sie tief in den Bauch, senken Sie Ihre Stimme, sprechen Sie ruhig und in kurzen Sätzen, achten Sie am Satzende auf die Punktbetonung. Dadurch werden Sie innerlich auch mehr Sicherheit gewinnen.

Vier Statustypen

Tom Schmitt und Michael Esser unterscheiden nach dem äußeren und dem inneren Status vier verschiedene Typen:

- *Der Machtmensch = innen hoch und außen hoch*
  Ist von sich und seinen Zielen überzeugt, setzt diese mit allen Mitteln durch und geht dabei notfalls über Leichen. Dieser Typ bekommt vor allem Respekt, ist eventuell sogar gefürchtet. Er sucht bei Unstimmigkeiten den Konflikt als Mittel zur Lösung.
- *Der Charismatiker = innen hoch und außen tief*
  Ist im inneren von der Sache überzeugt, nach außen aber eher nachgiebig. Er schafft es, respektiert zu werden und gleichzeitig sympathisch / freundlich zu sein. Löst Unstimmigkeiten und Konflikte elegant und diplomatisch.
- *Der Arrogante = innen tief und außen hoch*
  Kompensiert eine innere Unsicherheit über die Sache bzw. über sich durch starkes Auftreten nach außen. Versucht Respekt zu bekommen, scheitert aber oft, da die innere Unsicherheit erkennbar wird. Bekommt dann weder Respekt noch Sympathie. Verschärft den Konflikt.
- *Everybody's Darling = innen tief und außen tief*
  Ist sich seiner selbst nicht sicher und zeigt das auch nach außen. Versucht überall Harmonie zu erzeugen, aber getreu dem berühmten Ausspruch von Franz-Josef Strauß „Everybody's darling is everybody's Depp" geht das oft schief. Bekommt viele Sympathiepunkte, aber keinen Respekt, sondern am ehesten Mitleid. Versucht bei Unstimmigkeiten zuallererst Harmonie zu wahren und scheut den Konflikt.

Diese vier Typen lassen sich auch in einem sogenannten „Statusdiagramm" darstellen. Dabei wird der innere Status auf einer gedachten horizontalen Achse markiert, der äußere Status auf einer vertikalen Achse. Dadurch ergeben sich vier Felder, die diesen vier Grundtypen entsprechen.

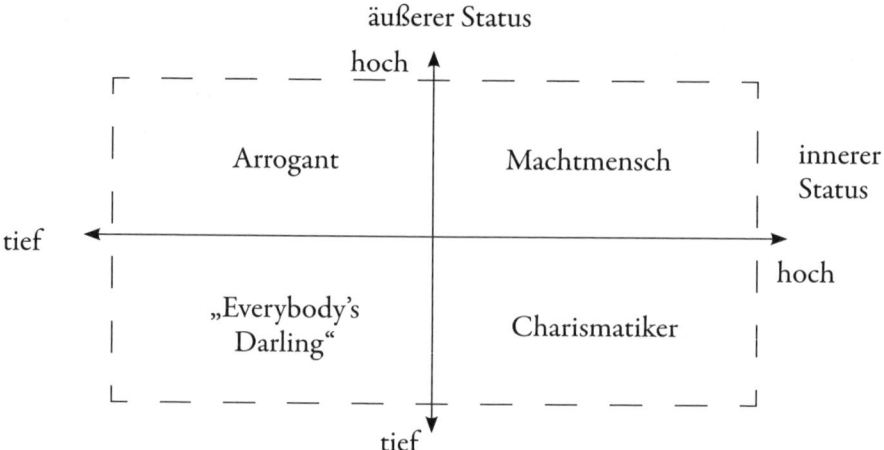

Man kann sich als Vergleich vorstellen, dass der innere Status das Gerüst ist und der äußere Status die Fassade. Ist das Gerüst innen stark und stabil, kann es außen jede Fassade tragen, also sowohl einen Macher wie auch den Charismatiker. Ist das Gerüst jedoch nicht stabil, dann ist es mit einer starken Fassade überfordert und wird wackelig. Die Fassade wird rissig und gibt den Blick auf das wacklige Gerüst frei, was beim arroganten Typen passieren kann.

Natürlich sind diese vier Grundtypen nur schematisch zu verstehen. Da sich das Statusverhalten von Menschen mit der Situation ändert, gibt es niemanden, der immer nur in einem Statustyp zu finden ist. Diese Statuswechsel sind etwas ganz Natürliches und zeichnen uns als Menschen aus.

Zusammenfassend lässt sich Folgendes festhalten:

- Je klarer bzw. sicherer die innere Haltung, desto einfacher ist es, nach außen einen hohen Status einzunehmen.
- Je unklarer bzw. unsicherer die innere Haltung, desto wahrscheinlicher ist es, in einen tiefen Status zu geraten.

Status-Spiele

Wenn Sie die Spielregeln kennen, können Sie sich auf ein Status-Spiel einlassen und Status-Merkmale gezielt einsetzen, um sich eine gute Position in der Rangordnung zu erobern und leichter an Ihr Ziel zu kommen. Dabei geht es darum, je nach Situation von Ihrem „gewohnten Wohlfühlstatus" glaubhaft in einen anderen Status wechseln zu können – und zwar in einen Status, der der Situation angemessen und für Sie vorteilhafter ist. Dabei geht es in erster Linie um den äußeren Status, den Sie variieren. Ihr innerer Status sollte immer hoch sein, das heißt, Sie müssen von dem, was Sie durch das Status-Spiel erreichen wollen, innerlich fest überzeugt sein und sich sicher fühlen. Solange Sie mit Ihrem inneren Status hoch sind, macht Ihnen auch ein äußerer Wechsel von hoch nach tief nichts aus. Sie verstärken dadurch sogar Ihr Charisma.

Sobald Sie beginnen, eine Status-Spielerin zu werden, werden Sie sich bewusst, dass Sie – ebenso wie alle anderen Menschen – in jedem Moment Ihres Lebens eine Rolle spielen. Die Rolle ist immer abhängig von Ihrem Umfeld. Mal sind Sie Vorgesetzte, mal Untergebene, mal Liebhaberin, mal Freundin, mal treusorgende Mama, mal tröstende Therapeutin, mal ganz lieb, mal rotzfrech. Das sind alles Facetten Ihrer Persönlichkeit, die Sie ausmachen. Sie zeigen jedoch immer nur einen Teil von sich, und zwar im Normalfall den Teil, bei dem es sich gut anfühlt, wenn Sie ihn zeigen. Als Status-Spielerin beginnen sie bewusst die Seite von sich zu zeigen, die für das, was Sie erreichen wollen, am besten ist. Es ist eine Rolle und Sie übernehmen selbst die Regie.

Beim Statusspiel sind zwei Faktoren besonders wichtig: zum einen Ihr eigenes Ziel, zum anderen die in der aktuellen Situation bestehende Status-Ordnung. Als Status-Spielerin müssen Sie erkennen, wer im Augenblick welchen Status hat und welchen er gerne haben möchte. Vor allem müssen Sie wissen, wer auf Position eins der Rangordnung ist, denn wenn Sie den überzeugt haben, haben Sie alle überzeugt. Er ist schließlich der Anführer. Das muss übrigens nicht immer die oberste anwesende Führungskraft sein. Führungskräfte sind zwar auf dem Papier offiziell immer die Nummer eins, aber es gibt inoffiziell gelegentlich eine andere Nummer eins.

Den passenden Status bewusst einsetzen

Stellen Sie sich vor, Sie wollen sich bei ihrem Chef beschweren. Zuerst gelangen Sie an seine Sekretärin. Vielleicht möchte die gerne ihre Macht als Chefsekretärin zeigen und beansprucht Hochstatus. Da Sie Ihr Ziel fest vor Augen haben, können Sie der Sekretärin diese Freude lassen, treten Sie freundlich auf, machen Sie ein passendes Kompliment, bringen Sie Ihren Status ein kleines Stückchen unter den der Sekretärin. Sie wirken dadurch sympathisch, selbstsicher, aber keinesfalls überheblich.

Gegenüber dem Chef sollten Sie bewusst ein paar Hochstatus-Merkmale einsetzen. Nehmen Sie sich Raum und Zeit und treten Sie gleichzeitig respektvoll auf. Lassen Sie ihm seinen Hochstatus, er ist der Boss, aber achten Sie darauf, dass der Status-Unterschied zwischen ihnen nicht zu groß wird. In Ihrem inneren Status bleiben Sie unbedingt hoch. Vielleicht müssen Sie sich über einen Kollegen beschweren. Wenn Sie das tun, sollten Sie Ihren Status etwas über dem des Kollegen ansiedeln, aber nicht zu weit. Versuchen Sie das aber nicht dadurch, dass Sie den Kollegen oder seine Leistungen schlecht machen, das geht eher nach hinten los. Stellen Sie vielmehr Ihre eigenen Leistungen und Erfolge in den Vordergrund.

Der Kampf um den Status

Sobald jemand mit dem Status, den ihm ein anderer zuzuweisen versucht, nicht einverstanden ist, kommt es zu einem Kampf um den Status. Das kann z.B. dann der Fall sein, wenn zwei Personen dieselbe, in der Regel hohe Statusposition für sich beanspruchen. Dies geschieht zuweilen dadurch, dass einer den anderen zurücksetzt oder gar angreift und demütigt. Dieser Angriff eröffnet einen Status-Kampf. Solange der Status-Kampf läuft, können keine sachlichen Themen konstruktiv besprochen werden. Häufig redet bzw. diskutiert man in dieser Phase über unwichtige Themen und eröffnet Nebenschauplätze. Der Status-Kampf steht jetzt im Vordergrund. Und erst wenn die Rangordnung steht, kann ordentlich gearbeitet werden.

Wir Frauen nehmen das z.B. in Meetings oft als Profilierungsgehabe wahr und verdrehen innerlich die Augen, während wir denken, ob man nicht langsam mal was Ordentliches arbeiten könnte. Frauen sind solche „Spielchen" nicht gewohnt und empfinden sie als nervig. Wir bevorzugen in der Regel ein Miteinander auf Augenhöhe und keine Hierarchien.

Ein heftiger Angriff auf unseren Status wie z.B. eine gezielte Beleidigung oder Herabsetzung führt bei uns spontan zu dem Impuls uns zu verkriechen oder uns zu verteidigen, sei es durch einen Gegenangriff oder durch eine Rechtfertigung. Beide Reaktionen laufen meistens völlig automatisch ab und führen uns in eine Sackgasse. Um in einem Status-Kampf nicht auf die Looser-Spur zu kommen, bedarf es einer Taktik, um den Angriff ins Leere laufen zu lassen.

Es gibt eine ganze Reihe Schlagfertigkeits-Techniken, wie mit solchen Angriffen umgegangen werden kann. Alle Techniken haben ihre speziellen Stärken und eignen sich möglicherweise nicht immer für alle Situationen. Eventuell ist es besser, seinem Chef nach einem demütigenden Angriff eher mit einer Versachlichung den Wind aus den Segeln zu nehmen, als ihn durch eine schlagfertige Bemerkung zu blamieren. Aber das hängt ganz von den Personen und der Situation ab.

Grundsätzlich läuft jede Reaktionstechnik nach drei Grundschritten ab:

- *Die Provokation als solche sich bewusst machen.*

  Dies ist möglicherweise der schwierigste Schritt, der Ihnen umso besser gelingt, wenn Sie im Hochstatus sind und Ihre Wahrnehmung auf sich und Ihre Gefühle lenken. Fragen Sie sich „wie geht es mir gerade?" und „wie kommt es dazu?".

- *Kühlen Kopf bewahren, sich innerlich distanzieren.*

  Hier geht es vor allem darum, etwas Zeit zu gewinnen und Ihre Reaktionsautomatik so lange auszubremsen bis Ihr Verstand bereit ist, klar zu denken. Dafür reichen in der Regel etwa drei Sekunden. Verschaffen Sie sich Zeit und Abstand, indem Sie erst mal eine „Zweiwort-Antwort" geben wie z.B. „ah ja" oder „so, so". Zählen Sie innerlich ruhig bis drei. Ändern Sie dabei die Körperhaltung, d.h. wechseln Sie Ihre Sitzhaltung bzw. den Standort und setzen Sie bewusst Hochstatus-Merkmale ein.

- *Reaktionsprinzip wählen.*

  Wenn diese ersten drei Sekunden überstanden sind, kann der Verstand in der Regel die Kontrolle über die Situation wieder besser übernehmen und Sie können entscheiden, wie Sie jetzt reagieren, bzw. was Sie sagen.

Es gibt, wie gesagt, eine ganze Reihe an Reaktionsprinzipien. Einige Beispiele sind:

- *Den Angriff bewusst ignorieren.*

  Getreu dem Motto „was kümmert es die Eiche, wenn sich eine Wildsau an ihr scheuert." Wichtig ist es dabei, einen äußeren Hochstatus zu zeigen und auf selbstbewusste Körperhaltung, festen Blickkontakt und ruhige Sprache zu achten.

- *Aus dem Spiel aussteigen und auf die Metaebene gehen.*

  Nicht auf den Inhalt des Angriffs eingehen sondern über den Angriff als solchen sprechen. Dabei Ich-Botschaften benutzen und Fragen stellen. Beispiel: „Sie sind doch nur eine Marionette der Geschäftsführung!" Antwort: „Ich finde Ihre Bemerkung unsachlich und sie hilft uns nicht weiter. Damit wir zügig zu einem Ergebnis kommen, schlage ich vor, dass ..." Hierbei unbedingt Hochstatus zeigen. Eventuell das Gespräch abbrechen.

Klappe, die zweite

Ein Meeting – wie jeden Montag. Diesmal ist ein besonders wichtiges Thema auf der Agenda: Wie können wir unsere Kunden halten, die von einem Mitbewerber gerade massiv abgeworben werden. Sie haben sich im Vorfeld einige Gedanken dazu gemacht und – wie Sie finden – eine wirklich gute Idee entwickelt. Ihr Chef eröffnet das Meeting gleich mit dem brisanten Thema, Ihre überwiegend männlichen Kollegen blättern geschäftig in ihren Unterlagen. Sie beobachten die Runde. Hier und da werden ein paar Themen angeschnitten, einige sprechen darüber, dass es in ihren Teams gut läuft, dass ihre Umsätze ja gut sind. Sie verstehen dieses Spiel: typisches Verhalten dafür, die Rangordnung noch festzulegen. Sie halten sich mit Ihrer Idee noch zurück, denn Sie wissen, solange die Rangordnung nicht steht, bekommen Sie nicht genug Aufmerksamkeit für Ihre Idee. Sie spielen das Spielchen ein bisschen mit und berichten von Erfolgen in Ihrem Team. Sie achten dabei darauf, dass Sie für sich und Ihre Unterlagen großzügig Platz am Tisch haben, die Arme nehmen Raum am Tisch ein. Die Rangordnung wird immer klarer. Der Chef ist eindeutig die Nummer eins und Sie haben sich in ein gutes Mittelfeld gespielt. Jetzt ergreifen Sie die Gelegenheit und bringen Ihre Idee auf den Tisch. Dabei lassen Sie Ihren Blick nicht durch die Runde schweifen, sondern schauen nur den Chef direkt an. Sie haben einen überzeugten und sachlichen Gesichtsausdruck, achten auf eine tiefe Bauchatmung, ruhige, tiefe Stimme, sprechen langsam und mit Punktbetonung: „Ich habe einen Vorschlag. Unsere Kunden erhalten Treuepunkte. Je länger sie bei uns sind, desto mehr Punkte bekommen sie. Das

Besondere: Sie erhalten die Treuepunkte auch rückwirkend. Diese Punkte können nicht nur die Kunden selbst, sondern auch deren Familie und Freunde einlösen. So gewinnen wir auch neue Kunden. Wir bieten also einen Mehrwert, auf den unsere Kunden nicht mehr verzichten wollen und deshalb bleiben sie uns treu." Sie halten weiterhin den Blickkontakt zum Chef und warten – wie alle anderen am Tisch – auf seine Reaktion. Schließlich nickt er und sagt „klingt interessant". Ein Kollege greift Ihren Vorschlag auf und spinnt die Idee weiter ...

Happy End.

CLAUDIA LESKE

DARIN BIN ICH *PROFESSIONAL WOMAN*: Ich bin Führungskräftetrainerin mit Leib und Seele. Mein besonderes Anliegen gilt den neuen und jungen Führungskräften, denen ich das Thema „neue Führung" vermittle.

DAS HABE ICH VORHER GEMACHT: Ich war selbst viele Jahre als leitende Angestellte und Führungskraft in Einzelhandelsunternehmen tätig. Ich habe Unternehmensprojekte geleitet und meine größte und besonders schöne Aufgabe war der Umbau und der Relaunch des Alsterhauses, eines Premiumwarenhauses an der Hamburger Binnenalster.

DAS HAT MEINEM LEBEN RICHTUNGSÄNDERUNGEN GEGEBEN: Der entscheidende Wendepunkt meines Lebens war wie vielleicht so oft auch ein Tiefpunkt. Das Unternehmensprojekt, welches ich ein Jahr lang geleitet hatte, wurde abgesetzt. Ich hatte viele politische Fehler gemacht und mich zu sehr auf meine Aufgaben konzentriert. Ich dachte dann in vielen Stunden darüber nach, was ich noch gerne in meinem Leben machen wollte. So kam ich zu Thies Stahl und meiner ersten NLP-Ausbildung. Danach wurde ich süchtig, noch mehr zu lernen, an mir zu arbeiten und zu wachsen. Nach einiger Zeit wusste ich, dass ich mir nichts mehr im Leben wünsche, als anderen Menschen Wissen zu vermitteln, entweder ihr eigenes Wissen für sie sichtbar zu machen oder neue Inhalte praxisnah zu vermitteln.

FÜR ERFOLG BRAUCHT MAN: Andere Menschen und gute Beziehungen. Eine leidenschaftliche Aufgabe und die Freude zu wachsen.

DAS HABE ICH ZULETZT GELERNT: Meine Gedanken und Ideen schriftlich festzuhalten.

DAS WÜRDE ICH GERNE NOCH LERNEN: Ich werde mich noch intensiver mit dem Thema systemische Führung auseinandersetzen und mich wieder stärker mit dem Thema NLP beschäftigen. Im Herbst beginne ich noch eine NLP-Trainerausbildung. Privat möchte ich Gitarre spielen lernen.

DIESER FILM GEFÄLLT MIR: Mein Lieblingsfilm ist „Club der toten Dichter". Für mich hat er sehr viel mit der neuen Führung zu tun, und ich sehe ihn immer wieder gern.

DIESES BUCH GEFÄLLT MIR: Ich lese gerne Bücher über das Gehirn und seine Funktionsweise. „Neuroleadership" von Christian E. Elger gibt gute Hinweise der Hirnforschung für die Führung von Mitarbeitern. Solche Bücher sind für mich wie für andere Menschen Krimis.

DIESES BUCH EMPFEHLE ICH DEN LESERINNEN MEINES BEITRAGS BESONDERS: „Das Dschungelbuch der Führung" von Ruth Seliger ist für mich ein Muss für alle neuen Führungskräfte.

IN DIESER LANDSCHAFT HALTE ICH MICH GERN AUF: Ich bin gerne am Meer, und da Hamburg nah an Nord- und Ostsee liegt, bin ich fast jedes Wochenende am Meer.

EINE STADT, DIE ICH LIEBE: Hamburg!

DAS BERÜHRT MICH: Die Versöhnungsphysiologie bei Menschen zu entdecken, wenn ich moderiere und zwei Konfliktpartner erkennen, dass es „nur" ein Kommunikationsproblem gab.

DAS KOSTET MICH KRAFT: Routinearbeiten und politische Spiele in Unternehmen.

DAS GIBT MIR KRAFT: Meine Partnerschaft, meine Freunde, meine Rhodesian Ridgeback Hündin Basha und die Natur.

DAS TUE ICH GERN FÜR MICH: Ich bin gerne für andere da und bin mir bewusst, dass ich das für mich tue. Ganz egoistisch. Andererseits bin ich auch ganz gerne mal ganz alleine, nur so für mich ohne Programm.

DIESE RESSOURCEN KANN ICH EMPFEHLEN: Ein Seminar nur für die eigene persönliche Entwicklung. Das Finden der eigenen Kernkompetenzen und Vorlieben, in einer angenehmen Umgebung mit netten Leuten und einem schönen Abendprogramm mit viel Spaß und Lachen.

MEIN SCHÖNSTER LUSTKAUF: Mein iPad.

DAS TUE ICH, WENN ICH ÜBERRASCHEND ZWEI STUNDEN ZEIT GEWINNE: In einem Café die Leute beobachten oder mit meiner Hündin in die Natur gehen.

ETWAS WICHTIGES, DAS ICH AUF DEM WEG ZUR *PROFESSIONAL WOMAN* GELERNT HABE: Das flexibelste Element hat den größten Einfluss auf das System. Mein Glaubenssatz: „Erst wenn es nicht sofort geht, wird es richtig spannend."

MEINE WWW(S): www.claudialeske.de, www.akademie-fiw.de.

CLAUDIA LESKE
Ich bin dann mal Chefin – Die ersten 100 Tage

Einführung

Als ich gebeten wurde, einen Beitrag für diese Anthologie zu schreiben, wusste ich sofort, dass es um Führung gehen muss. Um Frauen in Führung. Warum? Ich bin der festen Überzeugung, dass Frauen die Führungskultur in Deutschland positiv verändern können. Allerdings gilt es, einige grundlegende Faktoren zu beachten, um erfolgreich zu sein. Diese betreffen zum einen Ihren persönlichen Führungsstil und zum anderen die äußeren Bedingungen der von Männern dominierten Businesswelt.

Dieser Beitrag soll Ihnen als (zukünftige) Führungskraft Mut machen. Mut, Ihre individuelle Führungsrolle zu finden, die Ihnen anvertrauten Mitarbeiter auf Augenhöhe zu führen und sich gegen die Widrigkeiten des Arbeitsalltags zu behaupten.

Wenn Sie von sich sagen, dass Sie sich für Menschen interessieren, Sie ihre unterschiedlichen Charaktere und individuelle Art und Weise des Seins fasziniert, Sie akzeptieren, dass Menschen letztlich in ihren Reaktionen unberechenbar sind und Sie sich dennoch auf das Abenteuer Führung einlassen wollen, dann sind Sie auf dem richtigen Weg.

Ich werde Sie im Folgenden auf die vielen kleinen Stolpersteine auf diesem Weg aufmerksam machen. Denn Menschen stolpern nicht über Berge, sondern über Steine. Ich werde Ihnen Tipps und Hinweise geben, die aus meiner langjährigen Praxis als Führungskraft und als Führungskräftetrainerin stammen.

Trainer und Coaches für Führungskräfte sind in den vergangenen Jahren gezielt der Frage nachgegangen, wie Frauen mit Führungsverantwortung mit der männlich dominierten Arbeitswelt umgehen, welche Schwierigkeiten sie haben und wo ihre speziellen Potenziale liegen. Hier einige der Ergebnisse:

- Frauen legen mehr Wert auf partnerschaftliche, soziale Beziehungen am Arbeitsplatz als auf die Einhaltung von Hierarchien.
- Frauen sehen Macht als Verantwortung und nicht als Herrschaft.
- Frauen sind innovativ, pragmatisch und gehen unkonventionelle Wege.

Es ist wunderbar, auf Augenhöhe zu führen. Es ist erstrebenswert, Verantwortung für sein Team bzw. seine Abteilung zu übernehmen. Und es wird höchste Zeit, unkonventionelle Wege zu gehen. Sie müssen sich jedoch darüber im Klaren sein, dass die Männer um Sie herum anders denken und handeln. Es geht um Macht, Status, Politik. Positionen werden gesichert, weniger der Erfolg des Unternehmens.

Als weibliche Führungskraft müssen Sie eine weitere Fremdsprache lernen: die Sprache der Männer. Wenn es beispielsweise darum geht, Budgets zu erhalten, Vorhaben durchzusetzen, Netzwerke zu organisieren und Veränderungen zu gestalten, müssen Sie diese Sprache fließend sprechen, um sich zu behaupten.

Im Business wird Schach gespielt. Sie müssen die Regeln kennen, um nicht zum Bauernopfer zu werden. Dann können Sie zum richtigen Zeitpunkt die Dame ausspielen ... Die innere Haltung einer Führungskraft ist ausschlaggebend für ihren Erfolg. Sie sollte geprägt sein von

- Respekt
- Integrität
- einem positiven Menschenbild

Wenn Sie dies beherzigen, schaffen Sie ein Arbeitsumfeld, in dem sich Ihre Mitarbeiter wohlfühlen, motiviert sind und entsprechend gern Leistung bringen. Handeln Sie werteorientiert, denn dadurch gewinnen Sie das Vertrauen Ihrer Mitarbeiter: Der Ehrliche ist nicht der Dumme – ganz im Gegenteil.

Gedanken vor dem Start

Frauen gehen in Führung, und das ist auch gut so. Ich beglückwünsche Sie zu Ihrer Führungsposition. Sie haben Verantwortung übernommen – für ein Team, eine Abteilung, ein Unternehmen.

Auf Ihrem bisherigen Arbeitsgebiet hat Sie Ihre fachliche Kompetenz ausgezeichnet. Sie waren die Expertin. Als Führungskraft ist jedoch mehr gefordert als Fachwissen. Um von der Führungskraft zur Führungspersönlichkeit zu werden, müssen Sie Ihre soziale Kompetenz in den Mittelpunkt stellen.

Insbesondere Frauen haben sehr hohe Erwartungen an sich. Bitte übertreiben Sie hier nicht. Lassen Sie sich Zeit. Vielleicht sind Sie die Einzige, die das tut. In Sachen Führung werden Sie gewissermaßen wieder zur Schülerin. Aus meiner Erfahrung als Coach weiß ich, dass Frauen meist Perfektionisten sind. Sie können jedoch oft schlecht delegieren. Führung bedeutet, den Blick auf das große Ganze zu richten.

Sehen Sie sich als Dirigentin: Sie kennen die Partitur, geben punktgenaue Einsätze, spielen aber nicht selbst jedes Instrument. Ihre Stärke liegt darin, aus dem Können der einzelnen Musiker ein wohlklingendes Orchester zu machen. Wenn wir im Bild der Dirigentin bleiben, wird offensichtlich, wie wichtig Delegieren ist. Sie müssen nicht alles können oder wissen. Ihre Mitarbeiter beherrschen ihre Instrumente, Sie geben den Takt vor.

Das „Zauberwort" lautet Authentizität. Seien Sie sie selbst! Scheuen Sie sich nicht, Fragen zu stellen. Fragen zu stellen bedeutet, in einen Dialog mir Ihren Mitarbeiterinnen und Mitarbeitern zu treten. Das ist ein wichtiger Aspekt für eine erfolgreiche Zusammenarbeit.

Wenn Sie „Menschenführung" als eigenständigen Beruf verstehen und nicht als Tätigkeit, die Sie neben Ihren eigentlichen Aufgaben erledigen, haben Sie den Sinn von Führung erkannt. Ich möchte Ihnen einige Denkanstöße und praktische Übungen an die Hand geben, mit denen Sie lernen können, Ihre neue Rolle als Chefin für sich zu definieren.

Es war mein erster Arbeitstag als Geschäftsführerin des Alsterhauses in Hamburg. Ich sollte eine Ansprache vor den 200 Mitarbeitern halten. Beim Anblick der Belegschaft wurde ich aufgeregt. Meine Knie wurden weich, Gedanken schossen mir durch den Kopf. Welche Erwartungen verknüpfen die Mitarbeiter mit der neuen Geschäftsführung? Sie hatten sicherlich Angst, da in der Zeitung von einer möglichen Schließung des Hauses berichtet worden war.

Für einen Moment hielt ich inne: „Diese Menschen brauchen keine Chefin, die nervös ist und deren Beine zittern. Sie brauchen eine Führungspersönlichkeit, die souverän und in der Lage ist, ihre Arbeitsplätze zu erhalten. Ich will diese Chefin sein!" Dann stieg ich selbstbewusst aufs Podest und hielt eine sehr gute Rede. Seit diesem Moment weiß ich, dass eine Rolle Sicherheit geben kann.

An diesen Tag erinnere ich mich, als sei es gestern gewesen. Es war die Schlüsselsituation für mich. Seither weiß ich, dass eine Rolle Sicherheit geben kann.

Wenn Sie die Parameter, nach denen Sie führen wollen, d.h. Ihre Rolle als Führungskraft, für sich geklärt haben, wissen Sie, wie Sie sich in bestimmten Situationen verhalten wollen. Zunächst sollten Sie also Ihre persönliche Führungs-Rolle definieren – sowohl im beruflichen als auch im privaten Bereich, denn Ihre neue Aufgabe wird auch Auswirkungen auf Ihr Privatleben haben.

Selbstreflexion – Die Führung der Führung

Selbstreflexion ist wichtig, um den eigenen Standpunkt zu erkennen und wenn nötig auch Selbstkritik zu üben. Selbstreflexion im Rahmen von Führung bedeutet, sich als Führungskraft zu beobachten und sich Fragen zu stellen. Fragen sind nicht nur ein unverzichtbares Instrument bei der Mitarbeiter-, sondern auch bei der Selbstführung.

Ihre neue Aufgabe wird Sie verändern. Die Verantwortung, die Sie übernommen haben, wird Sie an manchen Tagen beflügeln, dann wiederum werden Sie schlaflose Nächte haben; vielleicht gar nicht mehr wissen, wie Sie sich verhalten sollen oder was zu tun ist. Keine Angst. Das ist völlig normal. Insbesondere in der Anfangsphase brauchen Sie viel Freiraum und Verständnis für ihre Situation. Daher sollten Sie Ihre neue Führungsrolle auch im privaten Bereich mit Ihrem Partner und engen Freunden abstimmen.

Eine Coaching-Klientin erzählte mir, dass ihr Freund sich plötzlich von ihr getrennt habe. Es kam für sie völlig unerwartet, und sie war wie vor den Kopf gestoßen. Ihr Freund hatte eine neue Frau kennengelernt.

Während der Sitzung stellte sich heraus, dass sie sich sehr stark mit ihrer neuen beruflichen Rolle identifizierte und in ihrem Job überaus erfolgreich und anerkannt war. Sie hatte sich in den vergangenen Monaten zu einer professionellen Führungskraft entwickelt und war auch in ihrer Persönlichkeit gewachsen. Das Leben ihres Freundes hingegen hatte sich nicht verändert, abgesehen davon, dass ihre Beziehung mit der neuen Entwicklung nicht Schritt gehalten hatte. Wenn Ihnen etwas an dem Menschen liegt, der morgens neben Ihnen aufwacht, dann binden Sie ihn in Ihr neues berufliches Leben ein. Gehen Sie beispielsweise gemeinsam zu Persönlichkeitsseminaren und wachsen Sie zusammen. Oder machen Sie deutlich, dass Sie ihn so lieben, wie er ist, und sich daran auch nichts ändern wird, wenn Sie CEO sind. Ich kenne eine sehr erfolgreiche Personalleiterin, die mit einem Künstler zusammenlebt. Sie ist die Hauptverdienerin, und er sorgt für das Lachen und die Leichtigkeit in der Beziehung.

Ich liste Ihnen im Folgenden einige Fragenkataloge auf, die Ihnen helfen werden, Ihre Führungsrolle in den unterschiedlichen Bereichen zu definieren. Nehmen Sie sich bitte Zeit! Lassen Sie die Fragen auf sich wirken und schreiben Sie Ihre Antworten unbedingt auf. So können Sie sie jederzeit nachvollziehen und erneut reflektieren.

Bei der Selbstreflexion geht es um die folgenden Aspekte:

- das Selbstbild
- die private Rolle
- die berufliche Rolle

Fragen zum Selbstbild:

- Was ist mir in meinem Leben besonders wichtig?
- Was macht mir am meisten Freude – beruflich und privat?

- Was bedeuten mir Menschen?
- Welche Erfahrungen als Führungskraft habe ich bereits sammeln können (Klassen-, Schüler-, Studentensprecherin)? Welche Erfahrungen kann ich daraus für meine neue Aufgabe übernehmen?
- Welche Ziele habe ich – für meine persönliche Entwicklung, meine Arbeit?

Fragen zur privaten Rolle:
- Was bedeuten mir Familie und Freunde?
- Wie sieht meine work-life-balance aus?
- Welche positiven Wechselwirkungen gibt es zwischen meinem Privatleben und meinem beruflichen Umfeld?
- Wie gut kann ich Privates und Arbeit auseinander halten? Wo gibt es Überschneidungen und wie wird sich meine neue Position darauf auswirken?
- Ist das gut so?
- Was werde ich tun, um insbesondere in der ersten Zeit gut für mich zu sorgen?

Fragen zur Partnerschaft (bitte mit dem Partner besprechen):
- Wie gehen wir damit um, dass ich durch meine neue Aufgabe weniger Freizeit habe?
- Wie wird sich unser Tagesablauf gestalten?
- Wollen wir feste Regeln einführen (z.B. ein Tag gehört nur uns)?
- Wie werden sich durch meine neue Aufgabe unsere derzeit definierten Rollen innerhalb der Beziehung verändern?
- Welche Unterstützung erwarte ich von meinem Partner? Was wünscht sich mein Partner von mir?
- Wie gehen wir damit um, dass ich eventuell mehr verdiene als mein Partner?

Fragen zur beruflichen Rolle:
- Warum glaube ich, dass ich eine gute Führungskraft bin?
- Welche Talente und Erfahrungen bringe ich für meine Führungsaufgabe mit?
- Was sollen meine Mitarbeiterinnen und Mitarbeiter sagen, wenn sie nach mir als Chefin gefragt werden?
- Welche positiven Führungsvorbilder habe ich erlebt? Was möchte ich von ihnen übernehmen?
- Welche negativen Führungsvorbilder habe ich erlebt? Wie kann ich mich von ihnen abheben?
- Welche Erwartungen habe ich an mich als Führungskraft?
- Wen kann ich um Hilfe bitten, wenn ich jemanden zum Reflektieren brauche?

Menschen führen

Ich habe in meiner Führungslaufbahn 12 Mal die Stelle gewechselt. Immer wieder vor neuen Teams gestanden. Immer wieder den ersten Tag erlebt und in aufgeregte oder auch abweisende Gesichter geschaut. Führung heißt heute, die Menschen, die vor Ihnen stehen, kennenzulernen. Lassen Sie sich dazu Zeit – ohne Wenn und Aber.

Eine Seminarteilnehmerin fragte mich einmal Folgendes: „Frau Leske, wir haben seit zwei Jahren einen neuen Chef. In der ganzen Zeit hat er noch nicht ein Mal mit uns als Team zusammengesessen oder gesprochen. Wir kennen den Mann gar nicht und er uns nicht. Er gibt keinerlei Vorgaben. Wir wissen nicht, welche Ziele er verfolgt. Könnten Sie sich vorstellen, dass er irgendeinen geheimen Auftrag von der Geschäftsführung hat?"

Nein. Er hat einfach keine Ahnung von Führung.

Eine erschreckende Geschichte aus dem deutschen Führungsalltag, aus der Sie viel lernen können. Ihre neuen Mitarbeiter wollen wissen, wer Sie sind. Sie wollen wissen, wie Sie auf Ihre Position gekommen sind, welche Beziehungen Sie haben, welche Ziele Sie verfolgen, was sich für sie ändern wird. Das alles wollen sie möglichst schnell wissen, um zu entscheiden, ob sie sich auf Sie einlassen können und wollen.

Sie müssen nicht sofort alles kommunizieren, doch Sie müssen sich gewahr sein, dass sich Ihre Mitarbeiter im Unternehmen „umhorchen", um an Informationen zu kommen. Um Gerüchten vorzubeugen, empfehle ich Ihnen, so offen wie möglich zu sein. Die Antwort auf die Frage nach der Veränderung können Sie souverän mit dem Hinweis, dass Sie sich zunächst einen Überblick verschaffen wollen, auf einen späteren – nicht zu späten – Zeitpunkt vertagen.

Das offene, persönliche Gespräch ist die beste Möglichkeit, sich gegenseitig kennenzulernen und eine tragfähige Vertrauensbasis zu schaffen. Nehmen Sie sich also Zeit für Gespräche. Erklären Sie Ihren neuen Mitarbeitern, dass Sie sich gern ein persönliches Bild von ihnen machen möchten und erläutern Sie Ihr Vorgehen. Schaffen Sie Vertrauen und geben Sie die Erlaubnis, dass auch an Sie persönliche Fragen gestellt werden dürfen. Fragen Sie, ob Sie etwas mitschreiben dürfen, bevor Sie anfangen, und wenn Sie das Gefühl haben, dass Sie einen guten Kontakt zu Ihrem Gegenüber aufgebaut haben, beginnen Sie mit Fragen zur persönlichen Vergangenheit.

Ich habe sehr gute Erfahrungen mit dieser Form der persönlichen Gespräche gemacht. Die Gespräche verlaufen sehr unterschiedlich. Manchmal habe ich eine Frage gestellt und der Mitarbeiter hat mehr als eine Stunde erzählt. In anderen Situationen wurde ich mehr gefragt, als dass ich Fragen stellen konnte. Seien Sie also offen, und gehen Sie ohne festen Ablaufplan in Ihre Mitarbeitergespräche. Bereiten Sie sich nicht akribisch vor, nur so erhalten Sie sich die notwendige Leichtigkeit und das „offene Visier" für den Menschen Ihnen gegenüber. Ihr Ziel ist es, herauszufinden wer vor Ihnen sitzt, welche Fähigkeiten vorhanden sind und was diesen Menschen motivieren kann.

Die folgenden Fragen sind Anhaltspunkte. Bitte achten Sie darauf, dass die Fragestellung zu Ihnen persönlich und zu Ihrem Unternehmen passt. Formulieren Sie eigene Fragen. Planen Sie für das Gespräch 1,5 Stunden Zeit ein und lassen Sie sich überraschen, wer vor Ihnen sitzt.

- Welche Aufgabe haben Sie hier im Unternehmen? Seit wann? Wie kamen Sie dazu?
- Was macht Ihnen an Ihrem Beruf am meisten Freude?
- Was motiviert Sie?
- Von wem oder was hängt es ab, ob Sie eine gute Leistung bringen?
- Was würden Sie ändern, wenn Sie an meiner Stelle wären? Warum?
- Haben Sie Ideen, wie wir die Arbeitsergebnisse in unserem Bereich noch steigern können?
- Wie könnten wir aus unserem Team eins der besten der Branche machen?
- Was erwarten Sie von mir? Was nicht?

Integrationsworkshop mit Mitarbeitern

In den vergangenen Jahren habe ich bei der Übernahme einer neuen Führungsposition immer einen Integrationsworkshop durchgeführt. Ich halte ihn für das effektivste Instrument, um sich einen ersten Überblick zu verschaffen. In einer Filiale sorgte mein Kommen für große Aufregung, da ich die erste Frau nach 90 Jahren „Herrlichkeit" war. Ich wusste, dass es um meine Person viele Gerüchte und Geschichten gab. Im Integrationsworkshop sagte ich dann zu meinen Abteilungsleitern: „Meine Damen, meine Herren, über meine Person gibt es viele Gerüchte. Ich kann Ihnen sagen, die meisten stimmen!" Überraschte Blicke, leichtes Grinsen und ein schöner Workshop folgten.

Ein Führungswechsel oder auch die Zusammenlegung von Abteilungen lösen in der Anfangsphase oft Unsicherheiten aus. Der Wechsel entwickelt sich schnell zu einer schwer überschaubaren Situation, nicht selten genährt von Spekulationen beiderseits: Führung und Mitarbeitern.

Viele neue Führungskräfte werden in der Anfangszeit damit konfrontiert, dass ihre Erwartungen mit der erlebten Wirklichkeit nicht übereinstimmen. Steuern Sie gegen, damit Sie nicht von der Eigendynamik der Situation überrollt werden. Ein Integrationsworkshop kann die Eingliederung neuer Führungskräfte positiv unterstützen. Er bringt den Mitarbeitern den Führungsstil „der Neuen" näher und fördert dadurch die Bereitschaft zum partnerschaftlichen Handeln. Planen Sie

Ihren Integrationsworkshop in den ersten zwei Wochen Ihrer neuen Tätigkeit ein. Er sollte ca. drei Stunden dauern. Ein Moderator/eine Moderatorin übernimmt die Leitung.

Sollte es in Ihrem Unternehmen eine interne Personalentwicklung geben, kann dieser Workshop auch von einem internen, ausgebildeten Moderator durchgeführt werden. Im Gegensatz zu den Einzelgesprächen können Sie hier die Teamdynamik beobachten und sehen, wie die gemeinsame Zusammenarbeit funktioniert.

Um größtmögliche Offenheit zu gewährleisten, nimmt Ihr Vorgänger nicht am Workshop teil. Besprechen Sie mit dem Moderator die Fragen, die behandelt werden sollen. Zum Beispiel:

- Worauf sind Sie stolz?
- Was möchten Sie gern beibehalten oder ausbauen?
- Was würden Sie ändern, wenn Sie die neue Chefin wären?
- Was wünschen Sie sich von einer guten Zusammenarbeit mit der neuen Chefin?
- Was ist Ihnen für die Zusammenarbeit untereinander wichtig?

Diese Fragen werden auf Flipchartpapier geschrieben und im Raum angebracht. Nach der Vorstellungsrunde und der Einführung durch den Moderator geht die Führungskraft aus dem Raum, bis alle Mitarbeiter die Fragen beantwortet haben. Es geht bei der Beantwortung nicht darum, zu einer gemeinsamen Meinung zu kommen, sondern um den Informationsgewinn aller Teammitglieder. Im Anschluss wird die Führungskraft wieder hereingebeten und das Team stellt die Ergebnisse vor.

Sie sollten sich auf keinen Fall dazu hinreißen lassen, an dieser Stelle Versprechungen zu machen, das ein oder andere zu verändern. Das ist jetzt noch viel zu früh. Bedanken Sie sich für das Engagement und versichern Sie, dass Sie zu einem späteren Zeitpunkt zu den einzelnen Punkten Stellung beziehen werden.

Selbstverständlich können auch die Mitarbeiter im Vorfeld Fragen einreichen. Die folgenden Fragen wurden bei Integrationsworkshops gestellt, die ich als Moderatorin geleitet habe.

- Worauf legen Sie besonderen Wert?
- Wie halten Sie es mit Rücksprachen?
- Wie melde ich Freizeit an?
- Wie würden Sie Ihren Führungsstil beschreiben?
- Wann gerate ich mit Ihnen aneinander?
- Was bringt Sie so richtig auf die Palme?
- Was erwarten Sie von uns?

Die Beziehung zu Ihrem Vorgesetzten

Sie haben lange Zeit erfolgreich in Ihrem Unternehmen gearbeitet und werden jetzt befördert. Zur Team- oder Abteilungsleiterin. Dadurch ändert sich sowohl das Verhältnis zu Ihren Kollegen, die jetzt Ihre Mitarbeiter sind, als auch das zu Ihrem Vorgesetzten. Oder aber Sie treten eine Führungsposition in einem für Sie neuen Unternehmen an. Beide Szenarien erfordern unterschiedliche Fragestellungen und Herangehensweisen.

Sie sind befördert bzw. eingestellt worden, weil man von Ihrer fachlichen und sozialen Kompetenz überzeugt ist. Es kann sein, dass Ihr Vorgesetzter in der ersten Zeit der Einzige ist, der an Sie glaubt. Daher ist es von entscheidender Bedeutung, eine gute Beziehung aufzubauen. Ihr Vorgesetzter kann noch nicht einschätzten, wie sie als Führungskraft auftreten, wie Sie sich im Führungsalltag bewähren.

Und, das ist der zentrale Punkt: Sie wissen nicht, ob und welche Art zu führen er von Ihnen erwartet. Diese Frage sollten Sie zeitnah und offen ansprechen. Vereinbaren Sie für die ersten Wochen, ggf. auch Monate, einen wöchentlichen Jour fixe, um sich Feedback geben zu lassen und zu geben.

Fragen an den Vorgesetzten:

- Wenn ich einen guten Führungsjob gemacht habe, was habe ich in Ihren Augen dann konkret getan?
- Welche Erwartungen haben Sie an Ihre Mitarbeiter?
- Warum sind gerade diese Erwartungen/Entwicklungen für Sie so wichtig?
- Wo setzen Sie Prioritäten?
- Haben Sie bereits konkrete Vorstellungen, wie ich das Thema angehen soll?

Ihr Ziel sollte es sein, dass die Beziehung zu Ihrem Vorgesetzten zu einer loyalen Partnerschaft wird. Denn er ist in jeder Hinsicht der wichtigste Mensch in Ihrem Unternehmen.

Wenn Sie einige Hinweise und Spielregeln beachten, wird Ihr Engagement von Erfolg gekrönt sein.

- Analysieren Sie seine beruflichen Ziele und Prioritäten und arbeiten Sie in Ihrem Bereich daran, Ihren Vorgesetzten zu unterstützen.
- Analysieren Sie seine Erwartungen an die Mitarbeiter: Unterscheiden sie sich von jenen, die er Ihnen im persönlichen Gespräch mitgeteilt hat? Beobachten Sie, wie er sich gegenüber seinen Mitarbeitern verhält. Diese Informationen sind wichtig für Ihr späteres strategisches Vorgehen.
- Seien Sie verlässlich. Sorgen Sie dafür, dass man sich hundertprozentig auf Sie verlassen kann.
- Zeigen Sie Eigeninitiative. Suchen Sie sich selbstständig Aufgaben und machen Sie Vorschläge.

- Halten Sie Ihren Vorgesetzten immer auf dem Laufenden. Informieren Sie ihn über wichtige Hintergrundinformationen, Veränderungen, Vorhaben.
- Übernehmen Sie Verantwortung für Ihre Fehler und kümmern Sie sich um eine adäquate Lösung.
- Gehen Sie mit Lob und Kritik professionell um.
  Viele Frauen spielen Lob, das ihnen entgegengebracht wird, herunter. Tun Sie das nicht! Frauen, die Lob nicht annehmen können, werden, wie die Erfahrung zeigt, bald gar nicht mehr gelobt
- Das Wichtigste zum Schluss: Loyalität.
  Übergehen Sie Ihren Chef nicht. Beschweren Sie sich nicht über ihn bei seinem Vorgesetzten. Reden Sie nicht schlecht über Ihren Chef. (Bei Ihrem Coach finden Sie immer ein offenes Ohr für Ihre Probleme und Fragen.) Widersprechen Sie Ihrem Vorgesetzten niemals in einem Meeting. Insbesondere öffentliche Kritik von Frauen an Männern wird sehr negativ empfunden. Viele männliche Vorgesetzte warten die nächstbeste Gelegenheit ab, um Sie öffentlich bloßzustellen, damit in ihren Augen die Rangordnung wieder hergestellt ist. Das Verhältnis zu Ihrem Vorgesetzten kann dadurch stark in Mitleidenschaft gezogen werden, und es wird lange dauern, bis er wieder Vertrauen zu Ihnen hat. Wenn Sie zu einem besprochenen Thema anderer Meinung sind, lassen Sie sich direkt im Anschluss an das Meeting einen Termin geben und besprechen Sie die Sachlage unter vier Augen. Jeder Vorgesetzte wird Ihnen dafür dankbar sein.

Netzwerke aufbauen – Erwartungsklärung mit den Kollegen

In der Selbstreflexion meiner Tätigkeit als Geschäftsleiterin in einem Familienunternehmen muss ich heute feststellen, dass ich einige echte Fehler gemacht habe. Ich stürzte mich in meinen Fachbereich, nahm Kontakt zu meinen Mitarbeitern und Führungskräften auf und begleitete die Umsetzung der neuen Strategie. Ich ging aber nicht mit den Kollegen der anderen Bereiche zu Tisch, ich informierte mich nicht über ihre Spielregeln und ich erzählte nicht, was ich plante und ändern wollte. Sie haben mir Gespräche angeboten und hätte ich diese angenommen, wäre mir einiges erspart geblieben. Ich habe versäumt, mir ein internes Netzwerk aufzubauen und übersehen, dass Kollegen mich unterstützen können und Einfluss auf meinen Ruf haben. Heute weiß ich, dass sich alle Führungskräfte Zeit für die Kollegen nehmen müssen.

Insbesondere Frauen neigen dazu, interne Kontakte zu unterschätzen. Weil sie nicht als „geschwätzig" abgestempelt werden wollen, stürzen sie sich in ihre Arbeit und vernachlässigen den Austausch mit Kollegen. Wenn Sie jedoch als Führungskraft etwas bewirken wollen, müssen Sie sich Veränderungsmacht organisieren und Lobbyarbeit in eigener Sache leisten. Also Selbstmarketing im besten Sinne des Wortes.

Ihre neuen Kollegen erwarten von Ihnen, dass Sie sich über die firmeninternen Spielregeln informieren. Auch wenn Sie gute Ideen haben, respektieren Sie die Leistung Ihrer Kollegen und warten Sie ab. In den ersten Wochen ist noch nicht die Zeit, Ideen vorzubringen. Hören Sie zu und schaffen Sie Vertrauen.

Fragen an Kollegen:

- Was erwarten Sie von neuen Kollegen? Von mir?
- Wie wünschen Sie sich die kollegiale Zusammenarbeit?
- Können Sie mir die notwendigen Informationen geben, damit ich die Unternehmensphilosophie schnell nachvollziehen kann?

Organisationen führen – Das Ganze sehen

Nachdem Sie definiert haben, wie Sie Ihre neue Aufgabe annehmen wollen und die Erwartungen Ihres Umfelds geklärt haben, geht es jetzt darum, den gesamten Verantwortungsbereich in den Fokus zu nehmen.

Ziel der ersten 100 Tage ist es, herauszufinden, welche konkreten Aufgaben anstehen und welche Mitarbeiter für diese Aufgaben wichtig sind. Nach Ablauf der ersten 100 Tage sollten Sie die folgenden Fragen beantworten können. Halten Sie die Antworten unbedingt schriftlich fest, sie sind der Schlüssel für Ihre Zukunft!

Unternehmens-Checkliste:

- Wie lauten die wichtigsten Regeln und ungeschriebene Gesetze Ihres Unternehmens?
- Wie wird die Unternehmenskultur beschrieben?
- Welche Themen bewegen die Organisation?
- Wie sehen die Ergebnisse, die Wettbewerbsposition, die Marktstrategie und die Kosten Ihres Bereichs aus?
- Welches sind die Schlüsselaufgaben Ihres Verantwortungsbereichs?
- Welches sind die kritischen Herausforderungen?
- Welches sind die Schlüsselprioritäten, und welche Mitarbeiter sind die wichtigsten?
- Welche Menschen aus dem Unternehmen müssen Sie bei Ihren Vorhaben zu Mitstreitern machen?
- Wie sehen die Bedürfnisse Ihrer internen und externen Kunden aus?
- Wie ist Ihr Unternehmen in den letzten Jahren mit Veränderungen umgegangen?
- Was ist gelungen, was nicht und warum?

Ehe Sie am 101. Tag in den Arbeitsalltag starten, sollten Sie alle Schlüsselaufgaben mit Ihrem Vorgesetzten besprechen. Sind sie sich in allen Punkten einig, haben Sie eine glänzende Ausgangsbasis für Ihre weitere Arbeit. Fragen, in denen Sie unterschiedlicher Meinung sind, sollten Sie miteinander diskutieren und Konsens herstellen.

Vision und Strategie

Sie haben jetzt einen guten Einblick in Ihr neues Unternehmen und Ihren Verantwortungsbereich gewinnen können. Ihre Ideen, wie Sie das Unternehmen voranbringen möchten, sprudeln. Kurzum: Sie haben neue Anforderungen definiert.

Eine meiner Coaching-Klientinnen kam nach drei Monaten in ihrer neuen Firma zu mir und war völlig verzweifelt. Als hervorragende Art-Direktorin ist sie in ihrer Branche sehr anerkannt. Sie fand jedoch ein Team vor, das ihren Anforderungen an professionelle Arbeit bei Weitem nicht entsprach. Die Mitarbeiter legten ihr Ausarbeitungen vor, die sie ganz schrecklich fand. Drei Monate hatte sie sich nun mit ihnen über die Arbeit gestritten. Das ganze Team war demotiviert und die Stimmung am Boden. Jetzt wollte sie von mir wissen, ob sie Ihre Anforderungen herunterschrauben müsse. Während unserer Sitzungen wurde deutlich, dass sie vieles von dem, das ich in diesem Beitrag beschrieben habe, nicht berücksichtigt hatte. Sie kannte die Stärken der eigenen Mannschaft nicht, sie wusste zu wenig über die bisherige Arbeitsweise ihres Vorgängers und das Wichtigste: Sie hatte ihrem Team nie klar und deutlich mitgeteilt, welche Anforderungen sie an exzellente Arbeit stellt.

Um Frustrationen auf beiden Seiten zu vermeiden, gehen Sie bitte anders vor. Erkennen Sie an, was ist! Gehen Sie davon aus, dass die Menschen in Ihrem Team unter den bisherigen Rahmenbedingungen ihr Bestes gegeben haben.

Dann definieren Sie Ihre neuen Anforderungen. Besprechen Sie sie im Vorfeld mit Ihren besten und wichtigsten Mitarbeitern. Wenn Sie auf Widerstand stoßen – was eine weitverbreitete Reaktion ist –, gehen Sie ihm auf den Grund, haken Sie nach:

- Was brauchen Sie, damit Sie diese Anforderungen erfüllen können?
- Was müssen wir tun, um dieses Ziel zu erreichen?

Hinterfragen Sie die Bedenken und finden Sie den verborgenen Schatz, die wirkliche Information, die hinter den Bedenken steht. Durch Verständnis und einen offenen Dialog, beides ausgesprochene Stärken von Frauen, werden Sie die Schlüsselperson Ihres Teams auf Ihre Seite bringen. Sie werden sehen, dass auch die anderen Mitarbeiter das ausgegebene Ziel erreichen wollen, selbst wenn noch nicht alle genau wissen, wie.

„When the WHY is big, the HOW is easy!"

Bei Veränderungen fragen alle Menschen nach dem Warum: Was soll das Ganze? Warum sollen wir uns verändern? Ihre Anforderungen an Ihr Team müssen die Antworten geben.

Menschen wollen von Natur aus wachsen. In der Kindheit ist es ein körper-liches, als Erwachsener ein Persönlichkeitswachstum. Es macht Menschen stolz, wenn das Team oder der Bereich, in dem sie arbeiten, erfolgreich ist.

In Situationen, wie der eben beschriebenen, zeigt sich, ob es Ihnen gelungen ist, Ihre Mitarbeiter während der ersten 100 Tage von sich zu überzeugen, ihr Ver-trauen zu gewinnen.

Um gemeinsam neue Wege zu gehen, ist gegenseitiges Vertrauen unabdingbar. Schaffen Sie eine positive Atmosphäre: „Lasst es uns tun! Irgendwie werden wir es schon schaffen!"

Positive Leadership – Die innere Haltung

Ich möchte diesen Beitrag mit der großen Hoffnung in die neue Führung schlie-ßen – der Hoffnung, dass Frauen ihre charakteristischen Stärken in die Wirtschaft einbringen können. Führung ist nicht nur Sache des Verstands, sondern auch eine Frage von Emotionen und Ethik. Führung wird nicht nur von Instrumenten und Theorien geprägt, sondern vor allem von den Werten, dem Menschenbild und der inneren Haltung der Führungskräfte.

Wir wissen aus verschiedenen Studien (z.B. McKinsey, „Woman matter", 2008), dass Frauen, wenn sie zu 40% im Vorstand vertreten sind, eine Unterneh-mensstruktur verändern können und dies zu signifikant besseren und nachhal-tigeren Ergebnissen führt.

Um in der Wirtschaft erfolgreicher als bisher zu sein, um eine Arbeitswelt zu schaffen, der die Menschen angehören möchten, brauchen wir *Sie*! Wir brauchen weibliche Führungskräfte, die das Beste in Menschen und Unternehmen zu entde-cken und zu entwickeln vermögen. Wir brauchen weibliche Führungskräfte, die eine klare ethische Vision haben, die von allen Mitarbeitern geteilt werden kann. Wir brauchen weibliche Führungskräfte, die in Menschen Persönlichkeiten sehen und nicht „a pair of hands".

Ich habe in meiner Führungs- und Beratungspraxis viele solcher Frauen erlebt. Ihre Professionalität zeigte sich vor allem darin, dass sie nicht ihr Frau-Sein in den Vordergrund stellten, sondern sich auf ihre Fähigkeiten als Führungskraft konzen-trierten.

Glauben Sie an sich und Ihre Führungsqualität. Bauen Sie sie weiter aus und hören Sie niemals auf, an sich zu arbeiten.

Viel Erfolg bei einer wundervollen Aufgabe!

SABINE KLENKE

DARIN BIN ICH *PROFESSIONAL WOMAN*: Ich bin (seit 2001 selbstständige) Lehrtrainerin und Lehrcoach – bilde aus auf allen Stufen des NLP, Coach-Ausbildungen, Trainer-Ausbildungen (NLP- und Business-Trainerausbildungen). Daneben trainiere und coache ich Führungskräfte und moderiere Workshops für Führungskräfte sowie Teamentwicklungen und Teamsupervisionen und mache Aufstellungsseminare mit Systemischen Strukturaufstellungen. Mein methodischer Hintergrund ist neben NLP auch Gestalttherapie, Lösungsfokussierte Kurztherapie, Systemische Strukturaufstellungsarbeit (ich habe die 5-jährige Ausbildung am Syst Institut [Kibéd/Sparrer] gemacht), systemisches Prozessmanagement, TMS, Spiral Dynamics und anderes.

DAS HABE ICH VORHER GEMACHT: Bankdirektorin – ich habe Filialgebiete (Gebiet Hannover und Gebiet Bremen mit allen Filialen Nordwest) im Privatkundengeschäft einer Filialbank geführt, die Restrukturierung dieser Bereiche verantwortlich durchgeführt und „saniert" (d.h. bei 50% reduzierter Personaldecke doppelte Umsatzleistung). Ich war Sprecherin der Leitenden Angestellten, arbeitete in diversen Personalentwicklungsprojekten. Davor Firmenkreditgeschäft, Verkaufstrainerin, freigestellte Betriebsratsvorsitzende und Kreditgeschäft – d.h. ich kenne Unternehmen – immer sehr engagiert – aus verschiedensten Perspektiven.

DAS HAT MEINEM LEBEN RICHTUNGSÄNDERUNGEN GEGEBEN: *Ich* – wenn ich mir Zeit genommen habe, nachzudenken, wie ich leben will. Und „Zufälle" und meine Bereitschaft, offen zu sein und aus diesen Zufällen zu lernen.

FÜR ERFOLG BRAUCHT MAN: Liebe und eine innere „Unbekümmertheit" oder Zuversicht, dass die eingeschlagene Richtung und die gewählten Ziele die richtigen sind – Vertrauen in das eigene Tun – und die Beharrlichkeit, Hindernisse als Lernchancen zu sehen! Und ab und zu ein paar Minuten „Auszeit" um nachzudenken, ob das, was ich tue, auch das ist, was ich weiter tun will.

DAS HABE ICH ZULETZT GELERNT: Dass alle Frauen, die ich im Zuge dieses Artikels nach ihren Erfolgsstrategien befragt habe, unglaublich viel Lebensfreude besitzen und dass gesunde Bindung befähigt, sich gesund unabhängig zu machen.

DAS WÜRDE ICH GERNE NOCH LERNEN: Mich besser zu disziplinieren (hihi – daran arbeite ich schon 55 Jahre!) und ich möchte nochmal freie Kunst studieren.

DIESER FILM GEFÄLLT MIR: „Salt" – ich liebe Action! Und „Ratatouille" – einfach köstlich bzw. „rattenscharf"!

DIESES BUCH GEFÄLLT MIR: Nur eins? Schwierig – ich liebe Liza Marklund, Stieg Larsson und Krimis – besonders mit weiblichen Hauptfiguren, die ein bisschen frech, eigenwillig, unabhängig und mutig sind.

DIESES BUCH EMPFEHLE ICH DEN LESERINNEN MEINES BEITRAGS BESONDERS: „Unsichtbare Bindungen" von Ivan Boszormenyi-Nagy und Geraldine M. Spark, für diejenigen, die sich für die wissenschaftlichen Hintergründe transgenerationaler Loyalitäten interessieren; „Die Psychologie des Überzeugens" von Robert B. Cialdini, der Gesetzmäßigkeiten von Handlung, Interaktion und Entscheidung in frecher Alltagssprache darstellt.

IN DIESER LANDSCHAFT HALTE ICH MICH GERN AUF: In frischer – eher kühler – Luft mit weitem Blick aufs Meer.

EINE STADT, DIE ICH LIEBE: Siena – eine Stadt, die mich verzaubert.

DAS BERÜHRT MICH: Zu sehen, wenn eine Verhärtung weich wird, jemand bei sich selbst ankommt und liebevoll auf sich selbst schaut und mit sich in Frieden kommt.

DAS KOSTET MICH KRAFT: Büroarbeit ☺.

DAS GIBT MIR KRAFT: Freude an meiner Arbeit, guter Kontakt mit den Menschen, mit denen ich arbeite, etwas Neues entdecken, Salzbad in der Badewanne mit einem guten Buch, ein gutes Gespräch mit einer Norwegischen Waldkatze, spazierengehen, gute Musik hören, ein Bild malen, Gartenarbeit.

DAS TUE ICH GERN FÜR MICH: Etwas Neues kennenlernen, lesen.

DIESE RESSOURCEN KANN ICH EMPFEHLEN: Schlafen, in Bewegung kommen, freundlicher Umgang mit sich selbst (liebevolle Selbstgespräche), mal das Gegenteil der naheliegenden Erklärung ausprobieren ... und „wenn etwas funktioniert, mach mehr davon, wenn etwas nicht funktioniert – tue was anderes!"

MEIN SCHÖNSTER LUSTKAUF: Smartie, ein wunderschöner Norwegischer Waldkater.

DAS TUE ICH, WENN ICH ÜBERRASCHEND ZWEI STUNDEN ZEIT GEWINNE: Ein Spaziergang, ein Moment auf der Couch, das Lesen in einem Buch, das da schon länger auf meinem Nachttisch liegt.

ETWAS WICHTIGES, DAS ICH AUF DEM WEG ZUR *PROFESSIONAL WOMAN* GELERNT HABE: Ich schaue mit Interesse und Neugier hin, wie andere denken und etwas tun, nutze das als Anregung – und verfolge meinen Weg.

MEINE WWW(S): www.silcc.de, www.nlp-bremen.de.

SABINE KLENKE

Erlaubnis zum Erfolg –
Hindernisse in Kraftquellen wandeln

Julia: „Ich muss hier raus."

Julia ist heute 45, eine erfolgreiche Frau, promovierte Soziologin, selbstständig als Coach und berät Studierende, Promovierende und wissenschaftlich Arbeitende. Als ihre drei größten Erfolge bezeichnet sie:

1. Mein Elternhaus zu überleben.
2. Die Aufnahmeprüfung für die Universität zu bestehen.
3. Meine Promotion in Deutschland.

Wie hat Julia das geschafft – wie hat sich Julia den Weg zum Erfolg gebahnt?

Julias Ausgangsbedingungen waren nicht gerade leicht! Ihre Mutter trank, seit sie zur Schule ging, sie weckte die Mutter morgens schon betrunken, hatte Angst, wie ihre jeweilige Stimmung sein würde. „Ich wusste nie, was richtig oder falsch war", denn die Launen der Mutter waren unberechenbar.

Julia ist sehr intelligent (und war das auch als Kind). Sie hatte bereits vor der Schule gelernt zu lesen, verschlang Bücher, zog sich in die Welten dieser Bücher zurück – und sie fand in diesen Büchern alternative Lebensmodelle zum eigenen Leben, träumte sich in diese Welten und fand Identifikationsmöglichkeiten mit anderen Vorbildern und Werten. Julia wusste, dass sie so, wie sie zu Hause lebte, nicht leben wollte.

Als Julia 9 Jahre alt war, stand für sie fest: „ich muss hier raus". Aktiv nahm sie einen Loslösungsprozess für sich in Angriff, suchte nach einem Ausweg. Sie, das Kind, beschloss ein Gymnasium mit Internat zu besuchen, organisierte sich als 14-jährige das Internat, das sie aus einem Stipendium heraus finanzierte, um dort – unabhängig von den schwierigen Bedingungen zu Hause – ihren eigenen Weg zu finden, Abitur zu machen und ihre Aufnahmeprüfung für das Studienfach Psychologie an der Universität in Warschau vorzubereiten.

Zwischen ihrer Entscheidung mit 9 und ihrem Leben heute liegt ein Weg mit einigen Hindernissen, und Umwegen – und immer wieder der Entscheidung: „jetzt ist Schluss", wenn sie sich zu lange in Lebensbedingungen eingerichtet hatte, in denen sie ihr Ziel aus den Augen verlor. Diese Entscheidungen markieren jeweils Wendepunkte, an denen Julia sich immer wieder entschieden hat, ihr Leben selbst zu bestimmen, eine nächste Etappe in die eigene Hand zu nehmen.

Julias Lösungsmuster:

1. Entwickeln einer *klaren Idee*, wie sie leben wollte.
2. Ein klares *Nein* zum jeweiligen aktuellen Leben – und ein klarer Entschluss, „etwas zu tun".
3. Wandlung dieser Energie des *Nein* in eine *konkrete Alternative*: mit all den nötigen praktischen Schritten, diese in die Tat umzusetzen.
4. Immer wieder in Lebensphasen ein *erneutes Überlegen*: „wie will ich leben?" (hier halfen ihr auch Lebenskrisen und gesundheitliche Krisen).
5. Und ihre *Beharrlichkeit* weiterzumachen ...

Liza: „Ich folge meinem Weg – ich lebe meine Bestimmung."

Liza ist eine temperamentvolle Brasilianerin und lebt mit ihrem Mann in New York. Sie ist Trainerin und Coach und setzt ihr Coaching vor allem auch interkulturell ein. Ihre drei größten Erfolge beschreibt sie so:

1. „Ich folge meinem Traum" – mit 24 Jahren ging sie für 3 Monate nach Europa, trotz schlechten Gewissens gegenüber der Familie, „die Nabelschnur zu zertrennen".
2. „Ich bin angekommen" – mit 25 hatte sie sich ein neues Leben in England aufgebaut.
3. „Ich eralaube mir, Fehler zu machen" (ich verzeihe mir Fehler) – dies war für Liza ein tiefer Prozess, den sie mit 33 nach der Scheidung ihrer ersten Ehe durchlief.

Liza hat – ähnlich wie Julia – in ihrer Kindheit einiges an Widerstandspotenzial aufbringen müssen – gegen die Einflussnahme einer Tante, die sie als hässlich bezeichnete. Die Auseinandersetzungen mit den kränkenden Kommentaren der Tante schwächten ihr Selbstbewusstsein als Kind.

Andererseits hat die Auseinandersetzung mit dieser Kränkung aber auch dazu beigetragen, dass sie sich mit größerem Bewusstsein für sich selbst und ihren Weg entschieden hat. Das Thema war Liza immerhin so wichtig, dass sie ihren inneren Wachstumsprozess zum Gegenstand der Abschlusspräsentation ihrer Trainerausbildung gemacht hat.

Heute, sagt sie, hat sie dieses Kapitel für sich friedlich abgeschlossen, obwohl die Tante sich einem Gespräch darüber verschließt. Dank ihrer Kenntnisse als

Trainerin und Coach hat sie für sich beschlossen, diese Haltung, diese Ansicht und diese Kränkungen „bei der Tante zu lassen" und ihnen keinen Platz mehr in ihrem eigenen Überzeugungssystem zu geben.

Heute coacht Liza andere Frauen, zu ihrer persönlichen „belezza" (Schönheit) zu finden, und damit verbindet sie, dass jeder Mensch in sich die eigene Einzigartigkeit zur Blüte bringen soll und nicht externe Kriterien und Werte. Was ihr dabei half, waren veränderte Sichtweisen, als sie im Ausland war. Denn genau das, wofür die Tante sie kritisiert hatte, wurde in England als besonders attraktiv kommentiert.

Lizas Lösungsmuster:

1. Sie machte sich auf, ihren Traum zu entdecken, lernte *neue Weltbilder* kennen.
2. Auch sie setzte sich *aktiv mit Hindernissen* und Widerständen auseinander – machte sie später sogar zum Motor für ihr eigenes Konzept.
3. Auch sie *grenzte sich aktiv ab* – nahm ihr eigenes Leben in die Hand, trennte sich aktiv räumlich vom Elternhaus – blieb mit ihm aber emotional eng verbunden.
4. Und sie *trennte* hinderliche Weltbilder ihrer Familie und ihrer Tante von ihren eigenen.[1]

***

Diese beiden Frauen haben entscheidende Schritte zu ihrem Erfolg ganz aus eigener Kraft gefunden. Und die Kraft kam einerseits aus einem Leidensdruck und andererseits aus einer klaren Idee heraus, wie sie leben wollten.

Sartre hat sinngemäß einmal gesagt, es käme darauf an, „etwas aus dem zu machen, wozu man gemacht worden ist, worüber man keine Verfügung hat." In diesem Artikel möchte ich zeigen, welche Schritte das Erreichen von gesteckten Zielen hilfreich unterstützen können, und wie Hindernisse und Bedenken, sich den gewünschten Erfolg zu gönnen, wirksam bearbeitet werden können.

Im ersten Abschnitt, „Checkliste zum Erfolg", geht es um die notwendigen Bestandteile der Planung Ihrer Zielerreichung, in einem nächsten Abschnitt, „Wendepunkte markieren", dann um ein Ritual, mit dem Sie sich – und die wichtigen Menschen Ihres Umfeldes – auf Ihren Weg einstimmen, und am Schluss,

---

1 Ich danke „Julia", deren Namen ich verfremdet habe, weil sie sehr biografische Daten preisgegeben hat, für das ausführliche Interview, die guten Gespräche und das Durcharbeiten dieses Textes und ich danke „Liza" für das Skype-Interview und das gute Gespräch. Liza hatte zwar zugestimmt, dass ich ihren echten Namen verwende, da ich ihr aber noch nicht den gesamten Artikel übersetzen konnte, in dem ich ihr Beispiel eingebettet habe, habe ich mich vorsichtshalber für eine Verfremdung entschieden. Auch bei den anderen Beispielen habe ich Namen und ggf. Kontext verfremdet, die Beispiele sind lebensecht.

„Unbewusste Loyalitäten transformieren", durchlaufen Sie ein mentales Angebot, bei dem Sie mögliche hinderliche Loyalitäten bearbeiten, um sich innerlich die Erlaubnis zum Erfolg zu holen und sich von diesen Loyalitäten (zumindest zum Teil) zu befreien.

Checkliste zum Erfolg

„Habe ich eine klare Idee von dem, was ich erreichen will?"
... Habe ich eine klare Idee? ...
In den Kursen für Existenzgründerinnen ist dies immer der erste Baustein, denn ohne klare Vorstellung, wie ich leben will, was ich erreichen will, fehlt die Energie zum ersten Schritt. In meinen Coachings habe ich oft Kontakt mit Frauen, die eine neue berufliche Herausforderung suchen, um ihr Potenzial zu entfalten oder aber sich anlässlich einer beruflichen Krise überlegen, „wie will ich weiterarbeiten?"

Die wichtigsten Fragen: Was passt wirklich gut zu Ihnen? Welche Dinge tun Sie gern? Mit welchen Menschen mögen Sie sich gern umgeben? Was ist Ihnen wirklich wichtig im Leben – und welchen Raum verschafft Ihnen eine berufliche Tätigkeit, dieses „Wichtige" in Ihrem Leben zu leben? Was ist Ihr Talent – und wie können Sie Ihr Talent so einsetzen, dass Sie damit einzigartig sein können?

„Talente sind Begabungen und beschreiben, was jemand gern, häufig und gewohnheitsmäßig besonders gut tut.", definieren Marcus Buckingham und Curt Hoffmann den Begriff Talent.[2] Was tun Sie gern, oft und gut? Können Sie von sich sagen, dass Sie Ihrem Talent in dem, was Sie beruflich machen, Raum geben? Oder folgen Sie vielleicht einer „historischen" Idee Ihrer Berufswahl?

... und ist es meine Idee? ...
Wessen Idee war das denn eigentlich, dass Sie genau diesen Beruf ausüben? Für wen tun Sie gerade das? Für manche mag diese Frage banal erscheinen, nämlich, wenn für Sie ganz klar ist: Das habe ich mir schon immer so gewünscht, das ist mein Traum! Aber wenn ich Menschen danach frage, *warum* sie genau das machen, was sie jetzt machen, sind ihre Antworten nicht immer logisch! Mein eigener Lebenslauf ist durchaus ein Beleg dafür, dass manche Umwege Jahrzehnte lang dauern können!

Mit 40 war ich gerade Bankdirektorin geworden. Das hatte ich mir als Kind nie gewünscht und irgendwie schlug mein Herz auch nicht dafür. Und der Start in

---

2 Marcus Buckingham und Curt Hoffmann: „Erfolgreiche Führung gegen alle Regeln", Campus 2005.

der Bank als Betriebsrätin und Linke der „68er" war nicht angelegt, dort Karriere zu machen, sondern sollte „eigentlich" nur ein Übergang sein. Warum also blieb ich so lange und wurde immer wieder gefördert (manchmal gerade dank meiner Unangepasstheit, die mich mutiger als andere sein ließ), bis hin zur Direktorin? Dafür hatte ich keine wirklich klare Antwort!
Aber auf die Frage: „Wer wäre stolz auf mich gewesen?", war die Antwort einfach: mein Vater! Und vielleicht war es ein bisschen davon, dass ich diesen Erfolg erst loslassen konnte, nachdem und weil ich ihn errungen hatte. Wer mich mit 40 fragte: „Wo möchtest du mit 50 sein?", bekam meine sehr klare Antwort: „Dann habe ich mein eigenes Seminarhaus" – mit 35 hatte ich in der Bank eine Trainerausbildung gemacht und mit großer Freude ein paar Jahre Trainings gemacht. Mit 50 machte ich mich dann mit meinem eigenen Institut selbstständig (auch ohne Seminarhaus) und ließ eine gut bezahlte Bankkarriere gern hinter mir.

Je klarer Ihr Ziel ist, desto bessere Chancen hat Ihr Unbewusstes, ganz „nebenbei" dafür zu sorgen, dass das wahr wird!

1. „Probeerleben" der Zielvorstellung – „Fühle ich mich damit wohl?"

Wenn Sie für sich also Ihr Ziel geklärt haben, bitte ich Sie: Nehmen Sie sich einen Moment Zeit, machen eine kleine innere Zeitreise und tun für einen Moment einmal so, als ob Sie den von Ihnen angestrebten Zielzustand bereits erreicht haben.

Wie fühlt sich das an? ... Wie erleben Sie sich in diesem Zustand? ... Welches Bild von sich selbst haben Sie innerlich vor Augen, wenn Sie sich einmal – während Sie in diesem Zielzustand sind –gleichzeitig auch von außen ansehen? ... Gefällt Ihnen, was Sie da sehen? Sehen Sie dabei glücklich oder zufrieden aus? ... Und wenn sie in sich hineinhören, was sagt Ihnen Ihre innere Stimme?

Gefällt Ihnen, was Sie da erleben, sehen oder hören? Ein Beispiel soll erläutern, warum mir das so wichtig erscheint:

Im Rahmen eines Coachings fragte ich Anja, eine junge Trainerin (Existenzgründerin) aus Bremen, „welches wären denn Ihre Wunschkunden?" Und wie viele andere Trainerinnen nannte sie 4 oder 5 „Adressen" (Firmen in Bremen), die jede/r gern in seiner Referenzliste stehen hätte. Als ich dann aber genauer nachfragte, was würden Sie denn dort genau tun, wie müssten Sie auftreten, was müssten Sie dort anziehen und wie geht es Ihnen, wenn Sie daran denken, dort morgen ein Training zu machen, zog sie die Schultern nach vorn, schaute verunsichert auf und rutschte ganz raus aus der selbstbewussten Anja, die ich sonst so oft erlebt hatte. Sie hatte das Gefühl, dort einem bestimmten Begriff von „Professionalität" entsprechen zu müssen, fühlte sich aber bei dem Gedanken sichtlich nicht wohl in ihrer Haut. Ihr „Traumkunde" sah nur noch in der Referenzliste so „traumhaft" aus, im Trainingsalltag hätte dies für sie geheißen, dass sie vorgegebene Konzepte hätte trainieren müssen, ein überschaubarer Tagessatz gezahlt worden wäre. Schlimmer aber, sie verlor ihre Natürlichkeit und ihrer Klarheit – und dominierend wurde ihre Angst, in diesem Kontext nicht zu genügen.

Auf meine Frage: bei welchen Menschen fühlen Sie sich denn besonders wohl, mit welchen Menschen würden Sie denn gern Ihre Zeit verbringen, nannte sie dann ganz andere Zielgruppen. Anja waren Handwerker und Menschen in mittelständischen Betrieben viel vertrauter – ihre Augen begannen zu leuchten, sie richtete sich auf und lächelte. Anja hat sich dann in den ersten zwei Jahren ihrer Selbstständigkeit auf diese Zielgruppe konzentriert. Mittlerweile hat sie ihr Portfolio erweitert und trainiert auch in „großen" Betrieben – und fühlt sich da inzwischen auch wohl.

Für mich ist wichtig, dass ich meine Kunden mag! Schließlich verbringe ich ja Lebenszeit mit diesen Menschen!

2. Strategie zur Zielerreichung

Je nachdem, wie groß Ihr Ziel ist – und wie lang der Weg dahin ist –, brauchen Sie eine realistische Einschätzung davon, wie viel Energie, Entschlossenheit, Willen, Ausdauer und Zeit Sie benötigen, um da anzukommen. Ein gründlicher Plan hilft! Und wenn die eigenen Mittel nicht reichen, welche Hilfen können Sie sich organisieren?

Hier hilft der Aufbau einer Checkliste, Kontakt zu Menschen in vergleichbarer Situation – und natürlich auch ein/e Coach/in.

3. Hindernisse als Wegweiser

Hindernisse sind sehr spannende Wegbegleiter! Auf den ersten Blick stören sie. Sie machen uns den Weg schwer, kosten uns Zeit und Kraft, machen Arbeit. Auf den zweiten Blick sind sie aber auch Garanten dafür, dass wir wichtige Aspekte bedenken, die wir am liebsten zur Seite schieben würden. Ähnlich wie Einwände im Verkaufsgespräch nur Fingerzeige für unberücksichtigte Ziele sind, sind Hindernisse wichtige Botschaften, von denen wir lernen können. Und sie zeigen uns, woran wir uns noch gebunden fühlen.

Nun gibt es natürlich „externe" Hindernisse (Willkommen Realität!) aber auch „innere" Hindernisse (Willkommen Unbewusstes!).

Beispiele für externe Hindernisse: Einwände des Partners oder wichtiger anderer Menschen, bisher fehlender Zugang zu Informationen, Mitteln oder anderen Aspekten. Beispiele für „innere" Hindernisse sind empfundener Mangel an „Disziplin", Ängste, Mutlosigkeit, Hinausschieben, Lustlosigkeit, Gefühl von Wertlosigkeit oder das Gefühl, etwas „nicht verdient zu haben", etwas nicht zu dürfen oder anderes.

Wenn Sie an Ihr Thema denken – welche 3 Hindernisse kommen Ihnen in den Sinn? Nehmen Sie sich ruhig einen Moment Zeit – und notieren sich jedes Hindernis auf je einem Zettel. Dann entspannen Sie sich ein bisschen, lehnen sich zurück und gehen einmal in einen inneren Dialog mit dem ersten Hindernis. Es mag Ihnen ungewohnt erscheinen, wenn Sie so einen inneren Dialog führen – probieren Sie es einfach mal aus:

„Liebes Hindernis, angenommen es gäbe etwas Gutes, das Du eigentlich für mich willst, auch wenn ich Dich bisher als störend erlebt habe, aber vielleicht erfüllst Du für mich und mein Leben eine wichtige Funktion, oder möchtest mich auf etwas, was ich übersehen habe, aufmerksam machen – oder möchtest, dass ich etwas lerne ... Wofür könntest Du gut sein für mich, was könnte dieses Wichtige oder Gute sein, was soll ich durch Dich lernen?"

Und lassen Sie sich einfach überraschen, was da – vielleicht ganz unbewusst – für eine Antwort in Ihnen auftaucht.

Wenn ich mir mein „Lieblingshindernis" anschaue, geht es dabei um folgende Botschaft: Meine „Disziplinlosigkeit" sagt mir ganz klar – und das auch immer mal wieder (und klingt dabei ein bisschen kindlich) – „ich will spielen!"
Der Tinnitus von Marion sagte ihr: „Hör auf Dein Inneres". Der kränkende Spruch ihres Partners machte Hanna darauf aufmerksam, dass sie ihn zu wenig in ihre Planung einbezogen hatte, ihm nie wirklich gesagt hatte, was sie sich eigentlich wünscht.

Machen Sie das ruhig zunächst für jedes einzelne Hindernis. Dann machen Sie eine kleine Pause, stehen vielleicht auf, machen sich ihre Lieblingsmusik an oder gehen ein bisschen spazieren oder finden sonst eine Möglichkeit, ganz entspannt und vergnügt – in guter Stimmung – Alternativen zu finden, wie sie das, wofür die Hindernisse gut sind, anders sicherstellen können.

Für mein „ich will spielen" habe ich mir die Möglichkeit geschaffen, öfter mal zu malen, mit der Farbe zu spielen. Es macht mir wirklich Freude und erfrischt mich auf eine ganz andere Art. Marions Tinnitus verschwand, nachdem sie einen

> Personalkonflikt, den sie mit einer Mitarbeiterin hatte, gelöst hatte. Bei Hanna wurde die Sache komplexer, weil sie und ihr Partner bemerkten, dass sie schon länger nicht mehr wirklich miteinander über ihre eigenen Wünsche, Ziele und Lebensvorstellungen gesprochen hatten.

Prüfen Sie die Alternativen und geben Sie dem, was Ihnen Ihre Hindernisse „gesagt" haben, einen Platz in Ihrem Leben. Dann gibt es eine gute Chance, dass diese Aspekte zu „Freunden" werden.

4. Was gebe ich auf?

Eine freche Frage – mit zuweilen spannendem Ergebnis – stelle ich manchmal meinen Kunden: „Was wäre das Schlimmste, das passieren könnte, wenn Sie Ihr Ziel erreichen?" Allzu oft kommen wir genau mit dieser Frage dem verborgenen Grund auf die Schliche, warum etwas nicht klappt, jemand nicht wirklich Energie in die Zielerreichung steckt. In der Psychologie wird dies der (verborgene) *Gewinn* eines Problems genannt – der Nutzen der Nicht-Zielerreichung.

Und dann gilt es, eine Entscheidung zu treffen: Will ich wirklich mein Ziel erreichen und den „Gewinn" loslassen? Oder möchte ich das Ziel noch einmal modifizieren? Und angenommen, ich entscheide mich, den Gewinn wirklich aufzugeben, wie könnte ich den Aspekt, der als Bedürfnis hinter dem Gewinn steht, auf andere Art und Weise sicherstellen?

5. Und was kommt danach?

Angenommen, mein Ziel ist erreicht, was mach' ich denn dann?

> Hans, ein früherer, sehr lieber Freund von mir, ein ganz kluger Kopf, studierte, studierte, studierte und schob die Abschlussprüfung von Jahr zu Jahr hinaus. Die Perspektive, nach dem Studium als Lehrer zu arbeiten, schreckte ihn einfach ab.

Je größer ein Ziel, je länger die Strecke zur Zielerreichung, umso wichtiger ist eine Perspektive und Aufgabe nach dem Ziel.

6. Welche Verantwortung übernehme ich?

Auch die zu übernehmende Verantwortung gehört zur Entscheidung. Welche Konsequenzen folgen aus der Entscheidung? Bin ich bereit, die Folgen meiner Entscheidung zu tragen – die Rechte und die Pflichten, die Chancen und die Risiken. Manchmal verstecken sich in dieser Frage noch ein paar ängstliche Zweifel und hinderliche Überzeugungen.

Auch wenn ich persönlich nicht sehr kirchlich-religiös bin, hat mir folgender Satz immer sehr geholfen: „Ich tue mein Möglichstes und der Rest liegt in Gottes Hand."

Vielleicht kennen Sie das, dass Sie zweifeln, was Sie noch alles tun könnten, um auf eine Sache Einfluss zu nehmen, und machen sich damit verrückt, denn wenn es nicht gelingt, würden Sie sich anschließend den Vorwurf machen, „Schuld" daran zu sein, dass es nicht geklappt hat.

Wie viel Verantwortung habe ich denn selbst? Verantwortung habe ich dafür, was *ich getan* habe und was *ich unterlassen* habe. Diese Verantwortung zu tragen ist gesund und erwachsen.

> Wenn ich ein Gartenbeet bestelle, kann ich dafür sorgen, dass ich das Unkraut entferne, den Boden auflockere und eine gute Mischung von Humus und Sand und Nährstoffen bereite. Dann kann ich Samen einbringen, das erste Keimen vielleicht noch vor zu viel Sonne und vor zu viel Regen schützen – aber letztlich keimen muss der Samen von sich aus.

Die Verantwortung dafür, dass der Same keimt, liegt außerhalb meiner Reichweite. Dies ist ganz wichtig in allen Beziehungsfragen – persönlich und beruflich – z.B. im Vertrieb. Ich kann meinem Kunden die Vorzüge einer Leistung aufzeigen – die Entscheidung, ob er die Leistung kauft, lasse ich dann (vertrauensvoll) beim Kunden.

Das heißt, ich bereite gute Bedingungen, „tue mein Möglichstes" und dann lasse ich los und vertraue darauf, dass das Richtige geschieht, lasse los, um dem Erfolg die Chance geben, zu mir zu kommen.

> Liza hatte das für sich als ihr drittes Erfolgskriterium genannt: „Ich nehme mir Erlaubnis, Fehler zu machen" (ich verzeihe mir Fehler). Und sie beschreibt, dass sie damit Frieden für sich gefunden hat. Diese Haltung gab ihr die Kraft, die Wertung und Einstellung ihrer Tante als Verantwortung der Tante anzusehen. Genau diese Haltung, des „Loslassens" und des Frieden-Schließens mit dem, was auch immer das Ergebnis ist, gibt ihr die Zuversicht des Gelingens.

Dieses innere Abgeben oder Loslassen – wohlgemerkt, nachdem ich wirklich guten Einsatz geleistet habe! – gibt mir innere Stärke und Zuversicht, „es kommen zu lassen". Und wenn es dann nicht gelingt, kann ich mit mir in Frieden bleiben. Und: Es bewahrt mich vor Abhängigkeit, denn Abhängigkeit entsteht, wenn ich nicht akzeptieren kann, dass ein anderer Mensch seine/ihre Entscheidung unabhängig von meinen Interessen selbst trifft.

7. Entschlossen zum ersten Schritt?

Manche wunderbaren Artikel sind nie geschrieben worden, weil die ersten 10 Sätze nicht auf's Papier gesetzt wurden. Fast schon abgegriffen – aber dennoch unendlich wahr ist der Satz, dass „jede große Reise mit dem ersten Schritt beginnt". Das erste Angebot eines Selbstständigen, der erste Kurs einer Trainerin, der erste Kunde ist nicht nur ein Signal an die Außenwelt, sondern auch ein Signal an meine unbewussten Kompetenzen, eine Bahnung für das Erleben von Erfolg.

Also: Anfangsdatum setzen und loslegen – und Zielerreichungsdatum setzen!

8. Und wem werde ich mit diesem Erfolg unähnlicher?

„Angenommen, Sie hätten Ihr Ziel erreicht, und Ihr Zustand wäre wunschgemäß eingetreten, wem wären Sie damit weniger ähnlich?" (Unähnlichkeitsfrage von Sparrer/Kibéd)[3]. Oft wird den Befragten erst nach dieser Frage bewusst, dass sie sich selbst auf eine unbewusste Art von der Zielerreichung abgehalten haben, weil sie damit einen unbewusst geschlossenen „Vertrag" gebrochen hätten: z.B. dem Vater oder der Mutter treu zu bleiben, nicht über sie hinauszuwachsen. Gerade wenn es in der Vorgeneration für einige der Vorfahren schwierige Bedingungen gegeben hat, deren Nutzen indirekt der nachfolgenden Generation zu Gute gekommen ist, erlebt die nachfolgende Generation auf eine unbewusste Weise eine „Schuld", eine „Ausgleichsverpflichtung". In dieser impliziten Ausgleichsverpflichtung fühlt sich der Nachfahre „gebunden".

Diese Bindung kann sich darin zeigen, dass jemand sich nicht traut, „unähnlicher" zu werden (also erfolgreicher, mit „leichterem Schicksal" versehen). Aber auch wenn jemand im Konflikt mit der Vorgeneration ist und auf keinen Fall „ähnlicher" werden möchte („ich will auf keinen Fall so werden wie mein Vater"), besteht auch in dieser Abgrenzung eine – quasi umgekehrte – Bindung. Dann kann die Abgrenzung ebenso zum Hindernis werden: Wenn es etwa dem Vater oder Großvater besonders gut ging, diese z.B. wirtschaftliche Vorteile zulasten Dritter erworben hatten, dann wird die Vermeidung der Ähnlichkeit zur unbewussten Ausgleichshandlung gegenüber den Opfern des Vaters oder Großvaters.

Vermeiden von Unähnlichkeit	Vermeiden von Ähnlichkeit

Das Aufspüren dieser unbewussten Bindungen ist der erste Schritt dafür, dass Alternativen gefunden werden, wie die empfundene Ausgleichsverpflichtung auf andere Weise ausgeübt werden kann. In der Aufstellungsarbeit wird dies mit entsprechenden Ritualen gemacht.

---

3 Vgl. zum Aspekt der Loyalität: Insa Sparrer, „Wunder, Lösung und System", Carl Auer Verlag 2001.

Um einen Ausgleich wirklich herzustellen, ist besonders die Haltung wichtig: zunächst das Anerkennen dessen, was man bekommen hat – und das Anerkennen dessen, unter welchen Bedingungen es zustande kam. Und damit es zu einem guten Ausgleich kommt, gilt dann, dass die Ausgleichshandlung von der anderen Seite auch angenommen werden kann/könnte.

So ist zum Beispiel eine tief empfundene Dankbarkeit, die hinter einer „Geste" des Ausgleichs steht, wichtiger als der rechnerische Ausgleich.[4] Ein mögliches Ritual zum Ausgleich stelle ich noch weiter unten dar. Doch zunächst eine Zusammenfassung der bisherigen Schritte in Form einer Checkliste.

	Check für meine Erfolgsprognose		
1.	Ich habe eine klare Vorstellung, von dem was ich erreichen will, ich kann das Ziel selbst erreichen, habe einen angemessenen Zeithorizont für die Erreichung geplant und ich halte das Ziel für erstrebenswert.	ja	nein
2.	Ich habe den erwünschten Zustand probehalber schon einmal gedanklich durchlebt und dabei entweder • mich gut gefühlt – d.h. dabei erlebt, dass dieser Zustand für mich wirklich wünschenswert ist oder • ein klares Bild von mir selbst vor Augen, wie ich in diesem Zustand lebe, mich verhalte und mit mir und anderen umgehe – und dieses Bild überzeugt mich/gefällt mir oder • in einem inneren Selbstgespräch gehört, wie wohltuend es klingt, wenn ich zu mir selbst über diesen Erfolgszustand spreche.	ja	nein
3.	Ich habe mir eine Strategie überlegt, wie ich das, was ich erreichen will, erreichen kann – und ich habe für den Weg der Zielerreichung die nötige Energie, Entschlossenheit/ Wille, Ausdauer, Strategie, Zeit, ggf. Mittel oder andere Ressourcen.	ja	nein
3.a	Falls ich Aspekte aus Punkt 3 nicht selbst zur Verfügung habe, so weiß ich, wie ich mir diese Aspekte ggf. mit fremder Hilfe beschaffen kann.	ja	nein

---

4   Matthias Varga von Kibéd u.a.: „Haltung – Verhalten – Fair halten", Concadora Verlag 2004.

4.	Ich kenne 1 bis 3 Hindernisse, die mich bisher daran gehindert haben, habe sie überprüft und wie folgt bearbeitet: • Ich habe mir klargemacht, was das Gute sein könnte, auf das jedes einzelne Hindernis mich aufmerksam machen möchte. • Ich habe mir für dieses jeweilige Gute der Hindernisse alternative Möglichkeiten geschaffen, wie ich es künftig auch auf andere Art und Weise sicherstellen kann, ohne dass ich mich an meiner Zielerreichung hindern müsste.	ja	nein
5.	Ich habe mir überlegt, was ich verliere, wenn ich das Ziel erreiche – und bin bereit, das, was ich verliere, aufzugeben. Und für das, was ich verliere und was gut daran war, es zu haben, habe ich mir eine Alternative überlegt, die ich auf andere Weise sicherstellen will.	ja	nein
6.	Ich habe eine Idee davon, was nach der Zielerreichung für weitere Aufgaben anstehen, und diese Aufgaben gefallen mir.	ja	nein
7.	Ich bin bereit, für die Veränderung und meine Zielerreichung die Verantwortung zu übernehmen – und wenn es nicht gelingt, bleibe ich mir treu!	ja	nein
8.	Auf einer Skala von 0 bis 10 bin ich mindestens mit einer 8 entschlossen, die Veränderung auch wirklich umzusetzen/anzufangen, und ich habe mir einen realistischen – und zeitnahen – Termin für die Zielerreichung gesetzt.	ja	nein
9.	Angenommen, mein Ziel wäre bereits erreicht und mein Leben gestaltete sich so verändert, wie dies durch die Zielerreichung möglich ist, gäbe es jemanden, der mir dieses nicht gönnen würde?	nein	ja
	Und wüsste ich, wie ich mit diesem Einwand für mich umgehen könnte?	ja	nein
10.	Angenommen, das Ziel wäre bereits erreicht und mein Leben gestaltete sich entsprechend wunschgemäß, wem würde ich dadurch unähnlicher?	Name:	
	Gäbe es jemanden aus meiner Familie oder aus meinem Hintergrund, den ich dadurch „überflügeln", beschämen würde oder dem gegenüber ich ein schlechtes Gewissen hätte, dass es mir so gut geht?	nein	ja

Immer da, wo Sie in der linken Spalte angekreuzt haben: Glückwunsch – Sie haben bereits eine Menge an Vorarbeit für Ihren Erfolg geleistet! Sie haben in der rechten

Spalte etwas angekreuzt? Wunderbar: Es gibt noch etwas zu tun! Vielleicht helfen Ihnen die von mir beschriebenen Schritte beim Selbstcoaching oder Sie gönnen sich eine/n Coach/in.

Bindung und Ent-Bindung

Wir sind durch vielfältige Bande mit unseren Eltern und Vorfahren verbunden. Wir werden in ein System hineingeboren, kommen als abhängige Wesen auf die Welt und unsere gute Entwicklung wird begünstigt durch eine stabile Bindung an die wichtigsten Bezugspersonen. Sicher gebundene Kinder können aus dieser Sicherheit heraus zugleich die Kraft schöpfen, die Welt zu erobern und das eigene Erlebnisfeld zu erweitern. Psychisches Wachstum entsteht in der Dialektik von Bindung und Trennung.

Und immer wieder lassen wir eine Lebensphase hinter uns, um eine neue Entfaltungsmöglichkeit zu erreichen. Manche dieser Übergänge erleben wir freudig und bewusst, manche laufen weniger bemerkt nebenbei mit.

Was wir lernen, lernen wir zu großen Teilen von unseren Eltern bzw. unseren wichtigsten Bezugspersonen. Wir bleiben ihnen zugleich emotional verbunden. Auf unbewusste Weise gleichen wir aus, indem wir ihnen „treu" sind, ihrem Vorbild folgen.

Einiges übernehmen wir (mehr oder weniger unbewusst) und von anderem nabeln wir uns ab. Wie wichtig es dabei ist, diese *Übergänge deutlich zu markieren*, möchte ich gern nachfolgend darstellen.

Wendepunkte markieren

In den unterschiedlichsten gesellschaftlichen Kulturen werden für wichtige Wendepunkte im Leben Rituale eingesetzt, die den jeweiligen Übergang deutlich markieren. Damit wird der emotionale Prozess der Beteiligten gestützt (z.B. Trauer, Verantwortungsübernahme, Loslassen o.a.) und der Bedeutungswandel der Rolle/Funktion oder Phase im Leben auch vor den beteiligten anderen Menschen begleitet (Rollen- oder Funktionsveränderung gegenüber Dritten, Selbstbild bzw. Identitätskonzept der jeweiligen Lebensphase).

Eine *Initiation* ist so ein Übergangsritual: Die Initiation schafft einen Rahmen, innerhalb dessen ein Mensch von einem gesellschaftlichen Zustand oder Status in einen anderen Zustand oder Status oder eine veränderte Zugehörigkeit wechselt. (vom Kind zum Erwachsenen, vom Bürger zum Würdenträger oder Mitglied einer Gruppe).

Eine Initiation ist in der Regel mit einer „Prüfung" verbunden. Viele Märchen berichten von solchen Prüfungen über eine Metapher: ein Tor durchschreiten, ein

Rätsel lösen, ein Opfer bringen. Mit den Märchen lernen Kinder die Bedeutung solcher Rituale und Übergänge.

In der Aufgabe/Prüfung des Initiationsrituals liegt ein Risiko – und je höher der geleistete Einsatz der Kandidaten, umso intensiver wird der Wandlungsprozess und die Bindung an den neuen Zustand erlebt. Diese deutliche Markierung der Wandlung bezieht die zugehörigen Menschen ein. Der Übergang und die damit verbundene Übernahme von Pflichten und Verantwortung und das Erhalten von Rechten werden vor „Zeugen" vollzogen. Damit gelangen alle Beteiligten zu einer veränderten Sichtweise auf die Person. Die „Zeugen" der Wandlung stützen den Wandlungsprozess.

Daher ist mein Plädoyer an Frauen, *schaffen Sie sich Ihre persönliche „Initiation" zum Erfolg!* Damit das, was Sie „eigentlich" wollen, einen wirklich ernsthaften Rahmen, einen klaren Startpunkt bekommt, und Sie sich auch auf die Erwartungen anderer und die „Einladungen" alter Gewohnheiten vorbereiten.

> Vielleicht kennen Sie das? Sie nehmen sich ganz fest eine Änderung eines eigenen Verhaltens vor: z.B. etwas weniger Schokolade zu essen oder morgens früher aufzustehen, um vor dem Duschen noch eine Runde zu laufen oder etwas anderes. Und dann schlägt der Partner ein leckeres Frühstück vor (und Sie verschieben das Laufen auf morgen) oder die Freundin bietet – bei ihrem nächsten Besuch – in freundlichster Absicht ihre Lieblingsschokolade an ...

Damit genau das nicht passiert: Markieren Sie für sich und andere, was genau Sie für sich verändern möchten, was das für Sie heißt – und sprechen Sie die Betroffenen ganz offen darauf an, welche Erwartungen Sie an sich selbst und welche Erwartungen Sie an jede/n der beteiligten Anderen haben.

Dieses Vorgehen ist für persönliche Lebensziele und für berufliche Ziele gleichermaßen wichtig. Gerade, wenn die Veränderung auch Auswirkungen auf andere hat.

Am Beispiel von Julia können wir sehen, wie nachhaltig der „schwere Weg" der 9-Jährigen war, sich eine eigene Zukunft zu bauen – oder am Beispiel von Liza, die ihre Ausreise in einen anderen Kontinent zugleich auch als die Reise in ihr eigenes Leben erlebt hat. Beide haben durch ihren selbst initiierten Schritt der räumlichen Trennung vom Elternhaus eine ganz klare Markierung geschaffen für den Übergang von einer Lebensphase in eine nächste – selbst gewählte – Lebensphase. Und gerade weil es sie beide „etwas gekostet" hat, wissen sie, was sie geleistet haben und das stärkt ihren Selbstwert.

Der holländische Ritualforscher van Gennep gliedert *Übergangsrituale* in 3 große Phasen. Wenn Sie Lust haben und Ihr Veränderungsziel für sich geklärt haben, empfehle ich Ihnen, sich selbst ein Ritual zu schaffen:

1. **„VORBEREITUNGS- UND TRENNUNGSPHASE"**

   Warum wollen Sie etwas ändern? Was lassen Sie zurück? Wovon gehen Sie weg? Was geben Sie auf? Wie bereiten Sie den Übergang vor? Die Vorbereitung ist ein sehr wesentlicher Teil des Prozesses! Mit der Vorbereitung gestalten Sie ihren eigenen Erwartungsrahmen für das Neue und beziehen die anderen Menschen ein (wie die Einladung der Hochzeitsgäste zur Hochzeit gleichzeitig auch ein „Versprechen" an „alle" darstellt, dass sich mein Familienstand ändern wird).

2. **„SCHWELLEN- UND ÜBERGANGSPHASE"**

   Dies ist die historische Sekunde der Änderung. Sie schließen mit sich einen neuen „Vertrag", Sie entscheiden Ihre Wandlung, Sie „legen den inneren Hebel um" (am Beispiel des Hochzeitsrituals auch „vor Zeugen" – was den Vertrag sozial bekräftigt).

3. **„WIEDEREINGLIEDERUNG / REINTEGRATION"**

   Im neuen „Status", im veränderten Seinszustand üben Sie das neue Verhalten im Alltag ein (im Hochzeitsritual z.B. der Einzug in eine gemeinsame Wohnung, das Übernehmen eines gemeinsamen Namens oder ähnliches).

Julia wechselte von der Situation des abhängigen Kindes in die Lebenssituation einer Heranwachsenden. Liza markierte für sich die Abnabelung vom Elternhaus durch den großen räumlichen und kulturellen Abstand und den Erfolg, sich etwas aufgebaut zu haben. Auch ihr späterer großer Erfolg (sich Fehler zu verzeihen) war für sie Folge einer „Prüfung" – sie durchlief einen schmerzhaften Trennungs- und Scheidungsprozess.

Beide haben gewissermaßen eine *Initiation* für sich selbst geschaffen und sich mithilfe dieser bewussten Markierung des Übergangs nachhaltig in einen veränderten Zustand hineinbegeben. Mit dieser Markierung haben beide auch ein verändertes Bild von sich selbst geschaffen und ihrer Identität einen neuen Namen gegeben. Damit sind sie aus ihrem Elternhaus er-wachsen.

Einen guten Ausgleich von Nehmen und Geben herstellen

Ausgleichen von Nehmen und Geben ist ein menschliches Grundprinzip, das unabhängig von unterschiedlichen religiösen Richtungen in allen Kulturen vorkommt. Wenn wir etwas von jemandem bekommen, haben wir das natürliche Bedürfnis, dies auszugleichen. Auf ein Geschenk folgt (mindestens) ein (aufrichtiger) Dank. Wenn ich jemanden einlade, wird es in der Regel irgendwann eine Gegeneinladung geben. Ausgleich wird durch Austausch geschaffen – in unserer modernen arbeitsteiligen Kultur wird in vielen Fällen Geld eingesetzt.

In Familien (und unter Freunden) wird in der Regel nicht mit Geld ausgeglichen. Das Kind erhält von der Mutter und mittelbar vom Vater sein Leben. Es wird aufgezogen, genährt, gepflegt, erzogen, zur Schule geschickt, mit einer Ausbildung ausgestattet, auf das eigene (unabhängige) Leben vorbereitet. Ein Teil dieses Nehmens kann ggf. ausgeglichen werden, wenn die Eltern später gepflegt werden. Aber insgesamt ist für die nachfolgende Generation gegenüber den Vorfahren kaum ein Ausgleich möglich: Allein das Leben erhalten zu haben ist unausgleichbar. Und so findet über das Weitergeben an die nachfolgende Generation ein Ausgleich statt (und eine damit verbundene Entlastung).

Da grundsätzlich die *„Bilanz"* von Nehmen und Geben gegenüber den Eltern unausgeglichen zu Lasten der nachfolgenden Generation ist, ist das Gefühl der Verpflichtung und Gebundenheit meist sehr hoch. In dieser Verbundenheit werden häufig bewusst – und unbewusst – Verpflichtungen übernommen: Überzeugungen, Werte und „Glaubenssätze" der Eltern, berufliche Zielsetzungen und Lebensziele, elterliche Betriebe, elterliches Eigentum oder andere Pflichten werden übernommen und bestimmen implizit das eigene Leben. Auch Verhaltensmuster der Eltern, unter denen wir selbst gelitten haben, tauchen in uns auf und eben nicht nur, weil wir es so gelernt haben.

Ivan Boszormenyi-Nagy und Geraldine M. Spark sprechen vom „unsichtbaren Gewebe der Loyalität". Die *„Gerechtigkeitskonten"* wirken mindestens über 3 Generationen hinweg und in der Nachfolge der Generationen sind diese Loyalitäten unterschiedlich bewusst: *je weniger ...*(jemand) *der in der Vergangenheit, zum Beispiel durch seine Eltern, angehäuften unsichtbaren Verpflichtungen gewahr wird, desto stärker ist er diesen unsichtbaren Kräften ausgeliefert".*[5]

In der Aufstellungsarbeit und im Coaching setzen wir beim Gedanken der Generationen übergreifenden Loyalität an: Wenn zum Beispiel bei einer Coachee „eigentlich" die besten Voraussetzungen für ein von Erfolg gekröntes Arbeiten gegeben sind – klare Zielsetzung, gute Kompetenzen, Fleiß, Disziplin, engagiertes Arbeiten, Fähigkeit zum Kontakt, Talent, etc. – und sich dennoch wiederholt Erfolg nicht einstellt oder sogar wiederholt deutliche Misserfolge oder Verluste eintreten, dann kann dies dem Umstand geschuldet sein, dass diese Coachee auf einer unbewussten Ebene einer (unbewussten) Ausgleichsverpflichtung nachgeht, die eigentlich einem Opfer oder einer besonderen Schwere in der Vorgeneration gilt.

Wenn also jemand „Schuldgefühle" hat, besonders erfolgreich zu sein, wird diese Person auf unbewusster Ebene bemüht sein, diese „Schulden" auszugleichen – durch Nicht-Erfolg oder gar durch Verluste, die dann ein Symbol für die (unbewusste) Ausgleichszahlung sind.

Die unbewusste Ausgleichsverpflichtung kann dabei

1. den geleisteten Opfern der Vorgeneration, aber auch
2. einer Schuld der Vorgeneration Dritten gegenüber gelten.

---

5 Ivan Boszormenyi-Nagy und Geraldine M. Spark: „Unsichtbare Bildungen – Die Dynamik familiärer Systeme" (1973/1981), Klett-Cotta 2001, S. 105.

Maria hatte sich viele Kompetenzen angeeignet, arbeitete hart und verdiente zu wenig Geld und ihre Selbstständigkeit ließ sich schwierig an. Wir arbeiteten an Marias Zielen, einer Markteinschätzung, Möglichkeiten sich zu positionieren, aber so richtig „griff" die Arbeit nicht. Erst als wir geschaut haben, welche unbewusste Ausgleichsverpflichtung implizit bei Maria wirkte, veränderte sich etwas. Ihr Großvater war aus Ostpreußen geflohen, damit seine Familie überleben konnte. Er ließ Haus und Hof, größere Ländereien und seine Heimat zurück. Die Familie fing in der Nähe von Berlin an, sich ein neues Leben aufzubauen und war sehr arm. Maria wäre nicht geboren worden, hätte dieser Umzug nicht stattgefunden. Nachdem sie seine Lebenssituation und sein „Opfer" gewürdigt hatte, war sie erstaunt, dass sie in den folgenden Wochen mehrere interessante Jobangebote und ein größeres Geldgeschenk bekam. Ich will nicht sagen, dass das Thema jetzt – nach dieser einen Arbeit – völlig gelöst ist, doch gab es eine deutliche Verbesserung.

In meinen Aufstellungskursen in Brasilien habe ich auch öfter Beispiele impliziter Ausgleichsbemühungen erlebt, die sich auf eine „Tat" eines Verwandten einer Vorgeneration bezogen, die sich in einem anderen Land abgespielt hatte. Auswanderungen sind oft motiviert durch einschneidende Ereignisse – und das können sowohl Opfer-Situationen der Auswanderer sein als auch „Täter-Situationen" von Auswanderern. In Deutschland ist es gleichfalls nur allzu logisch, dass auch in den Vorgenerationen verschiedenster sehr ehrenhafter Menschen Nazis gelebt haben und Nazi-Verbrechen begangen haben.

Wie kann ein Ausgleich in einer Coaching-Arbeit oder einer Aufstellung hergestellt werden?

„Anerkennen und würdigen, was ist"

Im Falle von Maria war der erste wichtige Schritt, dass Maria das Opfer ihres Großvaters „anerkannt" hat. Anerkennen heißt, sich bewusst machen, dass es das Opfer gab, und auch würdigen, die Wirkung wertschätzen und dafür danken, dass letztlich das Überleben ihrer Mutter, das spätere Kennenlernen des Vaters die Voraussetzung für ihr eigenes Leben waren.

Im Falle vorausgegangener Schuld ist das Prinzip ähnlich: Zunächst einmal gilt es, wahrzunehmen und anzuerkennen, dass sich Menschen – mit denen wir verwandt sind (also unseresgleichen!) – schuldig gemacht haben. Hier verwende ich gern den Begriff von Matthias Varga von Kibéd der „*Nichtleugnung der Wirklichkeit*" – denn je schlimmer eine solche Tat gewesen sein mag, umso mehr Überwindung kostet es uns vermutlich, dieses anzuerkennen und gleichzeitig wahrzunehmen, dass es uns ohne diese Menschen nicht gäbe – wir also im weitesten Sinne verbunden sind mit dem, was auch immer geschah. Im Falle des notwendigen Ausgleichs wegen einer Täterschaft gilt es dann die Opfer einzubeziehen, ihr Opfer zu würdigen und unsere indirekte Nutznießerschaft anzuerkennen, die wir daraus gezogen haben. Insofern gehören dann die Opfer zu „unserem" System. Je schwerer die Schuld, umso wichtiger ist dabei auch, dass dieser Ausgleich über eine rituelle verbale Anerkennung hinaus möglicherweise auch einen weiteren symbolischen Ausgleich erfährt: Gründung einer Stiftung, Spende an eine Organisation, die etwas für Opfer einer ähnlichen Struktur tut oder Ähnliches.

Auch soziales Engagement, ehrenamtliche Tätigkeit, das Bedürfnis „Gutes" zu tun, können Ausdruck einer solchen Ausgleichsbemühung sein.

Umwandlung und Umwidmung der Folgen

Der unbewusste Ausgleich für Opfer oder Schuld bestand ja zuvor darin, sich den Erfolg zu versagen, Schulden zu machen, krank zu werden – nach dem Motto: Wenn es meinen Großvater oder Vater oder meine Großmutter oder Mutter „so viel gekostet" hat und es ihnen nicht gut ging, dann würde ich sie ja beschämen, wenn es mir so viel besser ginge, dann würde ich zu ihren Lasten leben. Und so versuche ich Verlust mit Verlust aufzuwiegen, frühen Tod mit Krankheit oder anderen Verlusten. Dadurch setzt sich die Kette von Krankheit oder Misserfolg weiter fort.

Wenn ich aber anerkannt habe, was es die anderen „gekostet" hat, dann kann ich ja auch die negative Kette durchbrechen und den „Preis", den es die Vorgeneration gekostet hat, in die Folgen einer „Investition" verwandeln – indem ich zum Beispiel wie folgt vorgehe:

- „Ich achte, was es Dich/Euch gekostet hat." (Würdigung)
- „Und wenn es jetzt mit mir gut weitergeht, schaut bitte freundlich." (Einbeziehung und Bitte)
- „Und wenn ich ab jetzt guten Erfolg habe, dann weiß ich, dass dies durch Euch möglich wurde – und deshalb widme ich künftig einen Teil meiner Erfolge auch immer Dir/Euch." (Umwidmung)

In Aufstellungen kann man bei solchen Prozessen beobachten, wie gern die Repräsentanten der Großväter/Großmütter oder wer anderes auch immer schwer trug, dann erfreut und erleichtert lächeln und zustimmen. Denn die Vorgängergeneration würde sich ja umso mehr schuldig fühlen, wenn das, was sie für die Familie taten oder erlebten, so negative Konsequenzen hätte.

Wie so ein Prozess verlaufen kann, habe ich im Anschluss beschrieben – und wenn Sie mögen, können Sie einen solchen Prozess auch einmal für sich selbst durchlaufen (oder mit einer/m systemisch ausgebildeten Coach bearbeiten).

Unbewusste Loyalitäten transformieren

Schritte	Beispiele für die wörtliche Rede
1 *Anerkennung und Dank* für all das, was ich von X bekommen und gelernt habe.	„Liebe Mama/lieber Papa, ich danke Dir, für all das Gute, das ich von Dir bekommen habe."
2 *Unterscheiden* von dem, • was mir heute noch in meiner Wahrnehmung guttut und • was heute für mich nicht mehr adäquat ist.	„Ich habe mein Leben durch Dich bekommen, und ich habe vieles von Dir gelernt. Dafür danke ich. Und es gab auch Aspekte, die haben mir nicht gutgetan: z.B. die Über-zeugung, ich sei nicht gut genug, die Hinweise, dass meine Meinung nicht wichtig sei ..."
3 *Würdigen der guten Absicht* von X für das, was X bezweckt hatte mit dem (was mir heute nicht mehr gut-tut) *und Dank* für die gute Absicht.	„Ich erkenne an, dass Du/Ihr mich damit schützen/vorbereiten wolltest ..." oder „Ich erkenne an, dass es oft viel für Dich war ..."
4 *Entscheidung und Statement zum Loslassen* dessen, was mir heute nicht mehr gut tut – und Zurück-lassen in dem Kontext – und der guten Absicht von X im Damals-Anvertrauen. (Dies können Sie auch rituell tun: z.B. indem Sie das aufschreiben, den Zettel verbrennen und die Asche symbolisch in die Erde an einem besonderen Platz eingraben.)	„Und Du sollst wissen, dass ich all das Gute in Ehren halte ... und dass ich all das jetzt loslasse, das mir heute nicht mehr guttut. Es soll jetzt im ‚Damals' (im dama-ligen Kontext) bleiben und ich lasse auch meine (impliziten) Vorwürfe an Dich jetzt los."
5 *Würdigen*, dass ich evtl. *unbewusst* etwas übernommen habe, das zu X gehört – *und Rückgabe* von dem, was zu X und in deren Kontext gehört.	„Und sollte ich etwas tragen, das in Dein Leben gehört (oder zu denen, von denen Du es bereits übernom-men hattest), dann gebe ich das jetzt an Dich zurück, damit Du es in den Kontext weitergeben und es auch da lassen kannst, wo es hingehört ..."

6	*Unterscheiden zwischen der Ver-antwortung* und *Übernahme der eigenen Verantwortung.*	„Und dafür, wie es zwischen uns gelaufen ist, übernehme ich meinen Teil der Verantwortung und Deinen lasse ich bei Dir."
7	*Systemische Erlaubnis* einholen.	„Und wenn ich es mir künftig leichter mache, als es vielleicht für Dich war, und wenn ich künftig mein Leben genieße und meine Erfolge auskoste, dann schau bitte freundlich ..."
8	*Widmung* und *Einbeziehung in künftige Erfolge.*	„... denn Du sollst wissen, dass wenn ich ab jetzt besonders erfolgreich bin und mein Glück finde, ich dabei Deinen Anteil würdige, damit es nicht umsonst gewesen ist, was es Dich gekostet hat. Und ich widme künftig von jedem meiner Erfolge einen Teil auch Dir."

Viele erfolgreiche Menschen leben dies Prinzip der Würdigung und Widmung in ihrem Alltag: Erfolgreiche Schauspieler/innen danken bei der Oscar-Verleihung öffentlich ihren Eltern, Produzenten, Regisseuren, Mitwirkenden, Autor/inn/en widmen häufig ihre Bücher Menschen, denen sie etwas zu verdanken haben, erfolgreiche Manager/innen beziehen bedeutsame Leistungen der Gründer oder Vorgänger und ihrer Mitarbeiter/innen in die Würdigung von Erfolgen mit ein. Und nicht zuletzt gehört auch das sorgfältige Nennen von Quellen dazu, die „Ernte" gedanklicher Früchte anderer zu würdigen und zu teilen.

Auch Liza und Julia würdigten in ihren persönlichen Entwicklungsprozessen ihre Eltern und konnten damit für sich Frieden finden. Liza gab gedanklich der Tante etwas zurück, was zum Weltbild der Tante passt, und bezieht ihre Eltern und ihre brasilianischen Wurzeln ein. Julia bearbeitete noch ein im Hintergrund der Mutter liegendes Thema, was eine Versöhnung auf tieferer Ebene ermöglichte.

Ich wünsche Ihnen für Ihren persönlichen Weg zum Erfolg viel Lebensfreude, Lust und so reiche Früchte, dass Sie sie gern und großzügig teilen und abgeben, so dass andere immer wieder viel zurückgeben wollen!

ANITA HEYER

DARIN BIN ICH *PROFESSIONAL WOMAN*: Inhaberin des Ausbildungsinstituts „NLP in Bewegung", Studium der Sprachwissenschaften, DVNLP-Lehrtrainerin, DVNLP-Lehrcoach, Heilpraktikerin für Psychotherapie in eigener Praxis. Schwerpunkte: Paar- und Team-Coaching sowie Ausbildungen „Business-Coach" und „Mental-Coach". Seit Januar 2010 „Schlank-Denken"-Coaching und Ausbildung.

DAS HABE ICH VORHER GEMACHT: Jazz-Gesang; Altenpflege; Autogenes Training unterrichtet, bei „NLP professional" im Ausbildungsteam gearbeitet, Verkaufs-, Vertriebs-, Telefon-Trainings gemacht.

DAS HAT MEINEM LEBEN RICHTUNGSÄNDERUNGEN GEGEBEN: NLP zu lernen, meinen Liebsten zu heiraten, mich selbstständig zu machen.

FÜR ERFOLG BRAUCHT MAN: Mut, NLP, eine(n) Liebste(n).

DAS HABE ICH ZULETZT GELERNT: Dass Abnehmen möglich ist!

DAS WÜRDE ICH GERNE NOCH LERNEN: Gitarre spielen, Impro-Theater spielen und auftreten.

DIESER FILM GEFÄLLT MIR: „Sterben für Anfänger", ein superlustiger englischer Film.

DIESES BUCH GEFÄLLT MIR: „Das kleine Ich bin Ich", Kinderbuch.

DIESES BUCH EMPFEHLE ICH DEN LESERINNEN MEINES BEITRAGS BESONDERS: Mein Buch „Schlank Denken – Leichter Leben", Junfermann Verlag.

IN DIESER LANDSCHAFT HALTE ICH MICH GERN AUF: Im Taunus, zum Glück ist der bei mir um die Ecke.

EINE STADT, DIE ICH LIEBE: London.

DAS BERÜHRT MICH: Kinderlachen; dass mein Vater an Gewicht zunimmt und nach langer Krankheit einen kleinen Bauch hat!

DAS KOSTET MICH KRAFT: Warum-Fragen, die nach Ursache und Schuld suchen; Rechtfertigungen, warum Abnehmen nicht möglich ist; Ernährungs-Faschisten.

DAS GIBT MIR KRAFT: Bewegung und Menschen.

DAS TUE ICH GERN FÜR MICH: Fortbildungen und Kongresse besuchen; Neues lernen.

DIESE RESSOURCEN KANN ICH EMPFEHLEN: NLP lernen, Fortbildungen und Kongresse besuchen.

MEIN SCHÖNSTER LUSTKAUF: Armani und immer wieder Armani!

DAS TUE ICH, WENN ICH ÜBERRASCHEND ZWEI STUNDEN ZEIT GEWINNE: Wenn ich unterwegs bin: Podcasts hören. Zuhause: Fernsehserien gucken, die der Liebste für mich aufgenommen hat, wie z.B. „Desperate Housewives", „Dirty Sexy Money", „Castle" etc.

ETWAS WICHTIGES, DAS ICH AUF DEM WEG ZUR *PROFESSIONAL WOMAN* GELERNT HABE: Es ist besser, um Verzeihung zu bitten als um Erlaubnis.

MEINE WWW(S): www.schlank-denken.de und www.aheyer.de.

ANITA HEYER
Matrone oder Amazone?

In meine „Schlank-Denken"-Praxis kommen Frauen, die abnehmen wollen, denn sie denken, dass sie ein Problem mit ihrem Gewicht haben. Diese Frauen leisten in ihrem Beruf, in ihrer Familie und in ihrem Sozialleben Unglaubliches. Sie verausgaben sich mit dieser Mehrfachbelastung grenzenlos, in dem Bemühen, auf allen Ebenen, sowohl privat als auch beruflich, immer mehr als 100% zu leisten.

Diese Frauen formulieren Ihren Auftrag an mich vielfach so: „Mir fehlt einfach die Disziplin, eine Diät durchzuhalten, geschweige denn regelmäßig ins Fitness-Studio zu gehen. Bitte motivieren Sie mich." Sie Frauen denken, dass mangelnde Disziplin ihr Problem ist. Würde ich ihnen Glauben schenken, würde ich ihre Denkmuster unterstützen, dann bedeutete dies, dass ich ihnen Beistand leisten würde, ihnen helfen würde, sich in einen Zustand zu katapultieren, der der allgemein bekannten neuen Zivilisationskrankheit, dem sogenannten „Burnout", sehr nahe kommen würde.

Denn genau das ist das Problem der „Professional Women": dass sie in würdevoller, maßvoller Art und Weise auf dem gesellschaftlichen Parkett zu perfekt sind. Und genau dieselben Frauen entdecken plötzlich, dass sie, wenn sie die Bühne verlassen, wenn die Arbeit erledigt und die Familie versorgt ist, „unperfekt" werden. Oftmals tritt dann ein Zustand wie: „Jetzt komm ich" – „Jetzt bin ich an der Reihe" ein. Es scheint mir, als ob das maßvolle, disziplinierte Funktionieren genau das ist, was zu einer Gegenreaktion führt, zu maßloser (Fress-)Gier in einsamen Stunden, um das Loch, das Vakuum, die leergelaufenen Batterien, den leeren Tank wieder irgendwie aufzufüllen. Sollten Sie sich, oder Teile von sich selbst in dieser Beschreibung wiederfinden und ist Ihr Gewicht ein Problem für Sie, dann kann ich Sie beruhigen und entlasten:

Sie können nichts dafür. Im Ernst. Es ist nicht Ihr Fehler, es liegt nicht an Ihnen. Es liegt nicht daran, dass Sie zu wenig Disziplin haben oder ein Vielfraß sind, der sich nicht kontrollieren kann. Sie haben nicht irgendwann die Entscheidung getroffen: „Jetzt futtere ich mir ein paar Pfunde an, mal schauen, wie ich aussehe, wie ich mich so fühle, wenn ich übergewichtig bin!?" Es ist einfach passiert. Es war ein schleichender Prozess, der sich über einen gewissen Zeitraum hingezogen hat. Sie waren eigentlich nicht beteiligt. Im Prinzip waren Sie nicht dabei. Es ist nur so, dass Sie irgendwann aufgewacht sind und dachten: „Oh weh, wie sehe ich denn aus? Wie konnte das nur passieren?"

Und plötzlich sind Sie hellwach und möchten sich verändern. Sie wollen anders aussehen. Sie wollen beweglicher sein. Und das bitte sofort. Sie stürzen sich auf radikale Diät- und Fitnessprogramme und halten sie nicht durch. Vorher waren Sie frustriert über Ihr Dicksein, jetzt setzen Sie diesem Frust noch einen drauf, weil Sie feststellen, dass Disziplin und Durchhaltevermögen auch nicht zu Ihren Fähigkeiten gehören. Sie stecken fest. Ihr bisheriges Denken hilft nicht, oder besser gesagt, unterstützt Sie nicht, Ihr Ziel, schlank sein, zu erreichen. Groll, Missachtung und Ablehnung werden zu Ihren Begleitern und diese sind nicht sehr hilfreich. Denn wenn Sie sich entwerten, kommen Sie Ihrem Ziel kein Stück näher. Im Gegenteil: Gerade dann, wenn Sie deprimiert und hoffnungslos sind, ist es sehr unwahrscheinlich, dass Sie auf gesunde Ernährung und Bewegung achten.

Ich lade Sie ein, zu einem neuen Ansatz. Bevor Sie Ihr Verhalten dauerhaft verändern, ist es erforderlich, dass Sie Ihr Denken ändern. Schalten Sie um, verändern Sie Ihr Denken, dann ändert sich Ihr Verhalten.

Sie fragen sich wie? Denken Sie an jemanden, mit dem Sie gut befreundet sind. Jemand, der Sie unterstützt, der immer für Sie da ist. Wo Sie sich ausheulen können, wenn die Welt gegen Sie ist und Sie ungerecht behandelt. Haben Sie so jemanden ausgewählt? Gut. Denn genau so jemand ist Ihr Körper auch. Ihr Körper strebt immer danach, die beste Wahl für Sie zu treffen. Ganz unbewusst. Er besitzt eine Weisheit, so dass er genau erkennt, was Sie tröstet, zur Ruhe bringt und Sie mit sich selbst und der Welt wieder versöhnt.

Nur leider hat Ihr Körper unbewusst eine, sagen wir mal, ungünstige Wahl getroffen, um seine positive Absicht – sich gut um Sie zu kümmern – in die Tat umzusetzen. Er sorgte dafür, dass Sie einfach zu viel essen.

Die Gründe dafür sind mannigfaltig und vielschichtig. Ich erlebe in meiner Praxis jedoch auffallend häufig, dass die Frauen, die ein Gewichtsproblem haben, sehr erschöpft sind, geistig, seelisch und körperlich. Aus der Erschöpfung heraus essen sie zu viel oder ungesund. Meist kommen Sie mit dem Änderungswunsch, „Ich muss Sport machen", „Ich muss eine Diät machen". Die meisten meiner Klientinnen formulieren Ihre Veränderungswünsche so, dass ich ihnen helfen würde, Ihren schlechten Zustand, die Erschöpfung, zu vergrößern, wenn ich mich darauf einließe, sie bei dieser Zielformulierung zu unterstützen. Das hieße, den Frauen zu helfen, den auf ihnen lastenden Druck noch weiter zu verstärken und sie damit möglicherweise direkt in die Erschöpfungsdepression, in den Burnout zu treiben. Stattdessen schlage ich Ihnen vor, Ihre Denkrichtung zu ändern.

Meine These ist: Ihr Unbewusstes schützt Sie durch zu viel Essen. Wenn Sie abnehmen, kann es in einigen persönlichen Bereichen gefährlich für Sie werden:

- **Sicherheit:** Es wird unsicher für Sie, wenn Sie rank, schlank und beweglich sind.

- **Bindung:** Was sagen Partner, Familie, Freunde und Kollegen zu Ihrem neuen Aussehen?
- **Selbstwert:** Fühlen Sie sich wertvoller, wenn Sie schlank sind? Und wie schauen Sie dann zurück auf Ihr altes Selbst? Was wird wichtiger und was wird weniger wichtig? Glauben Sie, dass der Selbstwert steigt, wenn das Gewicht sinkt?

Doch Vorsicht! Ihr Unbewusstes hat verdammt gute Gründe dafür, dass es Sie bisher nicht hat abnehmen lassen! Dieser Artikel ist kein Diät-Ratgeber. Ich werde Ihnen keine Tipps geben, was Sie essen sollen und was nicht, was Sie tun und was Sie besser sein lassen sollten. Unter uns: Das wissen Sie längst. Und wenn nicht: Es gibt unzählige Ratgeber und Orte, wo Sie diese Informationen finden können.

Dieser Artikel geht weg von den alten Denkweisen, die Verzicht, Entbehrung und die maßlos überschätzte Willenskraft proklamieren. Ich möchte Sie einladen, innezuhalten, in sich hineinzuhorchen, sich mit sich selbst und Ihren unbewussten Sehnsüchten und Wünschen anzufreunden und zu versöhnen. Mein Wunsch ist es, Sie zu einer neuen Art der Wertschätzung Ihres Selbst, Ihres Körpers und aller unbewussten Anteile und Bedürfnisse zu führen. Mir geht es um Integration. Die Techniken, die ich Ihnen hier vorstelle, haben mir selbst und vielen anderen Frauen geholfen, zu einem individuellen Wohlfühlgewicht zu finden. Danach habe ich diese Methoden in zahlreichen Vorträgen, Seminaren und Einzel-Coachings erfolgreich an meine Teilnehmer und Klienten weitergegeben.

Nach Ursachen zu forschen, wenn etwas nicht wie gewünscht funktioniert, ist menschlich. Nach meiner Erfahrung ist es nur nicht immer hilfreich, denn die Wirklichkeit ist zu komplex, als dass sie sich in einfache Ursache-Wirkungszusammenhänge hineinzwängen ließe. *Den* einen Grund für unser menschliches Scheitern gibt es nicht.

Meiner Erfahrung nach ist Abnehmen ein Thema, welches nicht im Sinne des linear-kausalen Ursache-Wirkungsdenkens: „Ich bin dick, weil ..." – „Die Ursache für mein Übergewicht ist ..." funktioniert. Diese mechanistisch orientierte Weltsicht funktioniert gut bei Maschinen, also bei nicht-lebendigen Systemen. Wenn Ihr Auto nicht anspringt, ist es gut, nach der Ursache zu forschen. Vielleicht ist kein Benzin im Tank, vielleicht ist der Anlasser defekt ... usw. Wir Frauen sind da um einiges komplexer. Darum ist es wenig hilfreich, nach dem „Warum esse ich zu viel?" zu fragen. Denn dies führt genau in das Ursache-Wirkungsdenken oder zu der fruchtlosen Suche nach Ursache und Schuld.

Ich möchte, dass Sie lernen, Ihre Aufmerksamkeit umzulenken und z.B. auf unbewusste oder teilweise verlernte Bedürfnisse zu schauen. Wie wird Ihr direktes persönliches Umfeld reagieren, wenn Sie sich auf den Weg machen, rank und schlank zu werden? Werden Sie von den Menschen, die Ihnen wichtig sind, unterstützt?

Haben Sie wirklich die Folgekosten bedacht, die es für Sie haben wird, wenn Sie schlank sind? Wenn Sie ein Thema mit Ihrem Gewicht haben, dann ist es so, dass es in Ihnen eine Seite, einen Persönlichkeitsanteil gibt, der gegen das Abnehmen ist. Auch wenn Sie es sich ungern eingestehen, es gibt diese Seite in Ihnen, die sich nicht kontrollieren lässt, und diese steuert Ihr Essverhalten. Wenn Sie jetzt sagen; „Moment mal, ich entscheide schließlich selbst, was ich esse …", dann frage ich Sie: „Tun Sie dies wirklich?" Ich glaube Ihnen da nicht, ich stelle es infrage, dass Sie die Entscheidung fällen. Denn würden Sie wirklich bewusst entscheiden, dann würden Sie die Wahl treffen, vernünftig zu essen und schlank zu sein!

Das heißt, in Ihnen gibt es eine Instanz, die ihre eigenen Entscheidungen trifft. Diese unbewusste Instanz, im Folgenden auch Seite, Teil oder Persönlichkeitsanteil genannt, wehrt sich gegen Ihre Vernunft und gegen alle Logik und gewinnt wieder und wieder die Oberhand. Sie hat die Macht. Im Moment ist es nicht so, dass Sie und diese Macht gute Freunde sind. Am liebsten würden Sie diesen Anteil wieder loswerden oder in den Ruhestand schicken. Das ist verständlich, schließlich hat diese Seite dafür gesorgt, dass Sie dick geworden sind.

Doch eines kann ich Ihnen verraten, diese Seite, dieser Persönlichkeitsanteil, sichert Ihnen Ihr Überleben! Sie müssen sich das so vorstellen: Malen Sie sich aus, Sie sind in einem Schwimmbad und eine Ihrer ganz besonderen Fähigkeiten ist es, dass Sie gut vom 10-Meter-Turm springen können. Zufälligerweise schaut von unten genau derjenige Mensch zu, den Sie beeindrucken möchten. Und Sie wollen gerade Anlauf nehmen und springen, da tippt Ihnen der besagte Persönlichkeitsanteil, (wissen Sie, genau der, den Sie eben noch loswerden wollten …) auf die Schulter und sagt: „Pst, hör mir mal zu. Es ist kein Wasser im Becken." Ich glaube, das ist dann der Moment, in dem Sie sich mit dieser Seite anfreunden sollten.

Diese Seite schützt Sie. Das ist ihre Aufgabe. Auch wenn Sie zwischendurch eine unerfreuliche Wirkung auf Sie hatte, so hat diese Seite eine positive Absicht. Sie ist äußerst aufmerksam und weist Sie darauf hin, wenn von irgendwo Gefahr droht oder wenn Sie eine Sache nicht zu Ende gedacht haben. Sie ist ebenfalls an Ihrer Seite, wenn Sie gerade dabei sind, ins Scheinwerferlicht für ein Fernseh-Interview zu treten, und sagt: „Warte mal Liebes, du hast da ein Salatblatt zwischen deinen Zähnen."

Ich hoffe, von nun an stimmen Sie mit mir überein, dass es fürs Überleben wichtig ist, dass Sie so einen Teil an Ihrer Seite haben!

Die Ja- und die Nein-Seite

Wenn Ihr Gewicht ein Problem für Sie ist, dann erleben Sie Ihren „Ist-Zustand" negativ und Ihren „Soll-Zustand" als das erstrebenswerte Ziel. Der Einfachheit halber definiere ich es für Sie so: Es gibt eine Seite in Ihnen, die sagt „*Ja*" zum Abnehmen, und es gibt eine Seite, die sagt „*Nein*" zum Abnehmen.

Mit der *Ja*-Seite sind Sie absolut zufrieden, diese Seite lieben Sie, weil Sie beide am selben Strang ziehen. Diese Seite ist Ihr Freund oder Ihre Freundin. Sie mögen Sie. Sie beide haben eine lange Geschichte miteinander, immer wieder motiviert sie Sie, dranzubleiben an dem sehnlichen Wunsch, endlich Ihr Wohlfühlgewicht zu erreichen.

Und dann gibt es da diese andere Seite. Diese Seite, ich nenne sie die *Nein*-Seite, scheint so etwas zu sein wie der ewige Blockierer. Fast könnte man glauben, dass sie gegen das Abnehmen ist. Sie taucht immer dann auf, wenn wir zugegebenermaßen etwas geschwächt sind, weil wir gerade wieder diese fantastische, quasi gefühlte Null-Diät mit dem Mega-Workout hinter uns gebracht haben und relativ schlank, aber absolut fertig in der Ecke liegen. Und nun, „Tata!", mit großem Getöse, erscheint sie ungefragt. Ein ungebetener Gast, diese *Nein*-Seite. Fast so, wie eine reale Person, die uns zuruft: „Na, hab' ich dir doch gleich gesagt, dass das Ganze nichts bringt und du wieder einmal nicht durchhältst. Du bist schlapp, antriebslos und komplett verhungert. Lass uns erst einmal etwas Vernünftiges essen, damit du wieder zu Kräften kommst." Es ist fast so wie beim Tauziehen: Die eine Seite liegt am Boden und die andere Seite gewinnt an Kraft. (Übrigens erkläre ich mir so den sogenannten Jojo-Effekt.) Also, was tun?

Ein Schritt in die gewünschte Richtung kann sein, sich erst einmal mit den Bedürfnissen der Nein-Seite auseinanderzusetzen. Was ist es, das diese Seite für uns im Sinn hat, was ist es, das sie erreichen will? Die Seite, die „*Ja*" sagt zum Abnehmen, mit der sind Sie versöhnt, die lieben Sie und ihre Ziele sind klar verständlich.

Ich bitte Sie, einen Moment innezuhalten. Sie machen eine kleine Meditation. Sie gehen auf eine kleine Gedankenreise.

In meiner Gedankenwelt ist es so, dass ich glaube, dass der Mensch an sich grundsätzlich gut ist, dass dementsprechend alle Teile an und in ihm wertvoll sind. Demnach ist dann ist auch die *Nein*-Seite gut.

Gehen Sie in sich und fragen Sie diese Seite so, als ob sie eine reale Person sei: „Was tust du Gutes für mich? Wofür sorgst du, indem du Nein sagst zum Abnehmen, indem du dagegen bist? Indem du gegen das Abnehmen bist, bist du wofür?" Und nehmen Sie sich Zeit, die Antworten zu hören und wahrzunehmen. Schreiben Sie sie auf. Es sind positive Botschaften.

In meinen Seminaren erlebe ich immer wieder, dass die Menschen erstaunt sind über die Antworten. Eine der häufigsten Antworten ist Sicherheit. Sind Sie erstaunt? Sicherheit? Natürlich, denn ist es nicht völlig legitim, dass wir uns wünschen, sicher zu sein? Manchmal kommt auch die Antwort Bequemlichkeit, was im Prinzip ein anderes Wort für Sicherheit ist.

Und es ist schön, bequem und sicher zu leben. Wer will das nicht? Hier wird deutlich, was es bedeutet, abzunehmen. Es wird unsicher. Ist es da nicht fantastisch, dass wir einen Teil, eine Instanz in uns besitzen, die uns schützen will und uns warnt: „Wenn du meinen Weg verlässt, dann kann ich für nichts garantieren, dann wird es unsicher für dich."

„Danke, *Nein*-Seite, dafür, dass es dich gibt, dafür, dass du mich warnst." Moment mal, wie kann es sein, dass es unsicher ist, abzunehmen? Vielleicht überprüfen Sie diesen Gedanken einmal. Ist es wirklich nur gut, wenn Sie Ihr Wohlfühlgewicht erreichen? Welche negativen Konsequenzen, welche Folgen gehen damit einher, die Sie noch nicht bedacht haben? Was ändert sich in Ihrem persönlichen, privaten und beruflichen Umfeld, wenn Sie Ihr Ziel erreichen?

Wenn ich Klientinnen habe, die in einer Partnerschaft leben, dann frage ich zuallererst, ob der Partner oder die Partnerin auch ein Thema mit dem Gewicht hat. Die meisten Paare gehen gemeinsam den Weg von „dünn zu dick". Sie können sich vorstellen, dass es nicht nur heiteren Frohsinn für die Beziehung bedeutet, wenn einer von beiden plötzlich schlank wird. Deshalb lade ich beide Partner zu einer gemeinsamen Sitzung ein, um mich persönlich zu überzeugen, dass ich das Okay für die Veränderungsarbeit habe!

Ich bin überzeugt davon, dass Ihre *Nein*-Seite die Folgekosten besser durchdacht hat als Sie. Und wenn Sie sich nun noch einmal Ihrer, zugegebenermaßen wirklich weisen, *Nein*-Seite zuwenden, um Sie zu fragen, was genau sie mit Sicherheit meint, dann könnte sie so etwas sagen wie: „Schau mal, ich gebe dir die Sicherheit, du musst dich nicht verändern, du brauchst keine Model-Maße, du bist okay so, wie du bist. Ich gebe dir Sicherheit, Ruhe und Frieden."

Na? Können Sie sich jetzt mit Ihrer *Nein*-Seite anfreunden? Wahrscheinlich schon. Wunderbar. Und in Ihrem inneren Team gibt es noch eine andere Seite. Schon vergessen? Es gibt da noch die *Ja*-Seite, die Seite, die gerne schlank und beweglich sein möchte und leichter durchs Leben gehen will. Und da unser Thema die Integration ist, gilt es auch diese Seite wertzuschätzen und anzuhören. Was ist ihre Botschaft? Eine häufige Antwort ist Beweglichkeit. Sich frei bewegen zu können – ohne Atemnot und Schweißausbrüche. Wahrhaftig ist auch dies ein erstrebenswertes Ziel. Nun liegt es an Ihnen, bringen Sie Ihre inneren Mitarbeiter, Ihr inneres Team zusammen und lassen Sie es Wege finden, die beide für Sie wichtigen Werte zusammenführen, so dass Sie zufrieden sind. Keine leichte Aufgabe. Und ich garantiere Ihnen, wenn Sie beiden Seiten die ihnen gebührende Wertschätzung und Achtung entgegenbringen, dann werden Sie zu einem für Sie hilfreichen Ergebnis kommen. Sie sind der Teamleiter. Behandeln Sie Ihre internen Mitarbeiter achtungsvoll, geben Sie Ihnen die Anerkennung, die sie verdienen. So kommen Sie zu neuen, für Sie hilfreichen Lösungen.

Wie kann das aussehen? Stellen Sie sich vor, beide Mitarbeiter sitzen vor Ihnen. Genauso wie eine Firmenchefin könnten Sie ihnen erklären, dass Sie überaus schätzen, was beide für Sie erreichen wollen, nämlich Sicherheit auf der einen und Beweglichkeit auf der anderen Seite. Sie möchten auf keinen der beiden verzichten, da Sie ohne ihre Mitarbeit keine Zukunft für Ihre Firma (Ihren Körper) sehen. Deshalb sei es ungeheuer wichtig, dass beide sich auf eine, oder besser noch auf mehrere, Lösungswege einigen, die das Wohl der Firma gewährleisten und für beide akzeptabel sind. Warten Sie nun ab, was geschieht. Im besten Fall kommt eine lebhafte Diskussion in Gang, wie neue Verhaltensweisen gefunden werden können, die beide Seiten zufrieden stellen. Im schlechtesten Fall weigern sich die beiden zusammenzuarbeiten. Dann liegt es an Ihnen, zwischen beiden Seiten zu vermitteln. Erklären Sie jeder der beiden Parteien, wie ungeheuer wichtig jede Seite für Sie ist. Diese beiden sind die Säulen, das Fundament, auf das Sie bauen.

Ich garantiere Ihnen, dass wenn Sie es schaffen, beiden Seiten zu vermitteln, wie wertvoll beide für Sie sind, wenn Sie beide Seiten von Ihrer Wichtigkeit für Sie überzeugen, dann schaffen Sie es, dann können Sie sie zur Zusammenarbeit bringen. Was Sie dazu leisten müssen, ist ihnen beiden aufrichtig Lob, Respekt und Anerkennung zu zollen.

Nun, worauf einigen sich die beiden? Was ist eine gekonnte Mischung aus Sicherheit, Frieden, Ruhe und Beweglichkeit und Freiheit? Haben Sie schon eine Idee? Ganz sicher sollte es hier nicht zu einer Lösung kommen die Überforderungscharakter hat. Es kann nur etwas verhandelt werden, was für beide Seiten tragbar ist. Beide Seiten müssen mit den neuen Lösungsvorschlägen einverstanden sein, sonst funktioniert es nicht. Probieren Sie es aus. Vielleicht haben Sie eigene Ideen, wie Sie zu neuen Lösungen, neuen Verhaltensweisen finden. Und Sie haben Spaß, diese auszuprobieren!

Die folgende Übung können Sie so machen, dass Sie zwei Stühle vor sich hinstellen und beide Seiten einladen, darauf Platz zu nehmen. Ganz so, wie Sie zwei Menschen einladen. In meiner Praxis ermutige ich meine Klienten dazu, den beiden Seiten menschliche Namen zu geben. Das vereinfacht den Prozess der Zusammenarbeit und erleichtert die Kommunikation.

Nehmen wir einmal an, Ihre Ja-Seite heißt Lilli und Ihre Nein-Seite heißt Norbert. Dann fragen Sie: „Lilli, du sagst Ja zum Abnehmen, was willst du dadurch erreichen?" Und Lilli antwortet: „Ich will Beweglichkeit erreichen, Beweglichkeit bedeutet Freiheit. Ich liebe es frei und beweglich zu sein."
Dann wenden Sie sich Norbert zu und fragen: „Norbert, du sagst Nein zum

Abnehmen, was willst du dadurch erreichen?" Und Norbert antwortet: „Ich will das bisher Erreichte schützen, ich genieße die Sicherheit, wenn alles so bleibt, wie es ist."

Und wenn Sie eine gute Moderatorin sind, die beider Anliegen nachvollziehen kann, dann wird es Ihnen gelingen, zu einem Ergebnis zu kommen, das die Interessen beider wahrt.

Wenn der Prozess ins Stocken gerät, dann nur deshalb, weil einer von beiden sich nicht genügend wertgeschätzt fühlt.

Wenn Sie achtsam mit beiden Seiten umgehen, kommen Sie Ihrem Ziel, abzunehmen immer näher. Sie holen beide Teile ins Boot.

Ein schönes Bild dafür ist: Stellen Sie sich vor, Ihnen weht ein starker Wind entgegen. Sie müssen kämpfen, um auch nur einen Schritt voranzukommen. Und dann stellen Sie sich vor, Sie drehen sich um, Sie gehen mit dem Wind. Wie schnell kommen Sie dann voran? Wenn Sie diese Integrationsarbeit leisten, dann gehen Sie mit dem Wind, dann können Sie sich vom Wind tragen lassen.

Sie können nun entscheiden, wie Sie diese Übung durchführen. Eine Variante arbeitet mit den Stühlen und der Namensgebung. Eine andere Möglichkeit ist, die eigenen Hände zu Hilfe zu nehmen. Dann visualisieren Sie die *Ja*-Seite als Teil oder Symbol in der einen und die *Nein*-Seite als Teil oder Symbol in der anderen Hand.

ÜBUNG

A.) Finden Sie mindestens drei positive Sinn- und Nutzen-Vorteile für die Seite, die „Ja" zum Abnehmen sagt und schreiben Sie diese auf.

1. _____

2. _____

3. _____

Und hier die Herausforderung: Nehmen Sie sich Zeit. Es geht um den achtungsvollen Umgang mit sich selbst. Es ist völlig in Ordnung, wenn dieser Prozess eine Weile dauert.

B.) Finden Sie mindestens drei positive Sinn- und Nutzen-Vorteile für die Seite, die „Nein" zum Abnehmen sagt und schreiben Sie diese auf. Nehmen sie Formulierungen, die bei Ihnen gute Gefühle hervorrufen.

1. _____

2. _____

3. _____

C.) Danach überlegen Sie: Wofür sorgt diese Seite, was noch wichtiger ist? Bisweilen ergibt sich hieraus ein größeres, übergeordnetes Ziel, und Sie gelangen zu einer höheren Wertschätzung der bisher wenig geachteten Nein-Seite. Kann sein, muss aber nicht.

D.) Wenn Sie Lust haben, weiterzuarbeiten, machen Sie sich das Vergnügen und visualisieren Sie die Ja-Seite in der rechten und die Nein-Seite in der linken Handfläche (oder umgekehrt).

Vielleicht haben Sie ja Spaß daran, ein für Sie passendes Symbol, eine Figur oder Gestalt zu erzeugen.
Wenn Sie nun beide Hände, mit den darin befindlichen Figuren, aufeinander zu bewegen, kann es sein, dass aus der Vereinigung etwas Neues, Drittes entstehen darf ... oder auch nicht. Lassen Sie es geschehen ... Lassen Sie sich überraschen ...

Hier einige Beispiele aus meinen Seminaren dafür, was aus dieser Übung entstehen kann:

- Eine alleinerziehende Unternehmerin entschied sich, jeden Morgen eine halbe Stunde Zeit zu nehmen, für eine Meditation.
- Ein viel beschäftigter Vater überlegte sich, ehrenamtlich die Aufgabe zu übernehmen, samstags die Fußballmannschaft seines Sohnes zu trainieren.
- Eine andere Teilnehmerin entschied sich, ein Probetraining in einem ortsansässigen Turnverein zu besuchen.
- Ein Ehepaar beschloss jeden Sonntag eine Stunde spazieren zu gehen.

All das sind kleine Schritte in Richtung der Integration der vormals so weit entfernten Seiten. Was können Ihre Schritte sein? Und bitte, überfordern Sie sich nicht. Denn wenn Sie sich überfordern, dann sind Sie einseitig in Koalition mit einer Seite. Zu Ihrem inneren Team gehören zwei Mitarbeiter. Das ist ungefähr so, als gingen Sie zu einem Paar-Therapeuten, der einseitig Partei ergreift. Sie erkennen gute Therapeuten daran, dass sie die Fähigkeit besitzen, allparteilich zu sein, so dass beide Ehepartner sich verstanden und wertgeschätzt fühlen. Denken Sie daran. Beide sollen ins Boot, sonst verschenken Sie die Chance für eine Veränderung. Diese Übung wiederhole ich gerne auch immer wieder für mich selbst. Sie ist hilfreich, um die innere Balance herzustellen. Und wenn Sie zwischendurch einmal zunehmen, können Sie jederzeit Ihr inneres Team oder Ihre beiden Hände nutzen.

Sich selbst an 1. Stelle setzen

Ich mache vielfach die Erfahrung, dass gerade die Frauen, die sich in endloser Liebe und Fürsorge für andere verströmen, ein Thema mit ihrem eigenen Gewicht haben. Es ist leichter *Ja* zu sagen als *Nein*. Wenn ich mit Klientinnen darüber rede, kommt vielfach der Satz: „Wenn ich *Nein* sage, fühle ich mich schuldig." Da gibt es die eigene Firma, die ohne sie untergeht, oder die überforderte Tochter mit Kindern, einen Chef, der ohne Hilfe Bankrott geht, einen Freund, der umzieht und kein Geld und keine Fahrerlaubnis hat ... Die Liste ist endlos. Nur Sie sind die Retterin, Sie sind die einzige Person, die helfen kann. Ohne Sie werden alle jämmerlich zugrunde gehen. Das ist jedenfalls das Gefühl, das Sie sich selbst oder anderen Menschen geschickt zu vermitteln wissen. Ist es nicht absolut erhebend, dieser Glorienschein, der sanft um Ihr Haupt leuchtet, wenn die Bittsteller vor Ihnen niederknien und verzweifelt um Ihre Hilfe flehen? Sie sind unersetzlich und voller Gnade geben Sie. Sie geben Ihre Kraft, Ihren ganzen Körpereinsatz, Ihre Zeit und all das, was von Ihnen gefordert wird. Nur manchmal, wenn Sie so richtig fertig, so absolut am Ende sind, fragen Sie sich, ob es nicht doch ein wenig zu viel war, was Ihnen da abverlangt wurde. Meist erwischt Sie dieser Gedanke am Ende eines Tages, wenn die Arbeit getan ist und so ein schales Gefühl auftaucht. Dann fragen Sie sich: „War das wirklich nötig? War es das, was ich wollte? Bin ich nicht über meine Grenzen gegangen?" Und erstaunlich oft findet diese Grenzenlosigkeit dann ihren Niederschlag in maßlosem Essverhalten.

Ich sage meinen Klientinnen immer wieder: „Achten Sie darauf, wann Sie *Ja* sagen und wann Sie lieber *Nein* sagen möchten. Und wenn Sie in solchen Situationen *Ja* zum anderen sagen, sagen Sie *Nein* zu sich selbst."

Macht das für Sie Sinn? Kennen Sie diese Situationen? Natürlich ist es schmeichelhaft und poliert unser Ego, so gefragt zu sein. Selbstverständlich gibt es Situationen, in denen wir für andere da sein sollten. Wenn es jedoch öfter so ist, dass Sie einen kleinen Unmut verspüren, dann kann dies ein Wink Ihres Unbewussten sein. Dann wird es Zeit, Ihrem Bauchgefühl nachzuspüren, ob denn alles seine Richtigkeit hat. Sorgen Sie noch gut für sich selbst oder sorgen Sie mehr für andere?

Ich erinnere mich gut an eine Situation in einem Hotel, das ich für ein „Schlank Denken-Seminar" gebucht hatte. Vorher hatte ich alle Modalitäten abgesprochen, die mir wichtig waren. Es sollte in den Kaffeepausen statt Kuchen Obst geben, das Mittagessen sollte leicht bekömmlich sein und im Seminarraum sollte ausreichend Mineralwasser zur Verfügung stehen. Als ich früh morgens ankam, fand ich den Seminarraum ausgestattet mit zuckerhaltigen Getränken und großen Schalen von Schokoriegeln. Ein Overhead-Projektor stand mitten im Raum, den ich nicht angefordert hatte, dafür fehlten Stifte und Blöcke. Ich registrierte bei mir das sofortige Bedürfnis, mich auf die Schokoriegel zu stürzen und mehrere gleichzeitig in mich hineinzustopfen. Stattdessen ließ ich die Bankettangestellte kommen und beschwerte mich. Natürlich können Sie jetzt sagen, dass es in solch einer Situation leicht war, *Nein* zu sagen. Immerhin ging es hier nur um eine Dienstleistung. Und doch fiel es mir schwer. Ich hatte einzig den Wunsch, ein gutes Seminar zu halten und wollte mich nicht mit störenden Kleinigkeiten befassen. Es war eine zusätzliche Anstrengung, auf die ich – gelinde gesagt – überhaupt keine Lust hatte. Doch es war notwendig. Nach der Beschwerde ging es mir besser und ich hatte eine Anekdote, die ich für mein Seminar nutzen konnte.

Worauf ich hinaus will, ist Folgendes: *Nein* zu sagen, ist schwer. Wir Frauen sind soziale Wesen, wir wollen freundlich sein und gemocht werden, koste es, was es wolle. Im schlimmsten Fall kostet es unsere Selbstachtung. Manchmal ist es nicht sofort ersichtlich, es ist eher ein schleichender Prozess, an dessen Ende wir dann dastehen und uns fragen: Wie konnte es soweit kommen? Wir wollten doch nur gut sein? Möglicherweise sollte der Satz, „Liebe deinen Nächsten wie dich selbst", umgedreht werden in „Liebe dich selbst, bevor du deinen Nächsten liebst". Vielleicht wäre es leichter, wenn wir zu allererst einmal für unsere eigenen Bedürfnisse sorgen und dann für die der anderen. Vielleicht wären wir dann ausgeglichener.

Es ist besser um Verzeihung zu bitten als um Erlaubnis

Auf einem Kongress hörte ich einen Vortrag zu einer Theorie über die Verhaltensweisen, die zu einer Depression führen können. Es war die Rede von „interaktionellen Konten". Damit ist gemeint, dass wir innerlich unbewusst abgleichen, ob sich ein Verhalten lohnt, also ob wir für das, was wir *reingeben*, auch wieder etwas zurückbekommen. Wenn das nicht der Fall ist, dann geraten wir in ein emotionales Minus. Die Konten sind nicht ausgeglichen. Demnach brauchen Depressionen jahrelange Vorbereitung und sind die Folge davon, dass die Eigenverwirklichung zurückgestellt, die eigenen Bedürfnisse hintangestellt werden, um das System zu schützen. Und das System kann die eigene Familie oder auch das berufliche System, die Arbeit, sein. Sie fragen sich jetzt, was haben Depressionen mit meinem Essverhalten zu tun? Bei meinen übergewichtigen Klientinnen finde ich sehr viele Parallelen zu den beschriebenen depressiven Klienten. Zwar reagieren diese Frauen nicht mit depressiven Verstimmungen, dafür jedoch mit ungesundem Essverhalten. Vielfach finde ich eine Neigung zu hypersozialem Verhalten, nämlich es allen Menschen recht machen zu wollen, und ich frage dann: „Welche Kompromisse machen Sie, die sich falsch anfühlen?"

Wenn meine Klientinnen dann die falschen Kompromisse hinterfragen und Ihren Bedürfnissen mehr Erlebnisraum gönnen, dann führt dies zu mehr Energie und Beweglichkeit. Lernen Sie *Nein* zu sagen. Vielleicht üben Sie erst einmal bei der Verkäuferin, die Sie freundlich fragt: „Darf es ein bisschen mehr sein?" Dann können Sie sich allmählich steigern. Es dient lediglich Ihrem Selbstschutz. Setzen Sie klare Grenzen.

Glasklar ist nicht eiskalt!
Hier einige hilfreiche Formulierungen:

> **ÜBUNG:** Nein-Sagen und/oder mit einem ehrlichen Nein antworten.
> Nein-Sagen kann heilsam sein. Üben Sie sich darin, Ihre Bedürfnisse und Angelegenheiten nach vorne zu stellen, als oberste Priorität zu sehen und Ihrer Intuition zuzuhören.
> Beispiele:
> - Danke, dass du fragst, und Nein.
> - Ich höre, was du sagst, und Nein.
> - Ich verstehe, und Nein.
> - Ich schätze, was ich höre, und Nein.
> - Ich verstehe, und Nein. Welche Alternativen schlägst du vor?
> - Danke, dass du mir das mitteilst, und Nein.
> - Ich kann sehen, dass das für dich funktioniert, und Nein.
> - Ich möchte es dir gerne recht machen, und Nein.
> - Ich habe ziemliche Angst, dass du mich ablehnen wirst, bitte hilf mir hierbei, und meine Antwort ist Nein.
> - Ich bin im Moment durcheinander und bis ich Klarheit habe, Nein.
> - Ich weiß es noch nicht. Bitte frage mich später.
> - Nein, und ich brauche deine Hilfe und Unterstützung dabei.
> - Danke dir und Nein.

Einfach ist diese Übung nicht. Vielmehr mache ich selbst auch immer wieder die Erfahrung, dass es unglaublich viel Mut braucht, diese Worte zu benutzen. Und die Herausforderung liegt außerdem darin, dass diese Sätze ohne jegliche Rechtfertigung formuliert sind! Doch wenn Sie immer nur dann Liebe und Anerkennung erfahren, sofern Sie die Bedürfnisse von anderen erfüllen, kann es sein, dass ein Teil, eine Seite von Ihnen, zu kurz kommt und innerlich verkümmert. Wenn die Ansage ist, „Ich liebe dich, wenn …", dann läuft etwas verkehrt, dann ist es keine Liebe, dann ist es Kontrolle. Dann ist Vorsicht angesagt. Machen Sie den Test. Erlauben Sie sich, *Nein* zu sagen und schauen Sie, was geschieht. Oftmals erhalte ich die Rückmeldung, dass die Menschen erstaunt sind über die Folgewirkungen, denn sie hatten mit Ablehnung und Liebesentzug gerechnet, und das, was dann kam, war einfach nur Klarheit. Das, was dann bleibt, ist echt und wahrhaftig.

Im Englischen gibt es den Ausdruck „to take something for granted", was so viel bedeutet wie „etwas für selbstverständlich nehmen". Ihre Bedürfnisse hintanzustellen, sollte für niemanden zur Selbstverständlichkeit werden, das ist nicht gesund für Sie. Die eigenen Bedürfnisse hintanzustellen, kann zu ungesundem Essverhalten und schlimmstenfalls zu Depressionen führen.

> **ÜBUNG: FREUNDSCHAFTS-TEST**
>
> Ein einfacher Test kann Ihnen zeigen, was ich meine. Denken Sie an einen Freund oder an eine Freundin. Und jetzt stellen Sie sich eine Skala von Null bis Zehn vor. Zehn bedeutet, diese Person gibt Ihnen Energie und Kraft, mit dieser Person im Austausch zu sein, gibt Ihnen Lebensenergie, Sie tanken auf, Sie fühlen sich gestärkt und kraftvoll. Null bedeutet, dass Sie sich fühlen, als würden Sie leerlaufen, diese Person raubt Ihnen die Energie. Nun sortieren Sie diesen Menschen auf Ihrer inneren Skala zwischen Null bis Zehn ein.
>
> 10
>
> 0

Mein Tipp: Pflegen Sie die Kontakte mit denjenigen, über die Sie sagen: „Das ist eine Sieben oder höher. All das, was unter Fünf ist, ist schwierig. Mit diesen Menschen ist es gut, nur kurzzeitig in Verbindung zu treten. Am besten telefonisch und dann auch nur, wenn Sie sich selbst energetisch aufgeladen auf einer Sieben befinden.

Fazit

Wenn Sie leichter leben wollen, holen Sie alle Teile und Mitarbeiter ins Boot. Integrieren Sie die Seite, die bisher *Nein* zum Abnehmen gesagt hat. Vergegenwärtigen Sie sich ihrer berechtigten Bedürfnisse und stellen Sie diese sicher. Lernen Sie gut für sich selbst zu sorgen, indem Sie *Ja* zu sich selbst sagen und *Nein* sagen, wenn andere über Sie verfügen wollen. Und umgeben Sie sich mit Menschen, die Ihnen guttun. Ihr Körper wird es Ihnen danken.

SIMONE MARWEDE

DARIN BIN ICH *PROFESSIONAL WOMAN*: Trainerin für Themen der Kommunikation & Persönlichkeitsentwicklung (Kommunikation, Konfliktmanagement, Kundenorientierung, Rhetorik, Selbstmanagement, Work-Life-Balance); Coach für die unterschiedlichsten Fragen des Menschseins; Moderatorin für Workshops und Großveranstaltungen; Leiterin und Organisatorin von Seminaren auf der Insel Sylt.

DAS HABE ICH VORHER GEMACHT: Kauffrau der Grundstücks- und Wohnungswirtschaft; Personalentwicklung bei der Airbus Deutschland GmbH; gereist, gestaunt und gelernt.

DAS HAT MEINEM LEBEN RICHTUNGSÄNDERUNGEN GEGEBEN: Eine achtmonatige Weltreise, die Liebe, meine Tochter, meine Ausbildung in Gestalttherapie, die Begegnung mit einem Schamanen und unzählige Impulse wertvoller Menschen.

FÜR ERFOLG BRAUCHT MAN: Einen klaren Blick auf die eigene wertvolle Persönlichkeit, ein damit verbundenes gutes Selbstbewusstsein, den Glauben an das wohlmeinende Universum, eine Prise Wagemut und gute Ideen.

DAS HABE ICH ZULETZT GELERNT: Gestalttherapie und wie man köstliche Cup Cakes backt.

DAS WÜRDE ICH GERNE NOCH LERNEN: Fließend Französisch sprechen, Tango tanzen, Acrylbilder malen und Hypnose.

DIESES BUCH GEFÄLLT MIR: „Succulent Wild Woman" von SARK – eine Inspiration für weibliche Kraft, Mut und Lebenslust.

DIESES BUCH EMPFEHLE ICH DEN LESERINNEN MEINES BEITRAGS BESONDERS: Genau dieses. Es macht Spaß. Es berührt. Es trifft den Nagel auf den Kopf.

IN DIESER LANDSCHAFT HALTE ICH MICH GERN AUF: An dem langen Sylter Strand, im blauen Meer, und auf der Uwedüne, Sylts höchster Erhebung.

EINE STADT, DIE ICH LIEBE: Hamburg! Sie ist schön, sie ist lebendig, sie ist bunt, sie ist hanseatisch; und ein Stück Heimat.

DAS BERÜHRT MICH: Die tiefen Gefühle, von mir und anderen. Wenn es so echt ist und man so dicht dran ist an dem, was ist, dann berührt und rührt es mich.

DAS KOSTET MICH KRAFT: Professional Woman sein und zugleich Mutter – die vielen Dinge unter einen Hut zu bringen, zu organisieren und sie in Balance zu halten. Und natürlich überall richtig gut sein zu wollen.

DAS GIBT MIR KRAFT: Bewegung, Briefe schreiben, Musik hören, Strandspazieren, mein Partner, meine Familie, das Hier und Jetzt.

DAS TUE ICH GERN FÜR MICH: Fahrradfahren, Sportstunden, Massagen und ganz viel Zeit mit meiner Tochter verbringen.

DIESE RESSOURCEN KANN ICH EMPFEHLEN: Freunde! Frische Luft! Weitblick! Raus aus dem Gewohnten! Selbsterfahrung! Und Schokolade.

DAS TUE ICH, WENN ICH ÜBERRASCHEND ZWEI STUNDEN ZEIT GEWINNE: Ich setze mich auf den Fußboden und spiele mit meiner Tochter. Oder ich radle durch die Sylter Salzwiesen.

ETWAS WICHTIGES, DAS ICH AUF DEM WEG ZUR _PROFESSIONAL WOMAN_ GELERNT HABE: Glaube einfach an dich. Dass du gut bist, dass du es kannst und dass du es schaffst. Das ist die Hauptaufgabe für dich. Der Rest kommt von selbst.

MEINE WWW(S): www.simone-marwede.de, www.impulse-am-meer.de.

SIMONE MARWEDE
Erfolgsrezept: Energie!
Die eigene Kraft finden, bewahren und erneuern

Der nach innen gerichtete Blick ist der Weg zu jedem Erfolg. Es geht bei allen Herausforderungen darum, in gutem Kontakt mit den eigenen Ressourcen zu stehen. Diese zu kennen und mit ihnen gut zu wirtschaften, das ist das Erfolgsrezept. Dieser eigennützige Blick auf ihre Energien ist vielen Menschen, und besonders Frauen, jedoch noch fremd. Ein Grund mehr, sich auf die Reise zu machen. Ans Meer, zur eigenen Persönlichkeit, zur eigenen Energie, zu den eigenen Ressourcen. Und wo könnte dies besser gelingen als dort, wo man von Natur aus gute Sicht hat? Als Persönlichkeits-Coach nutze ich die weiten Horizonte, die Abgeschiedenheit, den kraftvollen Boden und die frische Luft meiner Heimat Sylt, um neben Ruhe, Klarsicht und Einkehr auch Rückenwind für das eigene Leben zu ermöglichen.

Was Frauen am Meer über sich erfahren können

Ihr nachdenklicher Blick schweift über die Dünenkette, um dann am endlosen Horizont stehen zu bleiben und das große Blau des Meeres defokussiert wahrzunehmen. Soviel Energie hätte ich gern. Die Natur ist mir meilenweit überlegen damit! Wo ist das alles hin, was ich sonst im Übermaß habe?

Diese Frau mit der großen Lebenserfahrung, die schon verschiedene Arbeitsplätze innehatte, im In- und Ausland lebte, die stets all ihre Kraft einsetzte, die nebenbei zwei Kinder großzog und zuletzt eine Werbeagentur leitete, stand nun vor dieser Frage: „Wie gehe ich in die neue Aufgabe, die neue Position in meiner noch jungen Beratungsfirma? Wie soll ich die Herausforderungen bestehen? Wie kriege ich das hin, Kunden für mich zu gewinnen, mit den Vorständen großzügige Budgets zu verhandeln und immer kraftvoll und optimistisch zu bleiben? Kann ich das?" Sie hatte viele dieser Fragen, aber wenig Kraft. Viele Anforderungen, aber wenig Substanz. Und deshalb kam sie zu mir nach Sylt.

> „Kennen Sie, liebe Leserin, diese Fragen?
> ,Wie soll ich dieses schaffen, wie jenes erreichen, wie hier überzeugen, wie dort erfolgreich sein?'

Ja, was brauchen Sie denn, um kraftvoll zu sein und gutgelaunt Ihrem Leben Ihre eigene Handschrift zu verleihen?"

1. Man nehme: die persönliche Kraft

Was ist das eigentlich – persönliche Kraft? Hat die nicht jeder? Aber sicher doch! Sie sind eine einzigartige Mixtur aus Eigenschaften, Verhaltenstendenzen und Dispositionen, Energievorräten und Ressourcen. Die Frage ist allerdings, wie Sie sich betrachten, welche Aspekte Sie heranziehen, wenn Sie sich beschreiben, und wie Sie Ihre Kräfte nutzen – wenn es drauf ankommt. Es ist also entscheidend, wie Sie sich und Ihre persönlichen Energien sehen und nutzen, um erfolgreich zu sein. Also: machen Sie sich auf die Reise, etwas mehr über diese Energien zu erfahren.

HIER EINE ERSTE ÜBUNG ZUR REISE IN IHR INNERSTES
So würde ich meine persönlichen Kräfte und meine ganz eigene Energie beschreiben:
„Ich bin _____

_____

_____

Was sagt Ihre kleine Inventur? Was haben Sie festgehalten? Betrachten Sie Ihre Ergebnisse. Ist das Wichtigste dabei? Ergänzen Sie noch schnell, was Ihnen jetzt noch einfällt!

_____

_____

_____

Gut.
Und wenn Sie jetzt einmal für einen Moment, völlig unbeobachtet, vollkommen unbescheiden sind – so ganz frech, fast unverschämt – und ein Eigenlob über Ihre persönliche Energie selbst schreiben sollten: Was wäre dann zusätzlich auf dem Papier? Für genau das, dieses Eigenlob, gibt es hier noch einmal Platz.
Hierbei bin ich besonders kraftvoll:

_____

_____

_____

Das eigene Ich neu entdecken und sich in Symbolen wiederfinden

Sonja S. schrieb genau drei Begriffe auf, als sie ihr Energiemanagement beschreiben sollte. Sie sei fleißig, mutig und zäh. Das wär's, meinte sie, das würde sie gut beschreiben. Und das stimmte auch. Zumindest zum Teil.

Diese Frau ist sehr erfolgreich mit ihrem florierenden Dienstleistungsunternehmen, was sie sicherlich diesen Eigenschaften zu verdanken hat. Allerdings kam sie in letzter Zeit immer wieder an ihre Belastungsgrenze. Der Begriff „Burnout" flimmerte am Horizont, und sie fragte sich, wie sie ihre Persönlichkeit noch anders nutzen könne. Nicht nur diese Seite von ihr.

So machte sie sich auf. Auf einen langen Spaziergang. Ihre Aufgabe lautete, fündig zu werden. Fundstücke auf dem Strandspaziergang zu inspizieren und deren Eigenschaften festzustellen.

Das Stück Treibholz: Es besaß vor allem Leichtigkeit. Hatte sie die auch? Ja! Nur, wo war sie geblieben? Damals als Studentin hatte sie so viel davon!

Oder die Muschel. Die hatte eine andere Hälfte und konnte sich einfach mal verschließen. Zumachen, wenn es zu viel wird. Das war ihr abhanden gekommen, das ging früher einfacher.

Oder das Dünengras mit den langen Wurzeln. Das sich im Wind hin- und herbiegen ließ, flexibel war, aber immer fest verwurzelt blieb. Das tatsächlich konnte sie ganz wunderbar: flexibel sein und gleichzeitig das Eigene behaupten! So wurde sie auf verschiedene weitere Seiten von sich aufmerksam.

Sie notierte sie in ihrer Eigenschaftensammlung bezüglich ihres Energiemanagements: „Leichtigkeit, sich abgrenzen können, flexibel sein". Und formulierte für sich in ihren Gedanken erste Ideen für eine Veränderung.

> „Und wenn Sie, liebe Leserin, sich einfach einmal dort umsehen, wo Sie jetzt sind: Was sehen Sie? Eine schöne Blume? Einen praktischen Stift? Eine elegante Tasche? Einen schnellen Computer?
> Schauen Sie sich um. Und fokussieren sie die Eigenschaften der Dinge. Fällt Ihnen auf, was Sie in Ihrer ‚Inventur' noch vergessen haben?"

2. Man betrachte zudem: die Wurzeln!

Ein Mensch ist wie ein Baum. Er hat Wurzeln, einen Stamm und Blätterwerk. Die Wurzeln, das ist unsere Herkunft, unsere Vorfahren. Der Stamm, das sind Sie mit allem, was Sie dabei haben. Und die Baumkrone, das sind die Dinge, die wir anderen von Ihnen sehen können. Ihre Taten. Ihre Talente. Ihre Schätze.

Ihre Persönlichkeit hat also genetische Voraussetzungen. Sie haben Erbanlagen, die Ihnen mitgegeben wurden, Talente, die mitunter über Generationen hinweg stabil sind. Diese gilt es, sich einmal vor Augen zu führen und zu bemerken, welche Gaben Sie besitzen. Und dann diese Talente wertschätzend zu betrachten und sie zu nutzen bedeutet stimmig zu sein mit der eigenen Lebensenergie.

Sich an die eigenen Quellen und Wurzeln erinnern

Hierzu fällt mir die resolute Kämpferin Karina M. ein, die immer und überall zu kämpfen schien und sich dadurch so oft verausgabte. Sie musste viel leisten, sagte sie, und da sei der Kampf einfach notwendig. Der Baum, den sie in einem Seminar malte, begann mit den Wurzeln. Dort zeichnete sie sorgfältig ihre Vorfahren ein. Die Großmutter, die ebenfalls eine echte Kämpferin war, die ihre Kinder allein durch den Krieg brachte und nie die Hoffnung verlor. Ja, den Kampfgeist hatte sie von ihr. Und dann ihr Großvater, der ein starkes Kommunikationstalent hatte und es vermochte, sein Leben lang an wertvolle Ressourcen zu kommen. Sein Schlüssel war, mit Menschen gut umgehen zu können, sich für sie zu begeistern und dadurch auch beim anderen Begeisterung zu wecken. Das hatte sie eindeutig von ihm geerbt! Eine dicke Wurzel auch Tante Frieda. Die lustige Frau, die entgegen aller Konventionen schon damals eine Weltreise machte, sich immer mit schillernden Geschichten schmückte und dadurch viele Bewunderer hatte. Die Reiselust, das Fernweh und das Geschichten erzählen! Ja, auch das kannte sie. Vielleicht sollte sie sich öfter an diese Seite ihres Wesens erinnern? Dann müsste sie nicht so oft kämpfen.

Und dann zeichnete sie ihre Mutter, von der sie so viel Güte empfangen hatte. Und die sie auch in sich trug – wenn sie auch in anderem Gewand daherkam.

Es fanden noch etliche Menschen mehr ihren Platz im Wurzelwerk von Karina M., und mit jedem gefüllten Platz wurde sie ruhiger, weicher und zuversichtlicher und fühlte, wie die Energie durch sie strömte. Weil ihr klar wurde, was sie an Boden hatte, worum sie nicht mehr kämpfen musste. Und weil sie berührt war von den starken Wurzeln in ihrer Persönlichkeit.

„Es könnte sich doch auch für Sie, liebe Leserin, lohnen, einmal zu schauen, was Sie Gutes ererbt haben: das Organisationstalent Ihres Vaters? Die Kreativität Ihrer Mutter? Die Durchsetzungsstärke der Oma Bertha? Oder das Feingefühl von Opa Heinrich? Welche Talente finden Sie im Reigen Ihrer Vorfahren?

Schauen Sie mal hinein in Ihren Stammbaum. Und werden Sie fündig."
Notieren Sie hier einige Ihrer Vorfahren. Und spüren Sie ihnen nach:

_____

_____

Wofür standen oder stehen sie? Was ist für sie charakteristisch?

_____

Was haben Sie möglicherweise von ihnen mitbekommen? Welche Kraft kann
Ihnen durch Ihre Ahnen einfach zufließen?

_____

_____

3. Man stärke sich: an seinem Fremdbild!

Da saß sie nun, Petra R., Assistentin der Geschäftsführung eines großen Medienhauses. Die hellblaue Bluse in der edlen Jeans, modische Stiefel am Fuß und die dunklen langen Haare in Stufen geschnitten. Etwas nervös wirkte sie auf dem Stuhl, der vorn in unserem Raum stand. Schließlich war ihre Aufgabe, ganz allein dort vorne zu sitzen und beäugt zu werden. Einzusammeln, was sie hörte. Und sie sammelte. Eindrücke. Nämlich die der anderen – von ihr. Ungefärbt. Eindeutig. Schonungslos.
    „Was denken Sie, was diese Frau beruflich macht? Was kann sie wohl gut?", war die Arbeitsfrage.

* „Managerin."
* „Führungskraft."
* „Organisieren und strukturieren."
* „Immobilien"
* „Vertrieb!"
* „Selbstständig mit hochpreisiger Oberbekleidung."
* „Disziplin hat sie!"
* „Die schafft was weg."
* „Klare Ansagen."

Und eine Frau fügte hinzu: „Verborgene Weiblichkeit. Ich glaub, sie kann noch was ganz anderes außer funktionieren. Sie braucht Liebe."
    Stukturiert. Diszipliniert. Und organisiert. Ja, das ist sie. Und aufgrund dieser Dinge war sie immer weiter befördert worden, hatte die Karriereleiter erklommen und nun diese anspruchsvolle Position eingenommen. Sie war erkannt in ihren Talenten. Und darüber hinaus wurden ihr auch noch Dinge zugesprochen, die sie gern hörte, weil sie sich selbst gar nicht so sah. Wie eine Managerin, eine Unternehmerin.

Es gab aber auch einen deutlichen Widerspruch in ihr. Ausschließlich wie eine starke Frau wollte sie doch gar nicht wirken! Zumindest nicht hier, in diesem privaten Rahmen. Denn sie war doch noch so viel mehr. Eine Frau. Eine zarte Frau. Eine schöngeistige Frau, die sich nichts sehnlicher als den Mann an ihrer Seite wünschte. Auf den ersten Blick waren diese Aspekte ihrer Persönlichkeit offenbar gar nicht zu erkennen. Aber genau die waren es, die sie auf die Insel trieben; denn sie wollten stärker gelebt werden.

Die weiteren Inseltage bescherten Petra R. noch viele Einsichten. In ihre anderen Seiten, ihre Wünsche und Träume, in ihre Verbote und ihre Erlaubnisse, in ihren Kommunikationsstil und ihre Wirkfaktoren. Und am Ende, ganz am Ende, konnte sie für sich formulieren, was sie selbst an sich schätzt, worauf sie stolz ist, wonach sie sich sehnt, und welcher der nächste Schritt zu einem etwas reicheren Fremdbild sein könnte, das auch mal sanft und energiebedürftig sein konnte. Nicht immer die Starke spielen, weil es so gewünscht ist. Da schien ihr die Möglichkeit, einen Mann zu finden, plötzlich zum Greifen nah. Tatsächlich sollte er ihr schon wenige Monate später begegnen.

> „Sind Sie neugierig geworden, liebe Leserin? Würden Sie auch gern wissen, wie Sie wirken? Na, dann los!
> Fragen Sie, staunen Sie, schmunzeln Sie und ziehen Sie dann Schlüsse aus Ihren Rückmeldungen. Sammeln Sie drei Fremdbilder!
> Fragen Sie doch einfach mal jemanden im Café am Tisch nebenan. Was der so über Sie denkt. Das ist nicht nur interessant, sondern manchmal auch schockierend und erhellend. Fragen Sie Ihren noch unbekannten neuen Nachbarn, welche Hypothesen er über Sie gebildet hat. Oder den neuen Praktikanten.
> Und schauen Sie, wo Sie sich erkannt fühlen und wo nicht. Wo es Ihnen gefällt – und wo nicht. Und – ganz wichtig: Auch das, was Sie an Rückmeldungen vehement ablehnen, ist wahrscheinlich richtig. Wägen Sie gut ab und kämpfen sie nicht so stark. Rückmeldungen sind ein Geschenk. Packen sie erst in Ruhe aus und dann kümmern Sie sich um Konsequenzen, die Ihnen ein Fremdbild ermöglicht, das Ihrem erwünschten Selbstbild entspricht."

4. Man werfe: den Ballast ab!

Den kennen wir alle, diesen Ballast, der in uns wohnt und uns begleitet, aus Gedanken besteht, die nicht helfen beim Vorankommen. Das sind diese inneren Beschwerer, diese hartnäckigen Flügel-Stutzer, diese ungewollten Entschleuniger, die Energieräuber, die Burn-out Vorbereiter die sich folgendermaßen anhören:

- „Ich muss immer freundlich sein."
- „Ich weiß nicht, ob es richtig ist."
- „Ich will bei allen beliebt sein."
- „Ich bin nicht gut genug."
- „Ich muss mich anstrengen"
- „Geht nicht, gibt's nicht."
- „Schaff ich auch noch."

Woher wir sie haben, das ist ganz unterschiedlich und mitunter auch gar nicht klar. Teilweise sind sie schon sehr alt. Teilweise haben wir sie aber auch erst in der jüngsten Vergangenheit akquiriert. Sie sind stets bei uns, diese Annahmen, die uns das Leben beschweren. Sie begleiten uns beharrlich und schaffen es, sämtliche Energien zu verbrauchen und das Leben deutlich zu erschweren.

> Kennen Sie diese Art von Ballast? Haben Sie auch solche inneren Stolpersteine? Notieren Sie doch einfach mal zwei bis drei hier:
>
> _____
>
> _____
>
> Aha. Das sind also Ihre energieverbrauchenden Reise-Genossen. Mögen Sie sie? Schließlich kennen Sie sie gut. Oder haben Sie genug von ihnen?

Die eigenen Beschwerer wegräumen, damit Neues geschehen kann
In unserem Seminarraum mit Meerblick war die Luft schwer. Emsig schrieben die Teilnehmerinnen ihre Brems-Sätze auf. Auch Barbara L. schrieb eine ganze Liste solcher Energieräuber. Gesammelt hatte sie davon genug in ihrem Leben. Und einer, der lauteste, der piesackte sie am häufigsten: „Ich muss es allen recht machen!" Der schlug vor allem dann zu, wenn sie als Führungskraft eine Entscheidung an ihre Mitarbeiter kommunizieren sollte.

Sie wurde dann unsicher. Und die Mitarbeiter hörten weniger Deutlichkeit und verhielten sich als Konsequenz entsprechend. „Der ist es! Dieser Gedanke vermiest mir eine ganze Menge!", platzte es aus ihr heraus. „Davon habe ich so richtig genug!"

So überprüften wir, ob sie ihn wirklich gehen lassen könnte, diesen Gedanken. Ob er nicht auch schmerzlich vermisst würde. Aber ihre Entscheidung stand fest: „Ohne ihn ginge es mir so viel besser! Ich könnte endlich hervorbringen, was ICH will!"

Also sollte er sich fort machen, wegwehen und weit, weit fliegen. Dafür gingen wir gemeinsam, jede Frau mit ihrem ganz persönlichen Energieverbraucher auf dem Papier, nach draußen. Dort brauste der Herbstwind. Die Dünengräser lagen fast flach am Boden und das tief hängende Grau bildete ein schützendes Dach über unseren Köpfen. Genau der richtige Rahmen, um Ballast abzuwerfen.

Die Frauen gingen ihrer Wege, die eine marschierte etliche Meter durchs Heidekraut, die andere erklomm eine kleine Düne. Dort standen sie, jede für sich. Und nach und nach übergaben sie ihre inneren Antreiber und damit einen Teil ihrer Müdigkeit und ihrer Energieverschwendung dem Wind. Hinfort!

Barbara L. kam leichteren Schrittes zurück in unseren Raum. Die Arme schlendernd, das Gesicht aufgehellt. *„Ich fühle mich schon jetzt so anders! So beschwingt! Am liebsten würde ich jetzt mal eben schnell ein paar Dinge in meinem Team ansprechen. Und sehr, sehr deutlich sein."* Etliche Wochen später schrieb sie mir eine E-Mail. Dass dieser Moment und diese Verabschiedung eines inneren Hindernisses der Durchbruch in der Annahme und Ausübung ihrer Führungsrolle waren.

Energien pflegen
Rituale helfen uns, Handlungen zu verdeutlichen. Hochzeiten werden als Hochzeiten sichtbar durch die signifikanten Elemente. Feierabend wird fühlbar zum Feierabend durch das Ablegen des Hosenanzugs. Ob groß oder klein, Rituale benötigen zweierlei: das Innehalten und das bewusste Tun. Sobald Sie einer Handlung wirklich Aufmerksamkeit verleihen, erhält sie Gewicht. Zu guter Letzt braucht es dann noch ihren Glauben an die Wirkung. Dann werden sich Ihre und alle Kräfte darauf ausrichten, dass der neue Zustand ein guter wird.

> „Also, liebe Leserin, was darf der Wind für Sie fortwehen oder das Meer wegwaschen? Wie geben Sie Ihrem Ballast ein deutliches Zeichen für seinen Abmarsch?"
>
> Kleine Notiz für mich:
> Dran denken: Ballast abwerfen! Ohne reist es sich besser!

5. Man nehme: die persönlichen Träume und Wünsche ernst!

Zu Ihren Kraftquellen gehören auch Ihre persönlichen Träume! Träumen Sie manchmal? Haben Sie noch Energie zum Träumen? Und was sagt die Dynamik: sind Ihre Träume Fluchten oder Visionen? Sie träumen also? Von Ihrem Leben, das ein bisschen anders, ein bisschen besser ist, als das, was Sie haben? Sitzen Sie im Auto und malen während der Reise in Ihren Gedanken Bilder von sich, die schön und attraktiv sind?

Sehr gut! Bleiben Sie dran! Denn alles Mögliche begann einmal mit dem Unmöglichen, damit es möglich werden konnte. Das hat die Geschichte bewiesen.

Das heißt für Sie ganz konkret: Was in Ihren Gedanken möglich ist, ist auch im wirklichen Leben möglich. Glauben Sie das?

Meine Visionen wurden wahr, weil ich mir erlaubte zu träumen

Vielleicht darf ich an dieser Stelle von mir berichten. Davon, warum ich eine große Verfechterin der Träume bin. Denn sie haben mir meinen Weg gewiesen. In Ausbildungs- und Studienjahren genoss ich das Leben der Großstädte, sammelte Wissen, lernte große Unternehmen kennen und erahnte das unendliche Angebot der Welt. Mir standen viele Türen offen, und es gab verschiedene Offerten. In mir jedoch gab es einen Filter, der die Möglichkeiten sondierte. Und der hieß: meine Vision!

Ich hatte eine. Einen Traum davon, wie es wäre, wenn es eines Tages perfekt wäre. In dieser Vision sah ich mich auf meinem Sylter Heimatboden. Wie ich dort mit Menschen an besonderen Orten psychologisch arbeitete.

Ich sah Seminargruppen am Strand und auf Dünen. Ich sah lachende, entspannte und nachdenkliche Gesichter. Ich hatte ein Gefühl, wie es für mich wäre, diese Arbeit zu tun und Menschen zu begleiten. Und all das auf Sylter Grund.

Die Bedingungen waren nicht nur einfach: gleich nach Studienabschluss in die Selbstständigkeit zu gehen, ein völlig neues Angebot auf Sylt zu platzieren und zu bewerben. Und: vom nördlichsten Zipfel der Bundesrepublik, in einer infrastrukturell schwachen Gegend, Business zu generieren, wo doch in anderen Gegenden Deutschlands die Bevölkerungs- und Unternehmensdichte deutlich größer war. Aber: wo Visionen sind, da ist Kraft. In mir diese Bilder, die so viel Energie freisetzten, die Hindernisse lächelnd zu betrachten und mich darauf zu konzentrieren, dass es möglich wird. Ich habe dem Universum davon erzählt. Ich habe mit Selbstverständlichkeit daran geglaubt, dass es so sein könne. Und habe meine Energien darauf ausgerichtet – teils sehr bewusst und teils vollkommen unbewusst. Und dann konnte das Leben gar nicht mehr anders, als meine Träume in Realität zu verwandeln. Denn sie waren es längst, wenn auch „nur" in meinem Kopf. Heute lebe ich auf dieser schönen Insel. Ich arbeite hier an besonderen Orten und verrichte psychologische Arbeit. Ich lebe die erträumten Bilder. Weil ich sie einst zuließ, sie manifestierte und dann meinen Kurs auf sie ausrichtete.

„Liebe Leserin, wovon träumen denn Sie? Was findet in Ihren Visionen statt? Welche Bilder schweben durch Ihre Gedanken, beflügeln Sie, zaubern Ihnen ein Lächeln ins Herz? Was wäre, wenn alles so richtig gut, fast perfekt wäre? Welche Lebensumstände würden Sie energetisieren, kräftigen, inspirieren und Ihnen Flügel wachsen lassen?

Gehen Sie spazieren. Und nehmen Sie genau diese Frage mit. Und träumen Sie, was das Zeug hält. Ohne Beschränkungen, alles ist möglich. Malen Sie Ihre Bil-

der in allen Farben und schmücken Sie sie detailreich aus. Und dann kehren Sie zurück und formulieren Sie dann für sich: was haben Sie gesehen, geträumt, gespürt?"
Meine Vision:

_____

_____

_____

Ich gratuliere Ihnen! Halten Sie Ihre Vision gut fest. Denken Sie oft an sie. Dann wird sie Ihre Wege lenken. Denn wir wissen eines: Die persönliche Energie folgt der inneren Aufmerksamkeit. Das ist ein Naturgesetz. Und bedeutet, dass das, was ich fokussiere, mein Befinden und meine Kraft beeinflusst.

Sie betrachten ein fröhliches Kindergesicht und spüren, wie Sie lebendig werden. Sie konzentrieren sich auf Ihren vergangenen Misserfolg und spüren, wie Sie sich erfolglos und klein fühlen. Es bedeutet also auch: Wenn ich meine Aufmerksamkeit auf meine Träume richte, dann werden sie mobilisiert und ins Leben gerufen. Weil ich sie nähre und sie dadurch automatisch mit Energie angefüllt werden.

Wichtig ist zudem: Belassen Sie es nicht bei Fluchtträumereien, sondern machen Sie Ihre Träume zu Ihren Visionen. Schlagen Sie mutig Schritte ein, die Sie in die Richtung Ihrer Träume und Ziele bringen! Sonst bleiben trotz guter Energien Ihre Träume nur Schäume.

„Welches sind also erste Schritte für Sie? Welche Aktivitäten bringen Sie näher an Ihr Ziel? Was tun Sie als Erstes? Wie werden Sie nun konkret?"
Ich werde Folgendes in die Tat umsetzen – mit Angabe eines konkreten Datums:

_____

_____

_____

Und nun werden Sie verbindlich. Mit sich selbst. Übertragen Sie Ihre Termine in Ihren Kalender. Damit Sie Ihren Schritten schon heute ein entscheidendes Stückchen näher kommen.

6. Man gönne sich: eine Prise Milde!

Und zu guter Letzt: Seien Sie milde mit sich. Sie sind offenbar ein reiches und kostbares Geschöpf. Sie vereinen viel Wertvolles in sich, bewahren Sie sich diese

Essenz. Sie haben sich tapfer durch dieses Kapitel gearbeitet und sich darin selbst von verschiedenen Seiten betrachtet.

Was ist nun Ihr Resümee, wenn etwas nicht gleich auf Anhieb funktioniert? Lächeln Sie sich an. Klopfen Sie sich auf die Schulter, dass Sie es versucht haben oder dran geblieben sind. Dass Sie vielleicht jenseits von guten Ressourcen auch über andere Eigenheiten verfügen, die Sie einzigartig machen. Auch wenn sie nicht sofort zielführend erscheinen.

Sie haben Ihre Eigenarten. Glücklicherweise. Und wenn Sie nun auch noch diese mit milder Güte betrachten, dann sind Sie auf allerbestem Weg, Ihre Energien zu schonen, sich nicht immer von den Beschwerern beeinflussen zu lassen, die Natur als Ihre Freundin zu erleben und sich selber zu akzeptieren. Bleiben Sie dran. Sie werden es schon schaffen.

Zum Abschluss schenke ich Ihnen eine Geschichte. Für Sie – weil Sie mit all Ihren Eigenschaften wertvoll sind.

Der Sprung in der Schüssel (Verfasser: unbekannt)

Es war einmal eine alte chinesische Frau, die zwei große Schüsseln besaß, die von den Enden einer Stange hingen, welche sie über ihren Schultern trug.

Eine der Schüsseln hatte einen Sprung, während die andere makellos war und stets eine volle Portion Wasser fasste. Am Ende der langen Wanderung vom Fluss zum Haus der alten Frau war die andere Schüssel jedoch immer nur noch halb voll.

Zwei Jahre lang geschah dies täglich: die alte Frau brachte immer nur anderthalb Schüsseln Wasser mit nach Hause. Die makellose Schüssel war natürlich sehr stolz auf ihre Leistung, aber die arme Schüssel mit dem Sprung schämte sich wegen ihres Makels und war betrübt, dass sie nur die Hälfte dessen verrichten konnte, wofür sie gemacht worden war. Nach zwei Jahren, die ihr wie ein endloses Versagen vorkamen, sprach die Schüssel zu der alten Frau: „Ich schäme mich so wegen meines Sprungs, aus dem den ganzen Weg zu deinem Haus immer Wasser läuft."

Die alte Frau lächelte. „Ist dir aufgefallen, dass auf deiner Seite des Weges Blumen blühen, aber auf der Seite der anderen Schüssel nicht? Ich habe auf deiner Seite des Pfades Blumensamen gesät, weil ich mir deines Fehlers bewusst war. Nun gießt du sie jeden Tag, wenn wir nach Hause laufen. Zwei Jahre lang konnte ich diese wunderschönen Blumen pflücken und den Tisch damit schmücken. Wenn du nicht genauso wärst, wie du bist, würde diese Schönheit nicht existieren und unser Haus beehren."

Jeder von uns hat seine ganz eigenen Macken und Fehler, aber es sind die Macken und Sprünge, die unser Leben so interessant und einzigartig machen. Man sollte jede Person – inklusive sich selbst – so nehmen, wie sie ist, und das Gute in ihr sehen.

ANNETTE AUCH-SCHWELK

DARIN BIN ICH *PROFESSIONAL WOMAN*: Ich bin Coach, Trainerin, Autorin und Sexualpädagogin mit Schwerpunkt Selbstbewusstsein & Sexualität. Als Rednerin bin ich Mitglied der German Speakers Association. Seit über 13 Jahren arbeite ich in der Weiterbildungsbranche und unterstütze Menschen bei tiefgreifenden Veränderungen.

DAS HABE ICH VORHER GEMACHT: Ich war unter anderem Teamleiterin in der Weiterbildungsbranche, in einem großen Konzern.

DAS HAT MEINEM LEBEN RICHTUNGSÄNDERUNGEN GEGEBEN: Mit 20 Jahren meinen Vater in den Tod begleitet & später meine Mutter. Sowie insgesamt 2 Jahre Auslandsaufenthalt.

FÜR ERFOLG BRAUCHT MAN: Selbstbewusstsein.

DAS HABE ICH ZULETZT GELERNT: „Mitten im Winter habe ich erfahren, dass es in mir einen unbesiegbaren Sommer gibt!"

DAS WÜRDE ICH GERNE NOCH LERNEN: Ich möchte bis zum letzten Atemzug lernen. Momentan lerne ich geduldiger zu werden.

DIESER FILM GEFÄLLT MIR: Viele! Zwei davon sind „Das Glücksprinzip", u.a. mit Kevin Spacey, und „Das Beste kommt zum Schluss", u.a. mit Jack Nicholson. Eine „Löffelliste" sollte jeder haben – mehr dazu im Film!

DIESES BUCH GEFÄLLT MIR: Lesen ist eine meiner „Nahrungsquellen". Es gibt viele gute Bücher, u.a. „Mut und Gnade" von Ken Wilber und „Veronika beschließt zu sterben" von Paulo Coelho.

DIESES BUCH EMPFEHLE ICH DEN LESERINNEN MEINES BEITRAGS BESONDERS: Zum Weiterleisen mein Buch „Erfolgreich mit Selbstbewusstsein – Das ‚Ich bin Ich' Prinzip. Mit über 80 Übungen, Tipps und Anregungen um sich seiner Selbst bewusst zu werden", Haufe-Verlag.

IN DIESER LANDSCHAFT HALTE ICH MICH GERN AUF: Berge & Meer & Seen & Wald. Das gibt mir Kraft, Ruhe und entspannt mich.

EINE STADT, DIE ICH LIEBE: Zürich! Eine Rundfahrt auf dem Zürichsee gehört dazu wie die Kultwurstbude am Bellevue. Abends in der Jules Verne Panorama Bar einen Cocktail mit Ausblick auf die Stadt – herrlich!

DAS BERÜHRT MICH: Wenn Menschen ihren eigenen Weg gehen, egal wie viel Steine im Weg liegen. Menschen, die mir ihr Innerstes zeigen und sich mir anvertrauen.

DAS KOSTET MICH KRAFT: Regelmäßig Sport zu machen. Dumme und arrogante Menschen.

DAS GIBT MIR KRAFT: Gute Gespräche mit interessanten Menschen, Musik, Bücher, Reisen, Meditation, tanzen, Filme, das Leben genießen, Humor, Cabrio fahren, Sauna, Massage, Aus-/Weiterbildungen, meine Lieblingscafés, Natur, dem Rauschen des Meeres zuhören mit einem Glas Rotwein & Sand zwischen den Füßen.

DAS TUE ICH GERN FÜR MICH: All das, was unter „Das gibt mir Kraft" steht!

DIESE RESSOURCEN KANN ICH EMPFEHLEN: Genauso wie ich mein Auto regelmäßig tanke, zur Wartung & zum TÜV bringe, pflege ich mich selbst! Dies mache ich in Form von Coachings & Supervisionen. Für mich eine ideale Ressource und für jeden empfehlenswert – für Klarheit, Kraft & Energie.

MEIN SCHÖNSTER LUSTKAUF: Mein Daihatsu Copen.

DAS TUE ICH, WENN ICH ÜBERRASCHEND ZWEI STUNDEN ZEIT GEWINNE: Das, worauf ich in dem Augenblick spontan Lust habe.

ETWAS WICHTIGES, DAS ICH AUF DEM WEG ZUR *PROFESSIONAL WOMAN* GELERNT HABE: „Ich bin Ich"! Sei du selbst und geh deinen eigenen Weg, egal was andere sagen!

MEINE WWW(S): www.auchschwelk.de und unter Facebook, XING, LinkedIn und twitter: @AuchSchwelk.

ANNETTE AUCH-SCHWELK
Das „Ich bin Ich" Prinzip –
Erfolgreich mit Selbstbewusstsein

> *Man entdeckt keine neuen Erdteile, ohne den Mut,*
> *alle Küsten aus den Augen zu verlieren.*
> *(André Gide)*

Ein Schüler will einen alten, weisen Meister prüfen. Er fängt einen Vogel und versteckt ihn hinter seinem Rücken. Er will wissen, ob der Meister herausfindet, was er versteckt hat. Die zweite Frage soll lauten: „Ist der Vogel tot oder lebendig?"

Wenn der Meister antwortet: „Er lebt", bricht er dem Vogel kurzerhand das Genick und der Vogel ist tot. Wenn der Meister antwortet: „Er ist tot", lässt er ihn fliegen. Beide Male wird der Meister nichts sehen können. Der Schüler ist sich gewiss, dass diese Aufgabe unlösbar ist. So geht er zum Meister.

Die erste Frage des Jungen: „Was habe ich hinter meinem Rücken?", beantwortet der Meister mit: „Einen Vogel." Die zweite Frage: „Ist der Vogel tot oder lebendig?", beantwortet der Meister mit: „Es liegt in Deinen Händen!"

Bin ich selbstbewusst?

Wie beantworten Sie diese Frage? Mit Ja oder Nein oder ab und zu? Nehmen Sie sich einen Augenblick Zeit und beantworten Sie danach die zweite Frage: „Was genau heißt Selbstbewusstsein für mich?"

Vielleicht entwerfen Sie das Bild einer Frau, die souverän und kraftvoll vor einer großen Gruppe spricht. Oder vielleicht denken Sie an Ihren Kollegen, wie er beim Kunden locker und mit Überzeugungskraft den Auftrag gewonnen hat.

Selbstbewusste Menschen sind sich ihres Selbst bewusst. Sie kennen ihre Stärken und ihre Schwächen. Sie wissen, dass sie bewusste und unbewusste Persönlichkeits- und Verhaltensmerkmale haben. Sie sind bereit sich selbst zu erforschen. Ihren eigenen Weg zu gehen.

Weshalb ist es wichtig, sich seiner selbst bewusst zu sein?

- Wenn Sie sich selbst kennen, wissen Sie, mit wem Sie es zu tun haben – das gibt Sicherheit und Vertrauen.
- Sie erkennen Ihren Wert – dies führt zu Respekt und Wertschätzung.
- Sie übernehmen Verantwortung für sich und Ihr Leben. Sie bestimmen, was Sie machen – das ist Freiheit.
- Wie werden Sie sich Ihres Selbst bewusst?

Stellen Sie sich vor, wir stehen gemeinsam vor einer Malerstaffelei. Darauf befindet sich ein großes, leeres Blatt Papier. Sie möchten ein Bild – Ihr Bild – malen. Sie bekommen die Farben gereicht. Welche Sie davon verwenden, was Sie genau malen, wie lange Sie dafür brauchen, ob Sie die Farben mischen, neue Farben entstehen lassen oder nicht, das entscheiden Sie selbst! Sicherlich haben Sie selbst im Laufe Ihres Lebens schon eine Menge Farben erworben. Vielleicht sind manche im Laufe der Zeit etwas blass geworden. Andere gefallen Ihnen nicht, weil Sie glauben, dass die Farben der Bilder anderer Menschen viel bedeutender und schöner sind als Ihre.

Was meine ich mit „Farben"? Sie stehen für Methoden, Übungen, Tipps und Anregungen, die Ihnen in diesem Buch von selbstbewussten Frauen überreicht werden. Wann Sie was lesen, welche Übung Sie machen und was Sie wann „malen", das liegt in Ihren Händen!

Um „Erfolgreich mit Selbstbewusstsein" zu sein, hilft Ihnen das „Ich bin Ich" Prinzip! Dieses setzt sich zusammen aus:

1. Selbst-Erkenntnis
2. Selbst-Sicherheit
3. Selbst-Vertrauen
4. Selbst-Wert
5. Selbst-Motivation
6. Selbst-Gelassenheit
7. Selbst-Verantwortung
8. Selbst-Bestimmung
9. Selbst-Liebe

In diesem Beitrag konzentrieren wir uns auf das Thema Selbst-Liebe!

Schenken Sie dem wichtigsten Menschen – Ihnen selbst – Aufmerksamkeit. Genießen Sie es. Lassen Sie sich darauf ein. Gehen Sie auf Expedition, auf eine Entdeckungsreise zu sich selbst! Nehmen Sie hierfür die Abenteuerlust eines Christoph Kolumbus mit. Seien Sie neugierig und offen für das, was kommt. Es gehört Mut dazu, ein neues Bild zu malen. Neue Erdteile in sich selbst und in der Außenwelt zu entdecken. Sich auf Unbekanntes einzulassen.

Seien Sie es sich wert und schenken Sie sich selbst die Zeit. Respektieren Sie alle Gefühle, die bei Ihnen hochkommen. Schenken Sie sich Geduld und gehen Sie liebevoll mit sich um. Gemischt mit einer Portion Humor und Gelassenheit bin ich mir sicher, dass es ein gutes Bild wird. Es ist IHR Bild!

Wenn Sie möchten, nehmen Sie jetzt Ihren Pinsel in Form eines Stiftes zur Hand. Damit können Sie die Übungen gleich durchführen – am besten schreiben Sie die Antworten direkt in Ihr Buch!

Selbstliebe

Sich selbst zu lieben, ist der Beginn einer lebenslangen Romanze.
(Oscar Wilde)

Hier geht es um etwas, was alle wollen. Einige haben sie, andere suchen sie. Einige genießen sie, einige lassen sie nicht zu. Ich spreche von der Liebe – seit Urzeiten ein Dauerthema und bestimmt wird es dies immer bleiben. Es gibt verschiedene Formen der Liebe. Unter anderem die Liebe zwischen Mann und Frau. Die gleichgeschlechtliche Liebe. Die Elternliebe. Die Liebe zu anderen Menschen, zu Freunden, zu Geschwistern. Die Liebe zu Idealen. Die göttliche Liebe. Und es gibt die Selbstliebe. Um diese geht es hier in erster Linie.

Ich bin mir sicher, Sie alle lieben sich genauso, wie Sie sind, von ganzem Herzen. Sie lieben alle Ihre Schwächen. Sie lieben alles, was Sie bisher in Ihrem Leben getan haben. Oder nicht? Die Dinge, die wir an uns mögen, zu lieben, ist relativ einfach. Das zu lieben, was wir an uns nicht mögen, ist schwerer. Hierbei ist die nachfolgende Übung für Sie hilfreich.

ÜBUNG
Verliebte schreiben sich gerne Liebesbriefe. Heutzutage geschieht dies meist in Form von SMS oder E-Mail. Doch wir wollen beim klassischen Liebesbrief bleiben. Stellen Sie sich vor, jemand hat sich frisch in Sie verliebt. Dieser Jemand sind Sie! Nehmen Sie schönes Briefpapier oder schreiben Sie direkt in das Buch und beginnen Sie zu schreiben. Genauso, als würden Sie einer anderen Person schreiben. Vielleicht legen Sie schöne Musik ein, machen es sich gemütlich. Ein paar Kerzen, wenn Sie mögen. Was lieben Sie an sich? Was gefällt Ihnen an sich selbst? Welche Eigenschaften von sich gefallen Ihnen? Schreiben Sie sich selbst einen Liebesbrief!

_____

_____

_____

_____

_____

Wie erging es Ihnen? Fiel es Ihnen leicht oder hatten Sie Schwierigkeiten? Was haben Sie festgestellt? Was haben Sie gelernt?

Wenn Sie fertig sind, lesen Sie Ihren Liebesbrief an sich durch. Danach legen Sie diesen an einen Ort, wo sie immer wieder lesen können, weshalb Sie sich selbst lieben. Forschen Sie jetzt weiter. Schreiben Sie auf ein Blatt Papier, was Sie nicht an sich lieben und beantworten Sie folgende Fragen. Ich zeige Ihnen anhand des Beispiels einer 55-jährigen Frau, wie die Übung gemeint ist.

1. *Mir fällt es schwer, ... an mir selbst zu lieben.*
Beispiel: Ich bin zu dick. Bestimmt habe ich 15 kg Übergewicht. So fett wie ich bin, liebt mich doch keiner.

_____

_____

2. *Weshalb fällt es mir schwer, dies an mir zu lieben?*
Beispiel: In Deutschland entspricht meine Figur nicht dem klassischen Schönheitsideal von 90–60–90.

_____

_____

3. *Was würde mir dabei helfen, dies zu lieben?*
Beispiel: Wenn mir jemand sagt, dass ich so in Ordnung bin, wie ich bin, oder wenn das Schönheitsideal wie zu Rubenszeiten wieder eingeführt wird. Damals galt es als schön, mehr auf den Rippen zu haben.

_____

_____

4. *Was könnte ein erster Schritt in diese Richtung sein?*
Beispiel: Na ja, ich könnte mir selbst sagen, dass ich so in Ordnung bin.

_____

_____

5. *Was hindert mich daran, mich selbst zu lieben?*
Beispiel: Ich bekomme immer die Blicke der anderen zu spüren, sie sagen mir, ich bin so nicht in Ordnung.

_____

_____

6. *Angenommen, das Hindernis wäre für einen Augenblick nicht vorhanden. Was wäre dann?*
Beispiel: Ich würde meine Weiblichkeit genießen. Ich mag meinen Busen und meine einladenden Hüften. Mein Po gefällt mir.

_____

_____

7. *Was ist der nächste realistische Schritt, den ich jetzt unternehmen kann, um mich selbst lieben zu lernen und wann werde ich diesen gehen?*
Beispiel: Wenn ich es mir so überlege: Ich habe mir schon lange nicht mehr die Zeit für mich genommen. Die letzten Jahre war ich nur für andere da. Ich könnte mal wieder ein gutes Buch lesen, was ich so sehr liebe. Mir ein Wellness-Wochenende gönnen, mich massieren lassen, mich selbst verwöhnen. Spazieren gehen und mich meinem Körper liebevoll widmen. Ich werde nachher in die Buchhandlung gehen und mir ein schönes Buch kaufen. Danach kaufe ich mir ein Massageöl, mit dem ich mich heute Abend liebevoll eincreme. Morgen gehe ich ins Reisebüro und buche mir ein Wellness-Wochenende.

_____

_____

8. *Was lieben Sie an sich?*
Beispiel: Ich liebe an mir meinen Humor. Meinen Busen und meinen Po. Ich liebe an mir, dass ich auch in schwierigen Situationen gelassen bleibe.

_____

_____

_____

Mein Körper und Ich

Jeden Tag begleitet er Sie. Beim Aufstehen ist er mit dabei, den ganzen Tag und abends geht er sogar ins Bett mit Ihnen – 24 Stunden und das seit vielen Jahren. Er ist immer mit dabei. Wer? Ihr Körper! Wer soviel Zeit miteinander verbringt,

sollte man meinen, kennt sich in- und auswendig. Kennen Sie Ihren Körper?
Lieben Sie Ihren Körper?

Sie alle kennen Sätze wie: „Das schlägt mir auf den Magen"; „Der sitzt mir
im Nacken"; „Der Schreck fährt mir in alle Glieder"; „Mir ist eine Laus über die
Leber gelaufen." Unser Körper ist ein guter Freund. Er gibt Ihnen Warnsignale,
sobald etwas nicht stimmt in Ihrem Leben. Leider wird darauf nicht immer gehört,
stattdessen lieber mit anderen verglichen, bewertet und verurteilt. Das ist zu viel,
dies ist zu wenig. Das ist zu groß, dies ist zu klein. Das ist zu schräg, dies ist zu
gerade. Die Kollegin hat einen viel besseren Körper. Die Nachbarin ist viel durch-
trainierter. Wann haben Sie das letzte Mal Ihrem Körper liebevoll Aufmerksamkeit
geschenkt? Sich bei ihm bedankt, wie er Sie jeden Tag unterstützt? Um sich Ihrer
selbst bewusster in Bezug auf Ihren Körper zu werden, beantworten Sie folgende
Fragen:

1. An meinem Körper liebe ich:

_____

_____

2. An meinem Körper liebe ich nicht:

_____

_____

3. Wie viele Punkte haben Sie gefunden, die Sie lieben, und wie viele, die Sie
nicht lieben?

_____

_____

4. Auf Ihrer Liste sollten mindestens 10 Punkte mehr sein, die Sie an Ihrem Körper lieben, als die, die Sie nicht lieben. Wenn dies so ist – klasse. Wenn nicht,
schreiben Sie diese jetzt auf:

_____

_____

5. Wo spüre ich Blockaden, wo ist etwas in meinem Körper, das mich schmerzt?
Gehen Sie hierbei Zentimeter für Zentimeter Ihren Körper durch!

_____

_____

6. Was könnte die Ursache für diese Blockaden, für den Schmerz sein?

_____

_____

7. Was kann ich tun, damit es meinem Körper besser geht?

_____

_____

8. Ich bin meinem Körper dankbar, weil:

_____

_____

Sie haben alles aufgeschrieben? Dann suchen Sie sich einen gemütlichen Platz. Setzen Sie sich hin. Machen Sie es sich bequem. Atmen Sie ein paar Mal tief ein und aus. Jetzt beginnen Sie langsam, Ihren Körper zu berühren. Wenn Sie möchten, schließen Sie dabei die Augen. Das hilft, sich nicht vom Außen ablenken zu lassen und sich mehr auf den Körper zu konzentrieren. Langsam. Stellen Sie sich vor, Sie sind frisch verliebt. Dann möchten Sie bestimmt gerne den gesamten Körper erforschen und berühren. Genauso machen Sie es jetzt mit sich. Liebevoll, achtsam und neugierig. Beginnen Sie mit Ihrem Gesicht, Hals, Oberkörper, Arme, Bauch, Hintern, Geschlechtsteile, Beine und Füße. Achten Sie darauf, wie es sich anfühlt. Wo bleiben Sie gerne etwas länger? Wo merken Sie, dass Sie schnell weiter gehen? Wo fühlen Sie Verspannungen? Wo ist es locker und entspannt? Erforschen Sie sich. Malen Sie Ihren Körper und die dazugehörigen Gefühle und Spannungen – zum Beispiel einen Blitz für Spannungen, ein Herz für Zonen, die sich gut anfühlen, usw. Schreiben Sie danach auf, wie es Ihnen ergangen ist.

Ich bin, wie ich bin, und dafür liebe ich mich

Fangen Sie an „Ja" zu sich selbst zu sagen. „Ja", mit allem, was dazu gehört. Sich selbst anzunehmen ist einer der ersten Schritte zur Selbstliebe. Schreiben Sie sich Sätze auf, die Sie dabei unterstützen, die Sie stärken, die Ihnen Mut machen. Motivieren Sie sich selbst. Sagen Sie sich diese Sätze immer wieder. Geeignet ist dies auch vor dem Spiegel. Selbst wenn es am Anfang komisch für Sie ist, machen Sie es trotzdem. Alles, was ungewohnt ist, fällt am Anfang meist schwer. Beginnen Sie, Sätze über sich zu formulieren.

Beispiele:
- Ich weiß, dass ich immer das Beste mache, was ich kann. Wenn ich merke, ich mache es nicht, hat das seinen guten Grund. Diesen schaue ich mir in der für mich richtigen Zeit an. Es ist, wie es ist, genau richtig. Alles ist gut. Ich bin gut, so wie ich bin.
- Ich wage es jetzt, ich selbst zu sein.
- Ich nehme mich so an, wie ich bin.
- Ich fühle mich in mir selbst wohl.
- Ja, ich bin ein Mensch mit Stärken und Schwächen. Es gibt Dinge, die fallen mir leicht, und es gibt Dinge, die fallen mir schwer.
- Ich liebe mich so, wie ich bin.

Seien Sie geduldig mit sich selbst. Sie können nicht von sich selbst verlangen, dass Gewohnheiten, die Sie jahrelang gelebt haben, sich von jetzt auf gleich ändern. Selbstverständlich gibt es immer wieder Wunder und somit kann dies auch passieren. Doch im Normalfall dauert es seine Zeit. Entspannen Sie sich. Schicken Sie Ihren inneren Kritiker in den Urlaub. Wenn Sie sich selbst kritisieren, fällt es schwer, sich selbst zu lieben. Lächeln Sie sich an im Spiegel! Dort steht ein wunderbarer Mensch, der darauf wartet, von Ihnen geliebt zu werden. Der gerne Aufmerksamkeit möchte.

Eine Liebe beginnt mit dem Flirt! Flirten Sie mit sich selbst. Wenn Sie einen Menschen neu kennenlernen, wollen Sie alles von ihm wissen und sind neugierig. Seien Sie neugierig auf sich selbst. Machen Sie sich Komplimente. Sie gehen gerade einen mutigen Weg, der Kraft fordert. Ich komme aus dem Schwabenländle. Dort gibt es einen Spruch, der heißt: „Nicht geschumpfen, ist gelobt genug." Völliger Blödsinn! Loben Sie sich selbst. Motivieren Sie sich, weiter zu gehen, indem Sie sich belohnen mit Dingen, die Ihnen guttun, die Ihnen Spaß und Freude machen. Gehen Sie vor den Spiegel. Wenn Sie Rechtshänder sind, heben Sie die rechte Hand, wenn Sie Linkshänder sind, die andere. Klopfen Sie sich jetzt selbst anerkennend auf die Schulter und sagen Sie sich laut: „Gut hast Du es gemacht!"

Anerkennen Sie sich! Verzeihen Sie sich selbst. Seien Sie milde mit sich. Es gibt immer einen guten Grund, warum wir so reagieren, wie wir es tun, weshalb wir Dinge zugelassen haben. Schütteln Sie nicht den Kopf darüber, sondern schauen Sie nach vorn. Sich selbst unter Druck zu setzen, nützt gar nichts. Keiner von uns will müssen! Fragen Sie sich lieber: „Wozu habe ich Lust?" Seien Sie sich selbst eine gute Freundin, ein guter Freund. Dafür ist es nie zu spät! Verlieben Sie sich in sich selbst. Beginnen Sie jetzt!

Einbein und Einbein macht Zweibein –
Wie Sie vom Einbeiner zum Zweibeiner werden

Liebe heißt, Wärme auszustrahlen,
ohne einander zu ersticken.
Liebe heißt, Feuer zu sein,
ohne einander zu verbrennen.
Liebe heißt, einander nahe zu sein,
ohne einander zu besitzen.
Liebe heißt, viel voneinander zu halten,
ohne einander festzuhalten.
(Phil Bosmans)

Viele Menschen glauben, sie sind „Einbeiner". Aus diesem Grund hüpfen sie auf einem Bein durch ihr Leben. Sie haben vergessen, dass sie zwei Beine haben. Auf die Dauer ist es anstrengend, „einbeinig" durch die Gegend zu laufen. Aus diesem Grund suchen sie sich andere „Einbeinige". Sich gegenseitig stützend – abhängig voneinander – nennen sie es Partnerschaft. Gemeinsam hüpfen sie durch das Leben. Wenn der Lebenspartner nicht in derselben Firma arbeitet, hüpfen sie dort vom Kollegen zur Kollegin, von der Chefin zum Mitarbeiter. Meist haben sie einen leeren Krug in der Hand. Sie wollen, dass andere diesen Krug füllen. Sie betteln: „Bitte, bitte, schenke mir Aufmerksamkeit. Bitte gib mir deinen Beifall. Hab mich bitte lieb. Bitte sage mir, dass ich gut war ...!" Anstrengend für sie selbst. Anstrengend für andere!

Der Philosoph Wilhelm Schmid spricht von der „Atmenden Liebe". In seinem Buch „Die Liebe neu erfinden" schreibt er: „Atmen kann die Liebe, wenn die Liebenden sich nicht nur miteinander, sondern auch mit sich selbst beschäftigen."

Machen Sie selbst den Krug voll. Dann sind Lob, Anerkennung und Unterstützung von außen das Sahnehäubchen und kein „Überlebens-Muss"! Lernen Sie, auf Ihren eigenen beiden Beinen zu stehen. Finden Sie Ihre eigene Kraft. Lernen Sie wieder, Ihr zweites Bein zu bewegen. Bekommen Sie einen eigenen kraftvollen, festen Halt. Werden Sie vom „Opferlämmchen" zum kraftvollen Menschen. Gehen Sie von der Abhängigkeit in die Eigenständigkeit! Die folgenden Fragen können Ihnen helfen, sich selbst bewusster zu werden.

1. Von welcher Person/Personen mache ich mich abhängig?

2. Was passiert genau, wenn ich deren Erwartungen nicht gerecht werde oder deren Beifall nicht erhalte?

_____

_____

3. Was passiert schlimmstenfalls, wenn dies nicht eintritt?

_____

_____

4. Ist es realistisch, dass dies eintritt?

_____

_____

5. Was würde ich dadurch gewinne, wenn ich freier agiere?

_____

_____

6. Was kann ich selbst tun, um freier und unabhängiger zu agieren?

_____

_____

7. Lohnt es sich nach den Erkenntnissen aus den bisherigen Überlegungen immer noch, den Erwartungen oder dem Beifall der anderen nachzueifern?

_____

_____

Sexualität ist Lebenskraft

„Am Ende erreichen die weibliche Suche nach Liebe und die männliche Suche nach Freiheit dasselbe Ziel: den unbegrenzten und unendlichen Grund des Seins, der sie sind, und der sowohl absolute Liebe als auch Freiheit ist.
Doch bis Sie sich an dem Ort, der Sie immer sind, schließlich entspannen können, wird Ihre Partnerin sich weiter hingeben – Ihnen, der Schokolade, dem Einkaufen – in der Hoffnung, mit Liebe gefüllt zu werden. Sie werden sich weiter lösen – durch Fernsehen, Orgasmus und Spekulationserfolge – in der Hoffnung, von Stress geleert zu unbeschränkter Freiheit vorzudringen."
(David Deida)

Stellen Sie sich vor, wir sitzen gemeinsam in einem Raum mit sechzig weiteren Personen. Ich bitte Sie, jetzt die Augen zu schließen. Denken Sie an ein tolles sexuelles Erlebnis. Ich sehe Sie vor mir, wie Sie die Augen schließen und lächeln. Als Nächstes sage ich, dass ich durch die Reihen gehen werde. Die Person, bei der ich stehen bleibe und die ich antippe, wird allen laut erzählen, an welches sexuelle Erlebnis sie gedacht hat. Ich sehe Sie vor mir, Sie haben aufgehört zu lächeln!

Unsere Gedanken beeinflussen unsere Gefühle. Zuerst waren Sie glücklich. Sie dachten an ein schönes Erlebnis. Als Sie hörten, ich wähle eine Person aus, die laut allen anderen von ihrem Erlebnis erzählen soll, bekamen Sie vielleicht Angst, haben sich geschämt oder es war Ihnen peinlich. Prompt war das gute Gefühl weg!

Unsere Gedanken beeinflussen unsere Sexualität. Was denken Sie über Ihre Sexualität? Vielleicht sind Sie jetzt erstaunt und fragen sich, was das Thema Sexualität mit Selbstbewusstsein zu tun hat. Aus meiner Sicht eine ganze Menge. Wir alle sind dadurch entstanden, dass zwei Menschen miteinander Sex hatten (ich schließe hier die künstliche Befruchtung aus). Sex ist Lebensenergie – Lebenskraft. „Eigentlich" sollte es ein normales Thema sein. Doch das ist es nicht!

Schauen Sie sich beim nächsten Tanken an der Tankstelle die Zeitschriften an. Meist finden Sie dort viele (halb)nackte Menschen auf den Deckblättern. Es fallen Überschriften auf wie zum Beispiel: „Noch mehr Orgasmen", „Die 99 besten Stellungen beim Sex", „Hier erfahren Sie die besten Sextipps" ... Selbstverständlich können wir alle immer und überall. Haben schon alles ausprobiert. Sind vollkommen glücklich mit unserer Sexualität. Kennen unsere Wünsche und Sehnsüchte. Wir sprechen alles an. Alle Frauen erleben multiple Orgasmen und die Männer können ständig und immer. Genau! Oder doch nicht?

Als Sexualpädagogin kommen zu mir Menschen mit Fragen zur Sexualität wie zum Beispiel: „Wie viel Sex ist normal"?; „Ich hatte noch nie einen Orgasmus"; „Ich kann meinem Partner nicht sagen, was ich wirklich möchte"; „Ich schäme mich in der Sexualität"; „Ich habe Angst, nicht gut genug zu sein"; „Mein Körper gefällt mir nicht"; „Ich bekomme keine Erektion mehr"; „Meine Sexualität langweilt mich"; „Ich weiß, dass ich es so nicht mehr möchte, doch ich weiß nicht, was ich will" ... Ich erlebe viele Menschen, die selbst nicht genau wissen, was sie wollen, die sich selbst noch nicht erforscht haben, sich nicht ihrer selbst bewusst sind in Bezug auf ihre Sexualität.

Die folgenden Fragen werden Ihnen helfen, sich Ihrer selbst in Bezug auf Ihre eigene Sexualität bewusster zu werden. Erforschen Sie sich! Seien Sie liebevoll mit sich selbst. Haben Sie Spaß dabei. Genießen Sie es! Denken Sie an das 11. Gebot: „Du sollst Spaß am Sex haben!"

Suchen Sie sich von all den Fragen 5 Stück heraus und beantworten diese jetzt gleich. Die restlichen können Sie im Laufe der Zeit beantworten. Wichtig: Während Sie die Fragen beantworten, schauen Sie, wie es Ihnen dabei geht. Was fühlen Sie? Welche Gedanken kommen hoch?

1. Inwieweit genieße ich es, eine Frau, ein Mann zu sein?

_____

_____

2. Wie erlebe ich mich momentan als Frau, als Mann?

_____

_____

3. Ausgeprägt ist im Moment bei mir ... (z.B. die „Mutter-/Vaterrolle") und warum (zum Beispiel vor 6 Monaten Sohn geboren)?

_____

_____

4. Sexy, erotisch, attraktiv, schön finde ich an mir und meinem Körper?

_____

_____

5. Ich lehne an mir und meinem Körper ab?

_____

_____

6. Wenn ich an Sexualität denke, dann ...

_____

_____

7. Wie war meine erste sexuelle Erfahrung?

_____

_____

8. Wie habe ich mir vor 15 Jahren das ideale Sexualleben vorgestellt?

_____

_____

9. Wie habe ich die Sexualität meiner Eltern erlebt?

_____

_____

10. Meine größte Angst in der Sexualität ist ...

_____

_____

11. Habe ich Scham oder Schuldgefühle in Bezug auf meine Sexualität, meine Wünsche und Phantasien?

_____

_____

12. Wie erlebe ich im Moment meine Sexualität?

_____

_____

13. Was gefällt mir im Moment an meinem Sexualleben?

_____

_____

14. Genieße ich mein Sexualleben?

_____

_____

15. Was vermisse ich momentan an meinem Sexualleben?

_____

_____

16. Wann habe ich das letzte Mal mich, meinen Körper berührt? Wann war ich das letzte Mal auf „Entdeckungsreise"? Wie fühlt es sich an, wenn ich mich berühre? Wo genau bereiten mir Berührungen Lust und Spaß, wo nicht?

_____

_____

17. Habe ich schon einmal mein weibliches/männliches Geschlechtsteil bewusst wahrgenommen – im Spiegel gesehen? Liebevoll gestreichelt und beachtet?

_____

_____

18. Weiß ich genau was ich für mein erfülltes Sexualleben brauche?

19. Welche Arrangements würde ich für eine perfekte Liebesnacht treffen?

20. Spreche ich mit meinen SexualpartnernInnen über das, was ich in meiner Sexualität brauche, über meine Wünsche und Phantasien?

21. Habe ich jemals einen Orgasmus erlebt? Wenn ja, mit PartnerIn oder alleine?

22. Genieße ich Sexualität mit mir selbst?

Danach beantworten Sie bitte diese Fragen:

1. Für mein zukünftiges Leben als Frau/Mann wünsche ich mir mit meiner Sexualität:

2. Was glaube ich, welche Konsequenz hat diese Änderung für mich und für mein Umfeld?

3. Wenn ich den Mut hätte, mir selbst zu erlauben, diese Änderung jetzt vorzunehmen, was würde mich jetzt noch daran hindern dies zu tun?

4. Was bin ich ab jetzt bereit zu ändern und was brauche ich hierfür?

TIPP: Es ist selbst mit 79 Jahren nicht zu spät, ein genussvolles Sexualleben zu erfahren. Lesen Sie das Buch „Nacktbadestrand" von Elfriede Vavrik. Im hohen Alter von 79 Jahren gibt sie ihre kleine Buchhandlung auf. Diese war ihr Lebensinhalt. Zu Hause langweilt sie sich. Sie geht wegen Schlafstörungen zum Arzt. Dieser empfiehlt ihr, sich lieber einen Mann zu suchen, als Schlaftabletten zu nehmen. Doch Elfriede Vavrik hat bereits seit vierzig Jahren mit Männern abgeschlossen. Sie hat vierzig Jahre lang keine Sexualität gelebt. Mithilfe eines Inserats lernt sie Männer kennen. Mit 79 Jahren hat sie ihren ersten Orgasmus. Heute, mit über 80 Jahren, hat sie keine Schlafstörungen mehr, sondern genießt ihre neu entdeckte Sexualität.

Wie schaut Ihr Bild aus? Haben Sie schon angefangen zu malen? Oder ist es Ihnen wichtig, noch etwas zu warten? Egal für was Sie sich entschieden haben, es ist genau richtig, so wie es ist. Es ist Ihr Leben. Es liegt in Ihren Händen, was Sie machen!

Dieser Beitrag ist fast zu Ende und für Sie beginnt der Anfang! All das, was Sie gelesen und entdeckt haben, hat Sie sich Ihrer selbst bewusster werden lassen. Jetzt gilt es, Schritt für Schritt, in Ihrem eigenen Tempo, dies in den Alltag umzusetzen. Vielleicht spüren Sie Vorfreude auf das, was für Sie kommt. Auf dem Weg zum Selbstbewusst-Sein. Vielleicht sind Sie nervös. Vielleicht entspannt und gelassen. Vielleicht haben Sie Angst. Das ist normal. Anselm Grün sagte: „Jeder Aufbruch macht zuerst einmal Angst. Denn Altes, Vertrautes muss abgebrochen werden. Und während ich abbreche, weiß ich noch nicht, was auf mich zukommt. Das Unbekannte erzeugt in mir ein Gefühl der Angst. Zugleich steckt im Aufbruch eine Verheißung, die Verheißung von etwas Neuem, nie Dagewesenem, nie Gesehenem. Wer nicht immer wieder aufbricht, dessen Leben erstarrt. Was sich nicht wandelt, wird alt und stickig. Neue Lebensmöglichkeiten wollen in uns aufbrechen."

Früher dachte die Menschheit, die Erde sei eine Scheibe. Hatte sie recht? Nein! Nur weil es alle dachten, war es nicht richtig. Es war falsch! Ich empfehle Ihnen, entdecken Sie Ihre eigenen Erdteile. Malen Sie Ihr eigenes Bild. Lassen Sie es nicht zu, dass Sie als Persönlichkeit geboren werden und als Kopie sterben! Vor einigen Jahren habe ich ein Seminar des Körpersprache-Experten Samy Molcho mitorganisiert. Er stellte im Raum Stühle zu einem Kreis auf. Er bat die Teilnehmer, sich innerhalb des Stuhlkreises zu bewegen. Samy selbst lief am Rande immer dem Kreis entlang. Es war spannend für mich zu beobachten, wie nach kurzer Zeit alle 30 Teilnehmer hinter Samy im Kreis herliefen. Kein Einziger ist aus der Reihe gegangen und hat sich frei im Kreis bewegt. Wie eine Schafherde hinter dem Hirten – bequem, einfach, sicher! Vor Jahrhunderten gab es für das römische Volk Brot und Spiele. „Gebt ihnen Arbeit und Unterhaltung, dann spuren sie!" Für mich hat sich bis heute diesbezüglich nicht viel geändert. Wir sitzen nicht mehr in einem römischen Kolosseum, sondern vor dem Fernseher. Dort wird mit „Prominenten" in den Dschungel gegangen oder zugeschaut, wie andere monatelang im Container den Tag verbringen. Wenn Sie sagen: „Ich habe nicht die Lust, Kraft oder den Mut, meinen eigenen Weg zu gehen. Es gefällt mir und ist bequem so, wie ich lebe", ist das in Ordnung. Doch denken Sie daran, dass Ihr Leben eines Tages zu Ende sein wird. Genauso wie jedes Jahr überraschend Weihnachten kommt, wird eines Tages überraschend Ihr Lebensende kommen. Machen Sie ab und an eine Pause. Nehmen Sie sich Zeit für sich und prüfen Sie, ob das Leben, das Sie gerade führen, Ihnen guttut, Ihr eigenes Leben ist und das ist, was Sie wirklich wollen. Prüfen Sie, ob Sie selbst-bewusst leben!

Wenn alle weisen Menschen und Gelehrten dieser Erde sagen, gehe nach rechts, doch Sie merken und fühlen, dass Ihr Weg nach links führt, dann gehen Sie nach links! Ich wünsche Ihnen hierbei:

- Ein inneres Navigationssystem, das Ihnen den eigenen, für Sie richtigen Weg weist.
- Gelassenheit, wenn Sie nicht am ursprünglich gewünschten Ziel gelandet sind.
- Neugier, die Offenheit und den Mut, einen anderen Weg einzuschlagen.
- Milde gegenüber sich selbst, wenn Sie einen Umweg gegangen sind.
- Dass Sie wieder aufstehen, wenn die Stürme Sie zum Erliegen gebracht haben.
- Wenn es notwendig ist, eine helfende und tröstende Hand, jemand, der Sie ein Stück des Weges begleitet.
- Geduld, wenn Sie vor lauter Nebel nicht vorwärts kommen.
- Nette Menschen am Wegesrand, die Sie inspirieren und mit denen Sie Spaß haben.
- Einen respektvollen, wertschätzenden und liebevollen Umgang miteinander.
- Die Muße, den Augenblick zu genießen.

Sollte Ihr inneres Navigationssystem einmal nicht funktionieren, halten Sie sich an Aristoteles: Dass Dein Weg der rechte war, wirst Du daran erkennen, dass er Dich glücklich gemacht hat.

Leben Sie, Ihres Selbst bewusst, leben Sie Ihr eigenes Leben – es liegt in Ihren Händen![1]

---

1 Der Text dieses Beitrags folgt dem im Fragebogen genannten Buch „Erfolgreich mit Selbstbewusstsein", Haufe-Verlag.

YVONNE NATASCHA HEUM

DARIN BIN ICH *PROFESSIONAL WOMAN*: Ich arbeite als Personal Coach mit eigener Praxis in Stuttgart und Düsseldorf. Schwerpunktmäßig kommen Klienten in akuten Krisen, mit dem Wunsch nach Veränderung, nach Persönlichkeitsentwicklung und mit Partnerschaftsthemen zu mir. Zusätzlich bin ich seit über 17 Jahren erfolgreich selbstständig mit einem eigenem Unternehmen in NRW im Dienstleistungs- und Veranstaltungsbereich. Ich bin ein „Feldkompetenz-Junkie", Mutter eines zauberhaften kleinen Jungen und Lebensgefährtin eines CEOs ☺.

DAS HABE ICH VORHER GEMACHT: Ich habe mich im Laufe der Jahre immer mal abseits des Mainstreams bewegt, habe viele Erfahrungen sammeln und Menschen kennenlernen dürfen, die mein Leben signifikant verändert und bereichert haben. Wagemut, Grenzgänge und das Überschreiten innerer und äußerer Limits haben mich zu der starken Persönlichkeit heranreifen lassen, die ich jetzt bin, und mir steten Erfolg beschert.

FÜR ERFOLG BRAUCHT MAN: Ein absolut wertschätzendes Menschenbild. Die Überzeugung, dass das, was man da macht, richtig und gut ist, Disziplin und Leistungswillen.

DAS HABE ICH ZULETZT GELERNT: Meine Supervisorin Frau Bettina Polmans, syst. Familien-Therapeutin, hat mir ganz entscheidende Hinweise über die Persönlichkeitsstruktur von Kindern vermittelt. Das hilft mir enorm bei der Beratung in Familienkontexten.

DAS WÜRDE ICH GERNE NOCH LERNEN: Mehr zum Thema Hypnose; Nähen ☺.

DIESER FILM GEFÄLLT MIR: „Rendevouz mit Joe Black" – Schokolade im TV-Format.

DIESES BUCH GEFÄLLT MIR: „Die Eleganz des Igels" von Muriel Barbery. Es hat mein Herz zutiefst berührt!

DIESES BUCH EMPFEHLE ICH DEN LESERINNEN MEINES BEITRAGS BESONDERS: „Klardeutsch" von Markus Reiter. Da geht's um klare und aussagekräftige Rhetorik.

IN DIESER LANDSCHAFT HALTE ICH MICH GERN AUF: Am Atlantik, bevorzugt in Frankreich.

EINE STADT, DIE ICH LIEBE: Düsseldorf, herrje ich bin eine echte Lokalpatriotin; ansonsten Berlin.

DAS BERÜHRT MICH: Mein Sohn, immer wieder aufs Neue; die charmante Aufmerksamkeit meines Lebensgefährten.

DAS KOSTET MICH KRAFT: Die Begegnung mit Ignoranz und Dummheit.

DAS GIBT MIR KRAFT: Meine Familie; das Leben in seiner Vielfalt und Schöpfung zu spüren.

DAS TUE ICH GERN FÜR MICH: Fortbildung; Freundschaften pflegen; Schuhe kaufen ☺, ach was, einkaufen im Generellen!

DIESE RESSOURCEN KANN ICH EMPFEHLEN: Eine gehörige Portion Humor! Offenheit ist auch immer ganz gut; ansonsten ein solides Coaching, das verschafft wieder besseren Überblick.

MEIN SCHÖNSTER LUSTKAUF: In Venedig ein „Oxitozin"-Cape, d.h. ein schwarzes Pullover-Cape aus Merinowolle und Kaninchenpelz.

ETWAS WICHTIGES, DAS ICH AUF DEM WEG ZUR *PROFESSIONAL WOMAN* GELERNT HABE: Niemals unterkriegen lassen, wenn nötig auch mal die Ellbogen einsetzen und sich immer auf's Frau-sein besinnen!

MEINE WWW(S):

www.reset-kommunikation.de, www.reset-consulting-services.de, Facebook: www.facebook.com/pages/Reset-Coaching/164430230272064

YVONNE NATASCHA HEUM
Blond 2.0 – Feminin und kompetent im Business

Ist das so, haben es Blondinen wirklich leichter? Als ich vor etlichen Jahren selbst einen Feldversuch startete, der aus einer Wette hervorging, ließen sich daraus zwei Schlüsse ziehen: 1. Im Baumarkt funktioniert das tatsächlich. 2. Dunkelhaarige Frauen tragen anschließend eine Kurzhaarfrisur, da kein langes dunkles Haar einen derartigen Blondierungs-Crashkurs überlebt.

Für den Alltag im Unternehmen bringt das nicht wirklich was, außer dass man den Kollegen eine Steilvorlage bietet, wenn man das erste Mal mit orangefarbenen Haaren auftaucht. Trotzdem lautet meine These: Auch zwischen Kundengespräch und Gehaltsverhandlung darf es feminin zugehen. Gefragt ist hier allerdings kein Bleichungsmittel, sondern das Modell „Blond gekonnt" – eben Blond 2.0.

Der Unterschied zwischen Mannsweib und Bunny

Was assoziieren wir eigentlich mit dem Begriff *blond sein*? Einerseits das naive Weibchen, andererseits ein „zu viel" an Weiblichkeit. Zu viel Ausschnitt, zu viel Make-Up, zu viele Sex-Points im Generellen. Deshalb möchte ich Ihnen gerne erklären, was mit Blond 2.0 gemeint ist. Früher war Weiblichkeit im Business nicht angesagt. Es ging für Frauen eher darum, sich in einer männlich geprägten Arbeitswelt zu behaupten. Im Zuge dessen haben sich viele Frauen den äußeren Rahmenbedingungen mehr und mehr angepasst, nicht nur auf Verhaltensebene, sondern oft auch optisch. Frauen, die z.B. in großen Konzernen oder in der Politik unterwegs sind, haben häufig schon vor langer Zeit so etwas wie einen individuellen Kleidungsstil über Bord geworfen. Der Business-Knigge ist die persönliche „Style-Bibel", weswegen frau sich in ihrem blauen Hosenanzug mit weißer Bluse nicht mehr wirklich von ihren Kollegen im blauen Anzug und weißem Hemd unterscheidet. Manche würden „Mannsweib" dazu sagen. Die Angst vor „zu viel" des oben Genannten hat ihr Übriges dazu beigetragen, dass ein entscheidender Vorteil überhaupt nicht mehr oder zu wenig eingesetzt wird: Femininität! Mir geht es darum, die Vorzüge eines femininen Auftritts in den Mittelpunkt zu stellen, schließlich geht es im alltäglichen Leben um eine Menge: um Posten, um Geld und um Erfolg. Selig diejenige, die das mit einem Gefühl der absoluten Souveränität auf Verhaltensebene aus dem Rückenmark steuert. Leider verfügt nicht jede Frau über dieses kleine eingebaute „Spezialistinnen-Gen" in puncto Auftritt.

Hier gilt es aufzuzeigen, in welchen Situationen Frauen es sich leichter machen können. Ebenso gilt es, auf einige Stolpersteine aufmerksam zu machen, damit frau nicht in unangenehme Situationen gerät. Sie sollen sich ja nicht plötzlich zum „Bunny" der Belegschaft entwickeln, Gott bewahre! Es geht also um die „Do's and Don'ts" des gelungenen weiblichen Auftritts im Business.

Das Verhalten im (männlich dominierten) Business-Alltag

Frauen neigen gerne dazu, ihre Kompetenzen nicht voll auszuspielen, ihr Licht unter den Scheffel zu stellen. Wie oft muss man feststellen, dass Kollege XY, obwohl man genauso lange im Unternehmen und fachlich eventuell noch besser ist, mal wieder auf der Karrierespur links an einem vorbeizieht? Unfair? Vielleicht. Vielleicht hat man aber auch seinen eigenen Teil dazu beigetragen. Frauen haben häufig einen extremen Perfektionsanspruch, der sie selbst ausbremst. „Ach, das beherrsche ich erst zu 80 Prozent, da sag ich mal lieber nichts. Um die Aufgabe bewerbe ich mich nicht, das traue ich mir noch nicht zu". Der Kollege hingegen schreit „Hier!", wenn nur 50 Prozent in ihm der Überzeugung sind „Das kann ich". Männer tun sich viel leichter damit, sich neue Herausforderungen zuzutrauen. Ihre Karriere verläuft meist strategisch gradliniger als die von Frauen. Beobachten Sie einmal Ihren eigenen Auftritt, z.B. Ihre Redeanteile in Teammeetings, Projektreviews etc. Wie kommunizieren Sie? Setzen Sie sich durch, teilen Sie Ihre Ansichten mit oder lassen Sie eher anderen den Vortritt? Wie ist Ihre Körpersprache? Welches Feedback erfahren Sie durch Ihren unmittelbaren Vorgesetzten und von Ihrem Chef? Wie ist Ihre äußere Erscheinung und Ihre innere Haltung, wie werden Sie insgesamt wahrgenommen? Und ganz entscheidend: Wie klar und verständlich drücken Sie sich eigentlich aus?

Sowohl zu viel Nachgiebigkeit, mangelnde physische Präsenz als auch optische Unscheinbarkeit haben am Ende schnell zur Folge, dass Frau sprichwörtlich übersehen wird. Manche Männer assoziieren Unscheinbarkeit mit fehlendem Durchsetzungsvermögen, das jedoch in den meisten Bereichen dringend vonnöten ist. Das wissen Sie selbst. Dieses Vorurteil könnte sich also, je nach Situation, ziemlich negativ für Sie und Ihre Karriere auswirken. Ich möchte keinerlei Bewertung vornehmen oder darüber diskutieren, wieso Männer manchmal so denken. Das sollen andere machen, und das gehört für mich auch nicht hierher. Mir geht es darum, ein Bewusstsein dafür zu schaffen, dass es eben oft so ist, und Lösungswege aufzuzeigen, wie Frauen in der Zukunft besser von ihren Kollegen und Vorgesetzten wahrgenommen werden können. Vielleicht gehören auch Sie zu den Frauen, die etwas mehr Weiblichkeit vertragen könnten, oder Sie kennen eine Frau, bei der das der Fall ist? Eine Kombination aus fachlicher Kompetenz, rhetorischer Finesse und weiblich elegantem Auftritt ist die Königsdisziplin des Erfolgs. Es geht darum, wie Sie einen guten und kompetenten Eindruck Ihrer Persönlichkeit fest etablieren.

Nur das „Wie" stellt das altbekannte Dilemma dar. Ich widme mich in diesem Kapitel bewusst nur der Optimierung der äußeren Erscheinung wie Kleidung und Körpersprache. Den anderen Kapiteln in diesem Buch können Sie viele weitere Anregungen entnehmen.

Keine Angst vor dem Körper-Scan

Männer sind empfänglich für Weiblichkeit, wieso sollten wir das nicht berücksichtigen? Von Natur aus verfügen Frauen über eine Gabe, auf die unsere Umwelt, bei richtigem Umgang damit, ausgesprochen zugewandt reagiert. Speziell für diesen Artikel habe ich mehr als 30 männliche Unternehmer und Führungskräfte interviewt, um genaueren Einblick in deren (optische) Wahrnehmung von Frauen im Business-Kontext zu bekommen. Der schwierigste Aspekt dabei war es, ehrliche Antworten zu erhalten. Nahezu alle Männer hatten zu Beginn des Gesprächs extreme Ressentiments, sich mir gegenüber offen zu äußern. Die Befürchtung, für politisch unkorrekte bzw. vermeintlich sexistische Äußerungen verurteilt zu werden, war sehr groß. Eine Erkenntnis kann ich Ihnen vorab mitteilen: Ein feminines, stilvolles Auftreten erleichtert – nach deren Auffassung – vieles. Die Kernbotschaften haben durchgängig meine persönliche Erfahrung und Wahrnehmung bestätigt. Alle Befragten gaben an, dass im ersten Moment des Kontakts ein „Körper-Scan" stattfindet, anhand dessen Annahmen (Vor-Urteile) über die Frau getroffen werden. Zuerst folgt die Körperform, dann Gesicht und Kleidung. Anschließend die Körpersprache, eventueller Duft und zum Schluss erst die verbalen Inhalte.

Spannend war, dass z.B. optische Unscheinbarkeit der Frau von den meisten automatisch mit geringerem Durchsetzungsvermögen assoziiert wurde. Ein zu aufdringliches Parfum wurde von vielen als unangenehm und störend angegeben. Sehr witzig: Das Setzen auf die Schreibtischkante vermittelte entweder gefühlte Übergriffigkeit (klar, so würde ich das auch sehen) oder empfundene Angst vor einer dominanten potenziellen „Sex-Maniac-Woman" (was ich in der Ausprägung ehrlich gesagt nicht erwartet hätte). Aber wer setzt sich eigentlich bei Kollegen oder Vorgesetzten auf den Schreibtisch? Vielleicht war in dem Fall der Wunsch eher Vater des Gedanken, wer weiß.

Durchgängig gaben alle an: Wenn die Frau eine ansprechende Erscheinung hat, die sowohl ihre Vorzüge als auch ihre Sympathie unterstreicht, lässt man ihr von Beginn eine wohlwollende Aufmerksamkeit zukommen. Diese Aufmerksamkeit ist bei über der Hälfte der Männer mit einem Mehr an Anerkennung für die Frau verbunden, d.h. auch hier zeigt sich: Der erste Eindruck zählt. Diese Erkenntnis ist speziell für Vorstellungs-, Kunden-, Personal- und Verhandlungsgespräche von Vorteil. Aber genauso erleichtert es frau im Generellen, positive Aufmerksamkeit auf sich zu ziehen. Unabhängig von der Branche wurde das Tragen eines Rocks, Kostüms oder eines Kleids als Garant für mehr positive Aufmerksamkeit angegeben. High Heels sind branchenabhängig – je konservativer das Umfeld (z.B. Banken, Consulting Unternehmen etc.), desto lieber gesehen, im kreativen Bereich nicht zu hoch und zu schnieke.

Es ist nichts Verwerfliches daran, jemandem das zu geben, wofür er empfänglich ist. Wichtig ist einzig und allein, dass wir uns dabei wohl fühlen. Authentizität ist das Stichwort. Wenn Sie mit Ihrer persönlichen und der für Sie passenden Form von Femininität auftreten, ist das ein weiterer Beitrag zu Ihrem Erfolg und einem Mehr an Anerkennung. Im Übrigen sollte sich jede einmal die Frage stellen, wie sie z.B. ihre männlichen Kollegen wahrnimmt. Macht es nicht auch für Sie einen Unterschied, wenn Sie einem Mann gegenüberstehen, der perfekt angezogen ist, mit gut sitzendem Anzug, hochwertigen Lederschuhen, dezent nach After Shave duftend, und der Ihnen aufmerksam zugewandt ist? Interessant ist jetzt, was Sie damit assoziieren. Überlegen Sie mal, vielleicht etwas derart wie: Der hat Stil, der muss das nötige Kleingeld haben, das muss ein erfolgreicher Mann sein, bestimmt eine Führungspersönlichkeit, ein Alphatierchen, der achtet aber auf sich ...

Möglicherweise ist der Mann gar nicht so erfolgreich, wie er scheint, und vielleicht hat er einen zu optimierenden Führungsstil, aber – er vermittelt uns vorab erst mal eine Menge Informationen, die wir in unserem Inneren zu Bewertungen, also zu Vor-Urteilen ausbauen. Das, worum es mir u.a. geht, sind diese „Bewertungen", die sich bei jedem Menschen automatisch zu Beginn eines jeden Kontaktes einstellen. Dies gilt es im Besonderen zu beachten: Was wirkt wie? „Kleider machen Leute", das ist hinlänglich bekannt. Was läuft da aber genau ab?

Aus Erfahrung klug

Ich möchte Ihnen an dieser Stelle etwas von mir erzählen. Ich habe mich aus Überzeugung gegen das Hosianna des Business-Knigge entschieden. Ich hatte nicht immer Interesse an Mode und Lifestyle, war weit entfernt von dem, was man standardmäßig als modisch, klassisch und feminin bezeichnen würde. Die Affinität dazu hat sich erst in den vergangenen zehn Jahren entwickelt und in den letzten sieben Jahren intensiviert. Ich habe mich früher auch nicht wirklich dafür interessiert, ob Männer mich, geschweige denn das, was ich anhabe, attraktiv finden. Die sollten gefälligst sehen, dass meine Leistung tipptopp ist und solche „Mann/ Frau-Themen" bloß außen vor lassen. Wenn damals ein Mann oder auch eine Frau gewagt hätte, mir mehr Femininität anzuraten, wäre mein innerer Emanzen-Anteil wohl aus dem Hemd gesprungen. Das hat zum Glück keiner getan, wahrscheinlich schon deshalb nicht, weil meine äußere Haltung signalisiert hat, „Denken Sie nicht mal daran". Ich habe allerdings schon bemerkt, dass ich unterschwellig um Aufmerksamkeit kämpfen musste. Die Anerkennung für Leistung gab es durchgängig, aber der Weg dahin war oftmals sperrig. Das hat mich dann schon ziemlich genervt. Andere Frauen, nämlich die, die wirklich weiblich aussahen, hatten das Problem irgendwie nicht. Ich verspürte in mir eine Mischung aus Neid und empörter Ablehnung. Das konnte doch wohl nicht sein, dass es ausreicht, einfach was Schickes anzuziehen und dabei noch ein bisschen mit dem Allerwertesten zu wackeln? Und soll ich Ihnen noch was erzählen? Das sah – Tatsache – meistens noch richtig toll aus, was die Mädels so anhatten, und mit dem Hintern gewackelt haben die meisten eigentlich auch nicht. Mann, ich wurde einerseits grün vor Neid und hatte andererseits das große Bedürfnis, denen mal was zum Thema Frau-Sein zu erzählen. Schließlich hatte meine Mutter mir als getarnte Alt-68erin entscheidende Werte mit auf den Weg gegeben! Ein musikalischer Repräsentant meiner Kindheit war beispielsweise Bettina Wegeners Lied *Ach wär' ich doch als Mann auf die Welt gekommen*.

In der Zeit meiner persönlichen Auseinandersetzung mit dem Thema begriff ich langsam, dass ich hier Werte und Ideale verfolgte, die gar nicht meine waren. Ich begann, radikal umzudenken und eine völlig neue Haltung einzunehmen. Emanzipation ist jetzt für mich nichts mehr, das ich wie ein Protestschild vor mir hertragen muss, wie tausende Frauen vor mir das über Jahrzehnte mit großem Einsatz getan haben. Das, was diese Generation für alle Frauen heute erkämpft hat, ist großartig, und es verdient Respekt und Dank. Aber es ist nicht mehr mein Kampf. Emanzipation ist für mich etwas so Selbstverständliches geworden, dass ich mir auch das Recht herausnehme, mich ganz bewusst *für* Femininität zu entscheiden! Ich bin mittlerweile gerne Frau, und ich zeige das auch gerne. Ich habe einen Mann, der maskulin ist, ein gut angezogenes Alphatierchen, der es mir weiß Gott nicht immer einfach macht. Aber genauso, wie ich Weiblichkeit leben möchte, habe ich mir bewusst keinen ausschließlich weichgespülten Frauenversteher als Mann ausgesucht. Die Mischung macht's bekanntlich.

Diese kleine Blondinen-Story am Anfang hat mich damals echt nachhaltig beeindruckt, und ich habe mir überlegt, wie man einen Mittelweg entwickeln und diesen perfektionieren kann. Ich bin übrigens zwischenzeitlich nicht zur Wasserstoffblondine mutiert, sondern immer noch schwarzhaarig, trage allerdings jetzt im Business hauptsächlich Röcke und Etuikleider, dazu passende High-Heels, Make-up, Nagellack und mache die Haare zurecht. Das war anfangs sicherlich etwas gewöhnungsbedürftig, aber der umgehend merkbare Erfolg, sprich die Wirkung auf meine Umwelt, hat sich so signifikant positiv dargestellt, dass ich gar nicht umhin kam, das weiter zu praktizieren. Türen öffneten sich leichter, und ich bekam in diversen Kontexten viel einfacher Zugang zu meinen männlichen Gegenübern. Besonders spannend fand ich, dass ich mich auf einmal viel wohler in meiner Haut fühlte, als hätte ich etwas Verlorenes wiedergefunden. Ich hätte mir eine Menge Stress im Vorfeld ersparen können, wenn ich das ein paar Jahre früher erkannt hätte. So hatte ich allerdings überhaupt erst die Möglichkeit, den Unterschied zu erfahren.

Diese Erfahrung war und ist sehr hilfreich für mich in der Beurteilung der Informationen, die ich im Austausch mit anderen Frauen über deren Erfahrungen bekomme, und für das, was ich in meiner Auftritts- und Image-Beratung vermittle. Der „Mädchen-Modus" ebnet der Kommunikation im Vorfeld den Weg, stimmt das Gegenüber harmonischer, bevor das Florett auf der Zunge übernimmt. Nun muss ich allerdings dazu sagen, dass ich nicht täglich in einem Konzern unterwegs bin. Ich habe im Laufe der Zeit jedoch viele Frauen kennengelernt, die in konservativen Unternehmensstrukturen verantwortungsvolle Positionen bekleiden, die bereits von sich aus einen individuellen weiblichen Kleidungsstil pflegen, und meine These bestätigen. Deren Kleidungsstil hebt sich in kleinen bis mittleren Nuancen vom Mainstream ab und wirkt in ihrem Umfeld durchweg positiv. Das Feedback, das ich von den Damen bekomme, mit denen ich ein Auftritts-Coaching gemacht habe, geht in die gleiche Richtung.

Die Psychologie der Wahrnehmung

Mit meinem ersten Auftritt bzw. mit meiner alltäglichen Erscheinung schaffe ich ein bestimmtes Bild von mir. Natürlich bin ich ich, aber ich kann im Außen meine Wirkung bestimmen. Ich kann eine Botschaft meiner Persönlichkeit entwickeln und diese anschließend bewusst aussenden, ohne zum totalen Selbstdarsteller zu mutieren, was für die Karriere eher hinderlich wäre. Der wichtigste Aspekt dabei ist eine stabile Authentizität. Diese gilt es, durchgängig zu bewahren. Was macht mich eigentlich aus, was sind die wichtigsten Anteile meiner Persönlichkeit? Wenn ich sowohl um meine Stärken als auch um meine Schwächen weiß und diese bewusst annehme, kann ich mein Verhalten, also meine innere und äußere Haltung, optimal erfolgsorientiert einsetzen.

Wenn Sie mögen, können Sie jetzt eine Übung machen. Diese wird Ihnen mehr innere Klarheit darüber bringen, wo Sie jetzt stehen. Es geht um Ihre äußere Erscheinung, darum, wie Sie sich fühlen und wie Sie gesehen werden. Ziel ist eine bessere Selbstwahrnehmung.

ÜBUNG

Wie steht es um Ihr Äußeres?

Nehmen Sie sich ein Blatt Papier zur Hand und schreiben Sie einmal auf: Wie wichtig ist Ihnen Kleidung? Achten Sie auf Materialqualität und Aktualität? Wie ist es um Ihren Look bestellt, frisieren Sie sich, besuchen Sie regelmäßig einen Friseur, eine Kosmetikerin? Tragen Sie Make-up?

Wie fühlen Sie sich in Ihrer Haut und in Ihrer Kleidung? Gut, sicher, wie ein Fels in der Brandung? Oder eher unwohl? Fühlen Sie einmal sprichwörtlich in sich hinein, bewerten Sie, was da so los ist, und schreiben Sie alles auf, was Ihnen in den Sinn kommt.

Wie werden Sie von anderen gesehen?

Was glauben Sie: Wie werden Sie unter all den o.g. Aspekten von anderen gesehen? Halten Sie einen Moment inne, setzen Sie sich bequem auf ihren Stuhl, entspannen Sie sich und schließen Sie, wenn Sie mögen, die Augen. Denken Sie an Ihr betriebliches Umfeld und suchen Sie sich einen männlichen Kollegen aus. Wenn nicht vorhanden, nehmen Sie einen männlichen Vorgesetzten oder einen wichtigen Kunden. Versetzen Sie sich nun in diese Person und fühlen Sie sich in diese ein. Blicken sie dann durch die Augen dieser Person auf sich: Was denkt diese Person über Sie? Wie werden Sie wahrgenommen? Notieren Sie die Kommentare, die in Ihrem Inneren auftauchen.

Jetzt machen Sie das Gleiche noch einmal, diesmal suchen Sie sich jedoch eine Frau aus, in die Sie sich hineinversetzen.

Was das Ergebnis übrigens noch interessanter machen kann, ist, wenn Sie sich Personen aussuchen, die besonders erfolgreich sind und/oder einen besonders guten Kleidungsstil haben.

Mir geht es darum, zunächst einmal die Wirkung zu beurteilen. Das ist der erste Schritt, sich selbst einzuschätzen und aus der Distanz anzuschauen. Dann geht es um:

Selbst- und Fremdwahrnehmung

Denken Sie nun über Ihre positiven Eigenschaften nach und schreiben Sie diese auf, z.B.: Ich bin humorvoll, ich bin hilfsbereit, ich bin teamfähig, ich bin belastbar, ich bin kritikfähig.

Dann notieren Sie, welches Ihre Stärken im Unternehmen sind und wie Sie sich dort sehen, z.B.: Ich mache ausgesprochen gute Präsentationen, ich kann im Team sehr gut Ergebnisse eines Projekts optimieren, ich bin ein Organisationstalent, meine Kollegen schätzen mich, weil ...

Schreiben Sie auf, wie Sie sich privat in ihrer Rolle als Frau sehen, z.B.: Ich bin eher der natürliche Typ, ich stehe nicht so gern im Mittelpunkt, ich bin eine echte Partymaus etc.

Denken Sie darüber nach, was Sie sich selbst von sich wünschen, und was Sie sich von anderen für sich wünschen, z.B.: Ich würde gerne schneller auf Leute zugehen können, ich würde gerne mehr Aufmerksamkeit im Job bekommen, ich möchte, dass meine Leistung besser gewürdigt wird.

Schreiben Sie auf, wie Ihr Kleidungsstil im Unternehmen ist, z.B.: Ich trage meistens Hosen und eine Bluse und einen flachen Schuh oder das ist abhängig davon, ob ich im Office bin oder einen Kundentermin habe. Im Büro casual, also Hose, Pullover, Stiefel, alles Ton in Ton, unspektakulär, beim Kunden blauer Hosenanzug, hellblau-gestreifte Bluse und ein flacher bequemer Schuh, Haare normal, natürlicher Look.

Werden sie ruhig detailliert in der Darstellung.

SELBST-REFLEXION

Wenn Sie sich alle Ihre Ergebnisse jetzt ansehen, welche Gedanken gehen Ihnen dazu durch den Kopf? Bitte schreiben Sie auch diese auf.

Nun fragen Sie bei nächster Gelegenheit mal eine Kollegin und einen Kollegen, die Sie wirklich gut kennen und denen Sie eine solche Frage stellen können: Wie seht ihr mich, wie schätzt ihr mich ein aufgrund meiner optischen Erscheinung? Bitte notieren Sie sich anschließend diese Aussagen.

Jetzt haben Sie sich ausführlich mit sich selbst beschäftigt, dadurch hoffentlich mehr Klarheit über Ihre Wahrnehmung bekommen und können diese nun bewusster steuern.

Im Folgenden möchte ich Ihnen noch etwas Weitergehendes zum Nachdenken mitgeben. Denken Sie mal an die Beziehung zu Ihren Eltern, speziell an die zu Ihrem Vater. Wenn Sie sich einschätzen müssten, welche der drei folgenden Tochter-Typologien trifft am ehesten auf Sie zu? [1]

---

1 Eine ausführliche Darstellung der Tochter-Typologien finden Sie in dem Werk von Julia Onken, „Vatermänner", Verlag C.H. Beck, München 2006.

Die Gefall-Tochter

Kindheitszitate wie: Meine kleine Prinzessin; Du bist meine Schönste; Ach, das ist nicht tragisch, dass YX misslungen ist, du bist so hübsch, da macht das nichts; Ach Schatz, reg dich nicht darüber auf, zerbrich dir nicht deinen hübschen Kopf; Das ist nichts für kleine Mädchen; Kleine Mädchen tun das nicht.

Im Hintergrund stehen Eltern/Väter, die ihrer Tochter auf angenehme oder auch abwertende Art klar machen, dass es ihnen wichtig ist, dass sie hübsch und angepasst sind. Den Mädchen ist es wichtig zu gefallen. Oft wird ein konservatives Frauenbild erwartet und vorgelebt. Dies wird später in unterschiedlich starker Ausprägung von den Töchtern übernommen. Als erwachsene Frau ist das Gefühl, sich anzupassen und im Außen gemocht zu werden, nach wie vor oft intensiv ausgeprägt.

Repräsentantinnen dieser Frauengruppe sind bereits häufig feminin und ansprechend zurechtgemacht. Sie legen Wert auf eine angenehme Erscheinung. Dies sind die Frauen, denen es am leichtesten fällt, mehr Weiblichkeit im Business einzusetzen.

Die Leistungs-Tochter

Kindheitszitate wie: Das hast du ganz toll gemacht, aber wäre das nicht noch besser gegangen; Dass du das geschafft hast, hätte ich nicht gedacht, dafür liebe ich dich; Ich/wir sind stolz auf deine Leistung; Wenn du das und das nicht gut machst, habe ich dich nicht lieb. Ein handwerkliches Miteinander von Vater und Tochter ist häufig Teil der Beziehung. Im Hintergrund stehen Eltern/Väter, die selbst einen ausgeprägten Leistungsbezug haben, die erfolgreich sind und das auch von ihren Kindern erwarten. Oft sind diese Eltern für ihre Kinder nicht präsent oder ihre Erwartungshaltung ist extrem hoch. Die scheinbar einzige Möglichkeit, Aufmerksamkeit und Liebe zu bekommen, ist über „perfekte" Leistung. Als Erwachsene sind diese Frauen extrem leistungsorientiert, und ihr Gefühl für das Savoir-vivre ist eher verkümmert ausgeprägt (das ist übrigens auch die Personengruppe, die eine höhere Empfänglichkeit für einen Burnout hat). Frauen, die Leistungstöchter sind, bestechen durch extreme Sachlichkeit, sie wirken nahezu spröde. Für Weiblichkeit ist kein Platz und keine Zeit vorhanden. Sie sind häufig Vertreterinnen, die zwar eine tolle Karriere hinlegen, deren emotionale Kompetenzen jedoch etwas unterrepräsentiert sind und deren Äußeres von Burschikosität oder aber Unscheinbarkeit geprägt ist.

Die Trotz-Tochter

Sie ist dagegen! Sie macht exakt das Gegenteil von dem, was man von ihr erwartet. Dies kann im Laufe der Entwicklung im wahrsten Sinne des Wortes extreme Blüten treiben, extremer Lifestyle, falscher Umgang, ein schrilles Äußeres, kein klarer Ausbildungsweg, einfach Extreme auf allen Ebenen. Diese Töchter können sich schlecht in bestehende Gefüge einbinden, sind oft extrovertiert, radikal, kreativ und beruflich selbstständig. Als Erwachsene werden sie schnell selbst zu Hardlinerinnen. Im Hintergrund stehen häufig Eltern, die unendlich tolerant und meinungsfrei sind – oder aber so dogmatisch und fundamentalistisch, dass sich das Kind mit einem Befreiungsschlag aus dem Familiensystem heraussprengt. Diese Frauen sind übrigens oft besonders erfolgreich, wenn Trotz mit Leistung gepaart ist. Trotztöchter pflegen häufig einen sehr individuellen und expressiven Kleidungsstil, der allerdings in den meisten Fällen nicht gerade betont feminin ist. Sie sind jedoch – wenn sie von der Sache überzeugt sind – willig, ein wenig an der „Weiblichkeits-Schraube" zu drehen.

Gibt es bei den Ergebnissen aus der Übung bereits etwas, das Sie aufhorchen lässt? Vielleicht haben Sie einen inneren Impuls wie „Naja, das und das könnte ich vielleicht wirklich mal anders machen…" oder Sie verharren nach wie vor in der Überzeugung „Nö, das ist schon alles ok so, wie es ist, ich brauche das alles nicht." Vielleicht können Sie auch von sich sagen „Ich bin durch und durch feminin im Business". Die Veränderungswilligen können jetzt motiviert weiterlesen, und den Bewahrerinnen läuft vielleicht doch noch der eine oder andere Aspekt über den Weg, der sie in die Veränderung oder eine kleine Optimierung schubst, wer weiß …

Der bewusste Einsatz von Weiblichkeit ist natürlich manipulativ, ich halte das jedoch für völlig tolerabel. Manipulation begegnet uns tagtäglich in allen möglichen Situationen. Menschen manipulieren und werden manipuliert. Wichtig ist dabei, dass hier niemanden etwas aufgezwungen wird, was er/sie nicht will. Machen wir uns mal nichts vor: Sie schauen sich doch auch lieber einen adretten Kerl an als jemanden, der stoffelig daherkommt?! Das Gleiche gilt umgekehrt noch viel mehr. Sie haben aber die Möglichkeit, einen entscheidenden Vorteil für sich einzusetzen, den Ihre männlichen Kollegen naturgemäß nicht haben: Glänzen Sie als Frau, werden Sie sichtbar, treten sie aus dem Schatten ins Licht!

Ansprechende Optik ersetzt indes nicht mangelnde Kompetenz, das möchte ich hier mit Nachdruck betonen! Allerdings kann man im Notfall ein wenig über das eine oder andere kleine Defizit mit einem „optischen Ablenkungsmanöver" hinwegtäuschen. Das kann hilfreich sein, sollte allerdings schleunigst dazu animieren, das Kompetenz-Leck zu schließen, damit so etwas die absolute Ausnahme bleibt. Eines muss unmissverständlich klar sein: Wenn Sie Karriere machen wollen, müssen Sie in allererster Linie durch Ihre beruflichen Fähigkeiten überzeugen. Egal, wie empfänglich Männer für Weiblichkeit und Attraktivität auch sind – wenn sie etwas im beruflichen Umfeld nicht tolerieren, dann ist das mangelnde Kompetenz!

Menschlichkeit und die Möglichkeit, sich in Kunden und Kollegen einzufühlen, wertschätzend mit ihnen umzugehen, ist ein weiterer elementarer Baustein auf dem Weg nach oben. Überzeugend aufzutreten, sich klar und auf den Punkt gebracht auszudrücken und sich etwas zuzutrauen, das bringt Sie nach vorne. Die Kommunikation im Ganzen muss also stimmig sein, verbal wie nonverbal. Das Gute ist, dass man am Kommunikationsstil immer etwas ändern, sprich verbessern kann. Allerdings muss man das üben, wie jede Veränderung, die man anstrebt. Es braucht die stete Wiederholung und in der Anfangsphase vielleicht auch das Finetuning durch einen Coach, der in dem Bereich bewandert ist.

Kleidungsstil

Optimieren Sie Ihren Kleidungsstil dahingehend, dass Sie vermehrt auf Röcke und Kleider setzen. Achten Sie auf hochwertige Materialien, z.B. Wollmisch-Gewebe, oder zumindest darauf, dass sie so aussehen „als ob". Wählen Sie klassische Linien, Etuikleider, Bleistiftröcke, Röcke in Tulpen- und A-Form. Diese Designs sind auch für mehr Körperfülle hervorragend geeignet. Der Rock endet unter oder knapp vor dem Knie. Passende Jacketts oder ein schöner Kaschmir-Cardigan für „oben rum". Blusen mit einem Stretch-Anteil sind nicht nur bequem, Sie verzeihen auch kleine Sünden um die Taille. Grundsätzlich gilt: bitte dezente Muster und keine grellen Farbkombinationen. Wichtig: Kaufen Sie Ihre Kleidung passend! Neben abgelaufenen und verschmutzten Schuhen, ist „Schlabbera-Tutti"- und „Wurst in Pelle"-Kleidung ein No-go. Wählen Sie gedeckte Farben. Wenn Sie trotzdem Hosenanzüge favorisieren, achten Sie auf eine leicht taillierte Jacke und eine Hose, die im Hüften-/Po-Bereich richtig sitzt. Schlanke Frauen sollten ruhig einmal eine Hochbundhose ausprobieren, das kommt sehr feminin! Passen Sie mit Marlene-Hosen auf, die tragen meistens auf und sehen bis auf ganz wenige Ausnahmen eher altbacken und männlich aus.

Für die kompakteren Damen empfiehlt sich eher ein Rock oder ein Etuikleid, welches mit einem formenden Unterkleid getragen werden sollte. Mit ungünstigen Proportionen und Anzug kommt man schnell wie die eine oder andere Dame im regionalen Politikbetrieb daher. Sorry, Femininität leider nicht erkennbar, schade. Achten Sie in diesem Fall also darauf, ein wirklich ausgefallenes, vielleicht auch etwas verspieltes Jackett zu wählen, das die Hüften kaschierend umspielt. Sicherlich kann man z.B. über Frau Roth von den Grünen und ihre Auftrittsweise unterschiedlicher Meinung sein. Aber diese Frau hat häufig ganz schicke und feminine Jacketts an, und sie gehört sicherlich nicht gerade zu den schlanksten Zeitgenossinnen. Ergänzen Sie eine solche Kombination unbedingt mit einem Eyecatcher wie einem kleinen Halstuch (nicht bei üppigen Damen) oder noch besser mit einer ausgefallenen stilvollen Kette.

Was brauche ich und wo bekomme ich es?

Abhängig von dem zur Verfügung stehenden Budget – es ist immer lohnenswert, sich die Mode *der* großen Hamburger Damen-Business-Chic-Ikone einmal näher anzusehen und sei es nur, um sich ein bisschen was abzuschauen, was gut miteinander kombinierbar ist. Das können Sie dann gut auf andere wesentlich günstigere Label übertragen. Mode eines skandinavischen Massen-Labels hat im Business nichts verloren. Sowohl der Sitz als auch die Materialien sind indiskutabel. Große Kaufhäuser, die eine Exquisit-Damenabteilung haben, verfügen meist auch über eine ganz nette Auswahl, natürlich hauptsächlich Mainstream. Spannenderes finden Sie z.B. bei einer großen spanischen Modekette, zudem auch noch preiswerter. Da können Sie wirklich interessante Einzelteile erwerben, um Ihr Basis-Outfit aufzupeppen. Diejenigen unter Ihnen, die Einkaufen richtig nervig finden oder so gar keine Zeit dafür haben, sollten Sich mal die Bestell-Kataloge eines großen deutschen Versandhandels für elegante Damenmode zukommen lassen. Da gibt es eine Menge Outfits, die wirklich gut aussehen, teils fast schon zu gewagt sind und eine tolle Qualität haben. Der Großteil ist bis in die oberen Kleidungsgrößen erhältlich, allerdings nicht ganz preiswert.

Das nächste große Thema sind Schuhe: Ein Absatz versetzt Berge! Die einzigen, die sich jetzt davor drücken können, sind diejenigen unter Ihnen, die operierte Knie haben. Alle anderen müssen mit mindestens fünf Zentimeter Absatz ins Rennen. Eine gute Laufqualität ist mit acht Zentimetern noch gegeben, richtig cool mit extra Punkten bei den Herren wird es bei zehn Zentimetern Absatzhöhe. Aber bitte nur zusammen mit einem ganz reduzierten, cleanen Business-Design und nur, wenn Frau auch darauf laufen kann, sonst kommt das schnell ordinär daher. Nichts ist schlimmer als eine Frau mit „Schuh-Seegang", die schwankend ins Meeting eiert. Bei Pumps gilt Folgendes: Achten Sie vor allen Dingen auf eine gut verarbeitete und leicht gepolsterte Sohle, damit die Füße geschont werden. Man muss sich und die Füße trainieren, um lange auf hohen Absätzen laufen zu können, damit es nicht zu schmerzhaft wird. Aller Anfang ist schwer, ich weiß das. Die Wirkung aber ist exorbitant, glauben Sie mir. Wählen Sie eine Absatzform auf der Sie einen guten Stand haben. Je schmaler er ist, desto besser sieht er natürlich aus. Klobige und zu runde Pumps mit Blockabsätzen sollten Sie tunlichst vermeiden. Sorgen Sie dafür, dass die Etiketten unter dem Schuh entfernt sind und dass Sie immer intakte Absätze haben. Beschädigtes Leder im unteren Absatzbereich sowie Klebeetiketten an der Sohle geht nämlich gar nicht.

Ein deutscher Schuhhersteller aus München hat z.B. im mittleren Preissegment eine große Auswahl an nahezu durchgängig businesstauglichen Pumps. Viele Modelle verfügen über eine weiche Verstärkung im Sohlenbereich, die den Tragekomfort erhöht. Kein Schuh ist höher als acht Zentimeter, die meisten haben einen Absatz um die sechs Zentimeter. Dann gibt es da noch den Hersteller mit dem Büffel im Namen, der nicht nur extrem schrilles Schuhwerk produziert, sondern auch noch gut ausbalancierte Pumps für um die 100 Euro. Es gibt derzeit kein stimmigeres Produkt in diesem Preissegment. Naja – und wenn Sie über das nötige Kleingeld verfügen, dann ab zu den großen italienischen Designern! Sie alle produzieren qualitativ hochwertige High-Heels, die dabei auch noch perfekt aussehen und weit entfernt vom Mainstream sind. Allerdings beginnt das Paar dann bei 350 Euro, das ist halt wirklich eine Menge Geld und nicht für jeden drin. Vielleicht lassen Sie sich einfach ein Paar schenken?!

Tragen Sie Make-up. Auch hier gilt: Qualität zahlt sich aus. Ein hochwertiger Lidschatten z.B. hält acht bis zehn Stunden. Den kann man nicht in der Drogerie kaufen, den gibt's nur in der Parfümerie, in den Kosmetik-Abteilungen der großen Kaufhäuser und in den Einzelgeschäften der Visagisten-Kosmetik-Serien. Vielleicht machen Sie mal einen Termin in einer großen Parfümerie und lassen sich einen Schmink-Crash-Kurs verpassen? Das wirkt wahre Wunder und ist sehr gut investierte Zeit. Dort wird Ihnen genau erklärt, welches Produkt wie funktioniert. Was bitte macht ein Concealer? Der sorgt für weniger Augenränder, wenn Sie die ganze Nacht an einer Präsentation gearbeitet haben. Und noch entscheidender: Wie wenden Sie das Produkt an? Ein Make-up-Fluid, das mit einem Pinsel aufgetragen wird, sieht anders aus und hält besser als eines, das per Hand aufgetragen wird. Das Gleiche gilt für den Lidschatten. Wie werden die Farben platziert, wie kann man das Auge größer wirken lassen, und, und, und. Grundsätzlich gilt auch hier: dezent, nicht zu grell und passend zu Ihrem Typ. Für jeden Tag brauchen Sie Lippenstift, Maskara und Lidschatten, alles Weitere muss nicht unbedingt sein. Mein Make-Up ist übrigens Teil meiner Verwandlung zu der Frau, des Typus „Ich lasse mir die Wurst nicht vom Brot nehmen". Ohne bin ich viel weicher und zurückhaltender unterwegs. Grundsätzlich gibt es bei mir keine Business-Termine ohne Schminke.

Wählen Sie ein Parfüm, das einerseits gut zu Ihrem eigenen Duft passt und achten Sie andererseits darauf, einen dezenten Duft für den täglichen Job zu verwenden. Angel von Thierry Mugler ist z.B. ein wirklich toller Duft, aber doch bitte nicht im Team-Meeting, wo mehrere Menschen in einem Raum zusammensitzen. Bedenken Sie: Düfte sind ein sehr spezielles Thema für einige Menschen, und ein expressiver Duft kann schnell als penetrant oder gar vulgär wahrgenommen werden. Nehmen Sie Rücksicht darauf und wählen Sie grundsätzlich dezent frisches oder leicht blumiges, nicht zu schweres oder zu süßes Parfüm. Wenn Sie sich bis dato noch nie mit der Wahl eines Parfüms beschäftigt haben, können Sie mit einem der Unisex-Düfte der großen Labels eigentlich nichts falsch machen.

Bitte denken Sie auch daran, ein Deo zu benutzen und die Kleidung regelmäßig auf einen intensiveren „Eigengeruch" im Armbereich zu kontrollieren. Ich weiß, das ist ein Tabuthema. Ich weiß aber auch aus zig Gesprächen, dass sich Menschen über penetranten Körpergeruch von Kollegen aufregen, sich jedoch nicht trauen, etwas zu sagen. Herrje, es ist nicht schlimm zu schwitzen, und wenn es mal mehr ist, muss man halt darauf achten, dunkle Kleidung zu tragen und diese täglich zu wechseln. Das ist doch kein Drama. Wichtig ist, dass es nicht riecht. Ach ja, falls jemand ein intensiveres Problem mit starker Schweißbildung und Interesse hat, dagegen etwas zu unternehmen: Der Hautarzt kann Botox in die Achseln spritzen. Das hält sechs bis zwölf Monate, kostet ca. 600 Euro, und frau kann jedes Seiden- und Leinen-Kostüm in den schönsten hellen Farben tragen. Nie mehr dunkle Flecken unter den Armen, nie mehr Schweißränder in den Jacketts, alles bestens.

Achten Sie auf Ihre Hände. Zig mal am Tag geben wir anderen Menschen unsere Hand. Sie sind die Visitenkarte eines Menschen. Gut gepflegt, am besten regelmäßig von einer Maniküre verschönert, sorgen Sie für die Abrundung einer gepflegten Erscheinung. Tragen Sie einen Lack auf. Das sieht hübsch aus, schützt die Nägel, und man sieht nicht sofort jede kleine Verschmutzung. Bitte kein „Porno-Pink", sondern gedeckte oder durchscheinende Farben, die optimal auf Ihre Garderobe abgestimmt sind. Wenn Sie Kunstnägel oder gegelte Nägel tragen, gilt: Es gehören keine Muster oder Brillis auf den Nagel, sie werden nicht zu lang getragen und nicht zu eckig gefeilt. Sie tragen ja keine Spaten an den Fingern um Ihre Blumenkästen besser bearbeiten zu können. An dieser Stelle möchte ich Sie dazu ermutigen, sich einen kräftigen Händedruck anzugewöhnen, sollten Sie den noch nicht haben. Der ist nicht nur was für Männer, sondern auch für Frauen, die wissen, was sie wollen!

Ansonsten wäre es auch ratsam, wenn Ihre Haare nicht so aussähen, als hätte Ihr Hausgärtner Ihnen bei seinem letzten Besuch Hecke- und Haare-Schneiden in einem angeboten. Keine Fett-Strähnen, keine exorbitanten Ansätze bei gefärbtem Haar. Keinen Pony, der Ihnen dauernd ins Gesicht fällt und Sie dazu veranlasst, permanent die Haare aus dem Weg zu schütteln. Die tollste Kleidung wirkt nicht, wenn man ein Vogelnest auf dem Kopf trägt, also bitte regelmäßig mal einen Friseur aufsuchen. Genießen Sie den Friseurtermin als Auszeit und lassen Sie sich verwöhnen. Vielleicht bietet der „Hairdresser Ihres Vertrauens" ja auch noch eine Handmassage oder Ähnliches an? Das wäre doch klasse.

Körpersprache

Stehen Sie grade, Kopf hoch, Schultern leicht zurück und das alles ohne zu verkrampfen. Wenn Sie sitzen, achten Sie auf eine aufrechte Haltung. Schauen Sie Ihre Gesprächspartner an und hören Sie Ihnen aufmerksam zu. Tun Sie wenigstens so, auch wenn Sie mit Ihren Gedanken abschweifen. Der wichtigste Tipp: Freundlichkeit und Lachen. Gewöhnen Sie sich ein leichtes, weiches Lächeln an. Das stimmt Ihr Umfeld selbst in kritischen Gesprächssituationen milde, und Sie werden insgesamt viel sympathischer wahrgenommen. Dort, wo Konsequenz angesagt ist, können Sie von ganz alleine ein strenges Gesicht machen. Achten Sie auf Ihre Beine, wenn Sie einen Rock oder ein Kleid tragen und in einer Runde oder auf einem Podium sitzen. Beine immer schön geschlossen bzw. eng übereinander geschlagen halten, damit Sie keine „Basic-Instinct"- Situation provozieren. Sie möchten doch nicht, dass Ihnen die Kollegen bis in den Schritt gucken können.

Eventuelle Bedenken

Der Vollständigkeit halber möchte ich noch sagen, dass einige Frauen Bedenken haben, sich eine Veränderung ihres Stils einfach so zuzutrauen. Eine der größten Sorgen, die Frauen mir gegenüber beim Coaching zu Beginn ihrer Auftrittsveränderung äußerten, war der Gedanke, andere könnten glauben: „Die schläft sich doch hoch". Dazu möchte ich einfach mal ein paar Fragen in den Raum stellen: Wer sind denn eigentlich „die anderen"? Und woher nehmen „die", bzw. ich selbst diese Überzeugung? Glauben „die anderen" das denn wirklich oder gehe ich nur davon aus, dass die das glauben? Oft hat sich dann in den Gesprächen herausgestellt, dass es sich bei diesen Annahmen meist um eigene Glaubenssätze und das Gefühl eigener Unsicherheit in dem Zusammenhang handelte, die sich im persönlichen Coaching schnell haben aufschlüsseln und dann auflösen lassen.

Ein weiterer, scheinbar schwerwiegender Aspekt: „Ach, das passt doch gar nicht zu mir, ach, an mir sieht das doch sowieso alles nicht gut aus, ach nein, ich als Ingenieurin, nur unter Männern, nee, ..., da geht das nicht".

Doch! Glauben Sie mir: Das geht! Wichtig ist Ihre innere Haltung dazu. Wahrscheinlich fällt es Ihnen leichter, wenn Sie erst kleine Veränderungen in Angriff nehmen. Je sicherer und wohler Sie sich damit fühlen, desto einfacher geht es mit den nächsten Schritten.

Eine feminine und stilvolle Erscheinung reduziert solche Annahmen drastisch, wenn der Look die Überschrift „dezent" bekommt! Zu Beginn dieses Kapitels sprach ich von dem „zu viel". Achten Sie einfach darauf. Nehmen Sie meine Empfehlungen als Empfehlungen, nicht als ein Muss. Nicht alles passt zu jeder Frau. Suchen und finden Sie Ihren eigenen, individuellen und unverwechselbaren Stil. Scheuen Sie sich nicht davor, sich bei Bedarf Unterstützung von außen zu holen.

Auf geht's!

Ich hoffe, dass Sie meinem Beitrag viele neue Tipps und Anregungen für Ihren Alltag im Business entnehmen und Sie zwischendurch auch mal herzhaft lachen konnten. Ich wünsche Ihnen viel Spaß beim Ausprobieren und dabei, sich ein wenig neu zu entdecken. Geben Sie dem inneren Kind, dem Mädchen in Ihnen Raum, sich zu entfalten und sich schöner Kleidung und bunten Farbtiegeln zuzuwenden. Genießen Sie es!

SUSANNE KLEINHENZ

DARIN BIN ICH *PROFESSIONAL WOMAN*: Seit 2007 Akademieleiterin der live-academy des TALANX Konzerns, Trainerin, Coach, Autorin, Kongressrednerin.

DAS HABE ICH VORHER GEMACHT: Leiterin des ASPECTA Trainingszentrums; Direktionsbevollmächtigte betriebliche Altersversorgung; Nürnberger Lebensversicherung AG, Leiterin des Informationsservice BfG-Finanzservice, Frankfurt; Fachbeauftragte für Lebensversicherung Nürnberger Lebensversicherung AG ; Verkaufsförderung, Mathematik, Außendienstschulung Nürnberger Lebensversicherung AG.

DAS HAT MEINEM LEBEN RICHTUNGSÄNDERUNGEN GEGEBEN: Die Entscheidung, dem Beruf immer Priorität einzuräumen.

FÜR ERFOLG BRAUCHT MAN: Optimismus, Durchhaltevermögen, lebenslanges Lernen, Kreativität.

DAS HABE ICH ZULETZT GELERNT: Studium Betriebspädagogik (Abschluss 2012).

DIESER FILM GEFÄLLT MIR: „The Hours".

DIESES BUCH GEFÄLLT MIR: „Wer bin ich – und wenn ja wie viele?" von Richard David Precht.

DIESES BUCH EMPFEHLE ICH DEN LESERINNEN MEINES BEITRAGS BESONDERS: Mein Buch „Wenn das Glück missglückt: Warum wir so ticken, wie wir ticken", Businessvillage Verlag – hier finden Sie noch mehr Details zu den verschiedenen Typen.

IN DIESER LANDSCHAFT HALTE ICH MICH GERN AUF: Auf dem Rücken eines Pferdes durch das Okavango Delta galoppierend.

EINE STADT, DIE ICH LIEBE: Berlin.

DAS KOSTET MICH KRAFT: Wenn mich etwas Kraft kostet, arbeite ich an meiner Einstellung zu dem Thema und schöpfe Energie aus dem Spaß an der Herausforderung.

DAS GIBT MIR KRAFT: Mit motivierten, kreativen Menschen gemeinsam zu denken und etwas Neues zu schaffen.

DAS TUE ICH GERN FÜR MICH: Wellness, mit Freunden treffen.

DIESE RESSOURCEN KANN ICH EMPFEHLEN: Die eigenen Überzeugungen und Glaubenssätze immer wieder ins Positive bringen, unterstützende Freunde.

DAS TUE ICH, WENN ICH ÜBERRASCHEND ZWEI STUNDEN ZEIT GEWINNE: In der Sonne in einem Café sitzen und ein Buch lesen oder schreiben.

ETWAS WICHTIGES, DAS ICH AUF DEM WEG ZUR *PROFESSIONAL WOMAN* GELERNT HABE: Niemals aufgeben und nichts persönlich nehmen.

MEINE WWW(S): www.susanne-kleinhenz.de, twitter.com/SuKleinhenz.

SUSANNE KLEINHENZ
Mehr Erfolg und Lebensglück mit dem Persönlichkeits-Mythenrad

Liebe Frauen, dieses Jahrhundert gehört uns!

Mit oder ohne Quote werden wir es in die Chefetagen schaffen und kalte, unpersönliche Unternehmen in Betriebe verwandeln, denen sich Menschen gerne anschließen möchten. Wir werden uns vom Leben nehmen, was wir möchten, und selbstbestimmter sein, als es Frauen jemals waren.

Aber geschenkt wird uns weder der Erfolg noch die Freiheit. Wie auch die Männer müssen wir unsere Kompetenzen beweisen. Dazu müssen wir auf den teilweise steinigen Wegen in die Chefetagen großer und leider noch männerdominierter Großkonzerne die High-Heels gegen Cowboystiefel austauschen, um Schritt zu halten und uns den Weg freizuschaufeln, ohne uns die Beine zu brechen. Es wird uns niemand in die Chefetagen tragen, sie werden uns keinen roten Teppich auslegen, und ab und zu werden sie uns Steine in den Weg werfen. Aber all das können wir locker schaffen: HEUTE!

Allerdings muss frau dabei zweierlei ganz genau wissen:

1. Was ist das berufliche Ziel, das zu Ihrer Persönlichkeit passt?
2. Welchen Preis sind Sie bereit, dafür zu bezahlen?

Wollen Sie als Führungskraft für viele Menschen verantwortlich sein oder als hochtalentierte Fachfrau Ihre Kompetenzen zielführend einbringen? Sind Sie eher ein Typ, der ein freundliches und kreatives Umfeld braucht, um erfolgreich zu sein, oder ist Ihnen die kühle Welt der Zahlen – Daten – Fakten sympathischer?

Möchten Sie auch eine Familie haben oder nur Karriere machen? Möchten Sie in der Welt herumjetten oder regional an einem Ort bleiben? Welche Werte sollten in Ihrem beruflichen Leben unbedingt bedient werden, und welche sind Ihnen nicht so wichtig? All das sind Fragen, deren Beantwortung wichtig ist, bevor Sie in eine Richtung stürmen.

Wenn die gewählte Entscheidung nicht von Ihrem Herzen mitgetragen wird, stellt sich vielleicht der Erfolg ein, aber niemals das Glück.

All diese Entscheidungen hängen von dem Typ ab, der Sie ganz persönlich sind. Welcher Archetyp schlummert in Ihnen? Welche Lebensaufgabe haben Sie in Ihrem Rucksack, die zu lösen ist, um ganz die zu werden, die Sie sind?

Sind Sie eher eine ehrgeizige Medea, eine abenteuerlustige Circe, eine verführerische Aphrodite, eine lebenslustige Muse, eine anschmiegsame Psyche, eine vorsichtige Artemis, eine überlegte Pallas Athene oder eine kampflustige Amazone?

Finden Sie mit nachfolgendem Persönlichkeits-Mythenrad heraus, welcher Archetyp in Ihnen schlummert und lesen Sie dann die Empfehlungen für Ihren Typ. Vielleicht kommen auch zwei oder drei Typen dabei heraus, die Ihnen nahe sind.

Bitte kreuzen Sie bei folgendem Persönlichkeits-Mythenrad die 20 Eigenschaften an, die am meisten Ihrer Persönlichkeit entsprechen. Dann zählen Sie die häufigsten Nennungen und haben damit schonmal eine Richtung. Lesen Sie im Anschluss die Geschichten der Mythentypen, die Sie interessieren, und erfahren Sie, welche Stärken und Schwächen sich dahinter verbergen.

Bitte kreuzen Sie die 20 Wörter an, die Sie am meisten ansprechen. Eine onlinegestützte Typenauswertung können Sie kostenfrei auf meiner Website www.susanne-kleinhenz.de ausfüllen.

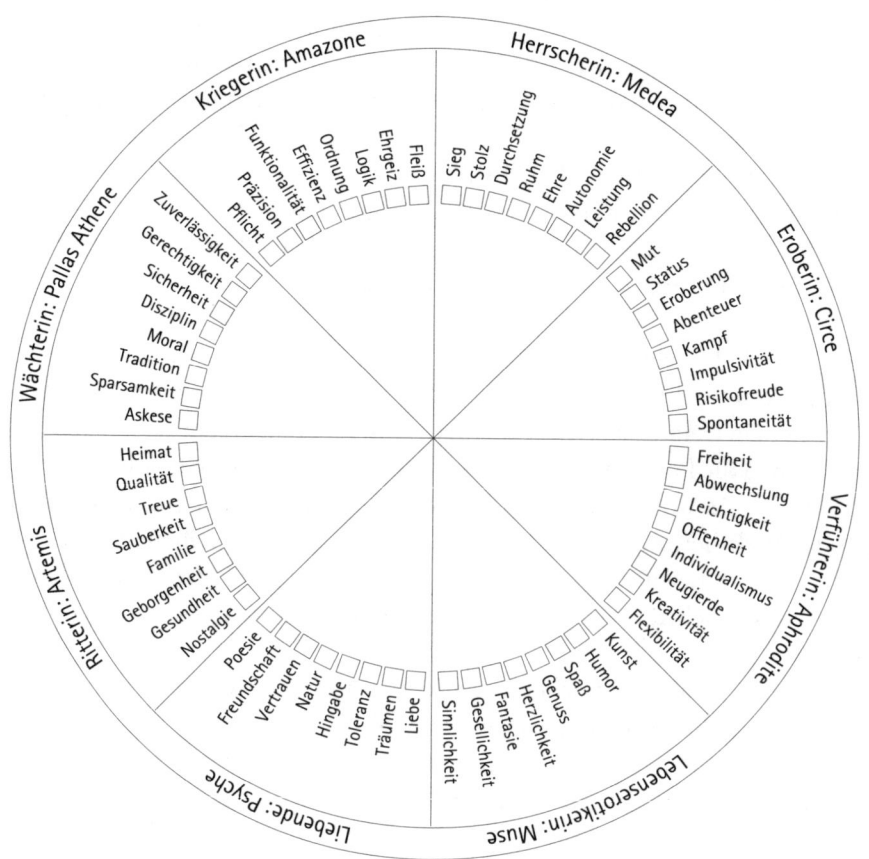

Auswertung

Bitte tragen Sie jetzt die zusammengezählten Punkte in die einzelnen Felder und schon wissen Sie, welcher Heldenarchetyp in Ihnen schlummert und was Sie antreibt.

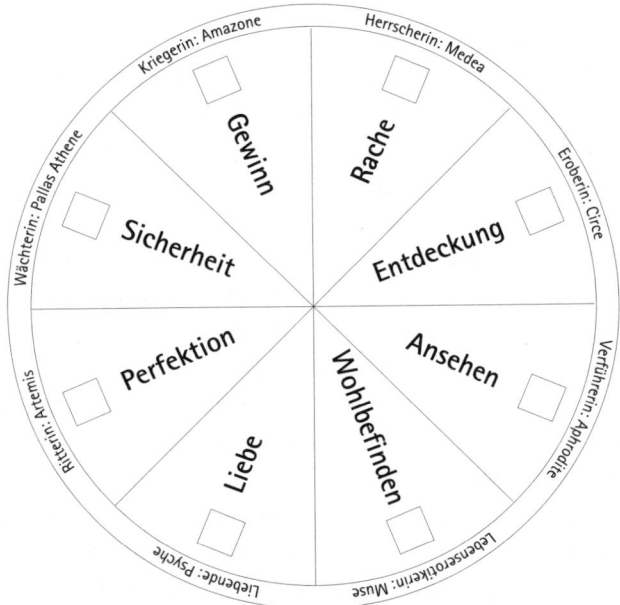

Und nun viel Spaß beim Lesen der Geschichten über die Heldinnen in Ihnen!

Medea, die unabhängige Herrscherin

_____ Punkte

Der Mythos der Herrscherin Medea

Medea ist die kluge und kraftvolle, mit Zauberkräften ausgestattete Tochter eines mächtigen Barbarenkönigs. Sie hilft Jason mit ihren Zauberkräften – aber erst nachdem er ihr die Ehe versprochen hat – das goldene Vlies zu erlangen. Sie ist es letztlich, die dann für ihn die Ungeheuer erledigt und ihm ermöglicht, den Sieg zu erlangen. Zehn Jahre dauert die Ehe, der zwei Kinder entspringen, bis er sich in die jüngere und so viel sanftere Glauke verliebt und die Trennung von Medea will, um die Jüngere zu heiraten. Das ist sein Fehler. Damit ruft er den mächtigen und Unheil bringenden Schatten der Herrscherin auf den Plan. Medea, eine in der Seele zutiefst gekränkte Frau, greift zu dem einzigen, was ihr noch bleibt: Rache. Sie willigt zum Schein in die Trennung ein und schickt der Nebenbuhlerin ein prächtiges Hochzeitskleid. Als Glauke dieses Kleid anzieht, geht es in Flammen auf und reißt sie, ihren Vater und einen Großteil der Hochzeitsgesellschaft in den grausamen Feuertod. Das aber ist noch nicht genug für den verletzten Stolz und den Betrug durch die Nichteinhaltung des gemeinsamen Vertrages. Medea zieht los, tötet die Kinder des geliebten Mannes ohne Mitgefühl und ohne den eigenen Schmerz am Tod der eigenen Kinder zu spüren. Sie ist dabei völlig klar und sich ihrer Taten bewusst. Jason selbst verschont sie – doch er überwindet diesen Schmerz nie und stirbt bald an einem selbst initiierten Unfall. Medea jedoch geht unbeirrt weiter ihren Weg und macht Karriere als Königin. Letztlich geht sie als große und mächtige Zauberin in die Geschichte der griechischen Mythologie ein.

Die Medea heute

Die moderne Medea ist eine Frau, die mit höchster Kraft und Willensstärke, analytischem Verstand und absoluter Kompromisslosigkeit ausgestattet ist. Sie erscheint sehr viel leidenschaftlicher als mitfühlend. Sie ist egozentriert, aber umgänglich, solange fair mit ihr umgegangen wird – aber hüte sich vor ihr, wer sie betrügt. Sie wird alles mit gleicher Münze heimzahlen. Sie hat sehr starke männliche Energien, ist dabei unbeirrbar, fragt nicht viel und handelt schnell, klar und mutig. Sie ist die Unternehmerin, die weiß, was sie kann und was sie wert ist.

Die Gefühlslage der Medea

Medea ist eher eine kühle Denkerin und Macherin. Sie hat wenig Lust, sich darauf einzulassen etwas zu fühlen, und ist, gemeinsam mit den Amazonen, dem männlichen Element am nächsten. Sie fühlt wenig, und wenn sie etwas fühlt, dann in erster Linie Wut. Sie versucht das Leben logisch zu erklären. Sie wird das Positive an jeder Situation suchen und sich die Vorteile vor Augen führen. In einer schwierigen Situation denkt sie kurz darüber nach, was zu tun ist, und dann handelt sie – manchmal auch falsch, aber sie sagt sich, lieber eine falsche Entscheidung treffen als gar keine.

Die Karrierechancen der Medea

Wer eine hundertprozentige Herrscherin mit der Kraft der Medea ist, dem kann es leicht gelingen, in die obersten Chefetagen selbst großer Konzerne zu gelangen. Die Machtspiele der Männer können der Medea nichts anhaben, weil sie ihre private Persönlichkeit gut schützen kann, sich wenig persönlich angegriffen fühlt, wenn es hart und hässlich wird, und niemals ihr Ziel aus den Augen verliert. Als Herrscherin ist sie den Männern absolut ebenbürtig.

Die Befreiung aus dem Medea-Mythos

Das Motiv der Medea ist der eigene Erfolg. Sie will Macht, Eigenständigkeit und Bewunderung. Sie braucht die Anerkennung und wird einiges dafür tun. Ihre Angst ist der Kontrollverlust und die Schmach, „das Gesicht zu verlieren". Wird sie vor anderen bloßgestellt, sind ihre Wut und ihr Bedürfnis nach Rache bedeutend größer als die jeder anderen Frau. Diese Rache gilt es für die Medea heute zu überwinden. Erst wenn sie sich selbst und den anderen vergeben kann, wenn sie nicht an der obersten Spitze steht, kann sie anfangen selbst zu leben, statt von ihrem Mythos gelebt zu werden.

Circe, die verführerische Eroberin

_____ Punkte

Der Mythos der Eroberin Circe

Circe, Nymphe und Tochter des Sonnengottes, lebt und herrscht auf einer Insel. Ihr Leben ist leicht und schön. Eines Tages verschlägt es Odysseus und seine Männer auf ihre Insel. Sie beherbergt die Männer zunächst und versorgt sie mit leckeren Speisen, doch bald verzaubert sie, einer Laune folgend, Odysseus' Männer in Schweine. Hermes, der Götterbote, warnt Odysseus, der seine Männer sucht, vor der Zauberin Circe. Er gibt ihm ein Gegenkraut gegen ihren Zauber. So ausgerüstet, klopft er an ihre Tür. Circe empfängt ihn mit ihrer Schönheit und freut sich, insgeheim das gleiche Spiel mit ihm zu spielen, das sie so gut beherrscht.

Doch der Zauber ist gebannt und es gelingt ihr nicht, ihn zu verwandeln. Sie fühlt sich durch Odysseus durchschaut und greift zu einer neuen List – ihrem Charme. Dieser Zauber verfehlt die geplante Wirkung und wendet sich stattdessen gegen sie selbst. Sie verliebt sich in den Seefahrer. Ohne Zauberkraft, sondern mit der Macht ihres Herzens und ihrer Leichtigkeit verführt sie Odysseus. Sie verwandelt seine Männer zurück in Menschen, da sie seine Trauer über den Verlust nicht ertragen kann.

Sie verleben ein Jahr der Lust und Liebe miteinander. Dann erinnert sich Odysseus daran, dass noch wichtige Aufgaben auf ihn warten. Mit schwerem Herzen verlässt er Circe und bricht auf zu neuen Abenteuern. Weinenden Auges lässt sie ihn ziehen. Vielleicht ist sie dabei aber auch ein wenig erleichtert, wieder zu ihrem eigenen Leben zurückzukehren und lebt in Vorfreude weiterer Schiffbrüchiger – schließlich ist sie eine Nymphe.

Die Circe heute
Circe ist eine typische Eroberin. Sie nimmt mit Kraft und Leichtigkeit das Leben in die eigenen Hände. Sie kann spielerisch Karriere machen, findet aber auch immer noch Zeit, sich zu verlieben und mit den Männern zu spielen. Sie weiß, wo sie hin will, und Erfolg ist ihr wichtig – sie kennt den Preis und bezahlt ihn, solange er nicht ihre Freiheit ist. Vielfalt und Freude sind ihr genauso wichtig wie Prestige und Anerkennung.

Die Gefühlslage der Circe
Ihre Gefühlslage ist explosiv, aber auch wärmend und leicht. Sie liebt das Leben und all die darin enthaltenen Möglichkeiten. Dabei ist sie meist sehr schnell und den anderen eine Nasenlänge voraus.

Die Karrierechancen der Circe
Eine Circe ist dank ihrer explosiven, extrovertierten Mischung aus Fühlen und Denken prädestiniert für Tätigkeiten in Verkauf und Vertrieb sowie in allen Bereichen, in denen es auf Kontaktfreudigkeit und Verhandlungsgeschick ankommt. Sie kann mit Ihrer beschwingten Art gut auf Menschen zugehen und sie verführen, mit ihnen gemeinsam einen neuen Weg zu beschreiten. Da sie die Dinge nicht unbedingt bis ins letzte Detail planen will, sollte sie sich gute Kollegen oder Mitarbeiter suchen, die ihr Detailarbeiten und gegebenenfalls Organisatorisches abnehmen.

Befreiung aus dem Circe-Mythos
Die überzeugte Circe will so viel wie möglich im Leben erfahren. Dabei liebt sie Vielfalt und Abenteuer. Sie ist eine Abenteurerin und will den anderen zeigen, wie schön und gut sie ist. Bekommt sie kein Feedback, verdirbt ihr das die Laune. Die größte Angst der Circe ist es deshalb, öffentlich zu versagen, gefolgt von der Angst,

in Öde und Langeweile zu versinken. Sie befürchtet, ihr Leben zu vergeuden und nicht alle Chancen wahrgenommen zu haben. Deshalb ist sie ständig auf der Suche nach dem Leben selbst – ohne zu merken, dass es umso schneller verstreicht, je rastloser sie auf dem Weg ist. Befreit aus dem Mythos ist Circe, wenn sie an einem Ort ankommt, wo sie sich ganz zu Hause fühlen und die Suche nach der blauen Blume aufhören kann, weil sie erkannt hat, dass sie sie die ganze Zeit unerkannt bei sich getragen hat.

Aphrodite, die narzisstische Verführerin

_____ Punkte

Der Mythos der Verführerin Aphrodite

Aphrodite, die Schaumgeborene. Mehr Göttin als fühlende Frau und doch die Schönste von allen. Ihre Ehe mit dem unscheinbaren Hephaistos ist eher unbedeutend. Ihre Leidenschaft lebt sie in verschiedenen Affären aus, nicht still und heimlich, sondern so, dass die Götterwelt davon erfährt. Jede Affäre ist eine Inszenierung ihrer Schönheit und Leidenschaft. Sie hilft denen, die sie lieben, und denen, die ihre Seitensprünge für Liebe halten. Sie bestraft diejenigen, die sie missachten. Ihre Handlungen werden durch ihre Göttlichkeit, aber auch ihren Narzissmus geprägt. Das Verbindende all ihrer Liebesaffären ist, dass sie die begehrten Männer nicht ihrer selbst wegen liebt. Ihre Liebe zu Adonis erfüllt sich nicht, da sie ihn mit der Unterwelt teilen muss und er stirbt, ehe sie sich ihm ganz hingeben kann. Ihrer Liebe zu Ares entspringt zwar der gemeinsame Sohn Amor, doch auch diese Beziehung ist nicht von Dauer. Sie liebt wohl auch eher seine Position als großer Kriegsgott denn sein Wesen an sich. Ihnen folgen etliche weitere Liebhaber, die kommen und gehen.

Die Aphrodite heute

Die Aphrodite heute ist eine lebenslustige Frau, die ihre Freiheit und Eigenständigkeit als höchsten Wert mit weiblicher List gegen jeden verteidigt. Sie ist eine große Verführerin, aber auch eine große Manipulatorin. Es umkreist sie immer ein wenig Verklärung und eine rosafarbene Wolke der Romantik. Dabei ist sie kreativ, schnell und ehrgeizig.

Die Gefühlslage der Aphrodite

Ihre Gefühlslage ist himmelhochjauchzend oder zu Tode betrübt. Wobei hier das Gefühl und Leid niemals wirklich nach innen so tief empfunden wird, wie sie es nach außen zur Schau stellt. Sie wird dafür sorgen, dass in jedem Liebeskummer noch ein kleiner Gewinn liegt, sei es das Ausleben des Schmerzes in der Kunst oder auf einer anderen Bühne. Wer die Aphrodite kränkt, den wird sie betrügen.

Die Karrierechancen der Aphrodite

Die Karrierechancen der Aphrodite liegen im künstlerischen und kommunikativen Bereich. Sie liebt die Vielfalt. Zwar kann sie sich einer Sache leidenschaftlich verschreiben, nur die Details mag sie nicht erledigen. Sie kann mitreißend präsentieren und ist auf verschiedenen Bühnen der Welt zu Hause. Anerkennung und Applaus sind ihr äußerst wichtig: Müsste sie alleine in einem Labor sitzen, würde sie schnell ausbrechen. Genauso wird sie in der kühlen Welt der Zahlen, Daten, Fakten nicht glücklich werden. Sie sucht nicht das Ergebnis in den Dingen, für sie ist das Agieren das Ergebnis selbst.

Die Befreiung aus dem Aphrodite-Mythos

Aphrodites höchstes Ziel ist die Selbstdarstellung. Sie will sich selbst erfahren. Immer wieder und immer wieder neu. In neuen Rollen und aus neuen Perspektiven. Sie probiert aus, spielt und experimentiert. Ihre Angst dabei ist, neben dem Verlust der Anerkennung anderer, in der Tristesse des Alltags unterzugehen und letztlich macht ihr nichts mehr Angst, als die eigene Mittelmäßigkeit. Sie ist ständig auf der Suche nach der ganz großen Bühne, wo sie die maximale Anerkennung bekommt. Nur durch diese Anerkennung hält sie sich selbst für wertvoll. Befreit sind Aphrodite-Frauen dann, wenn sie sich wohl fühlen und sich selbst für wertvoll halten, ohne auf den Applaus der anderen zu hoffen.

Muse, die emotionale Lebenserotikerin

_____ Punkte

Der Mythos der Musen

Die Musen sind die Töchter des Zeus und der Titanin Mnemosyne, was so viel wie Gedächtnis bedeutet. Sie sind Helferinnen aller großen Künstler. Sie inspirieren und schaffen den Raum für die Kunst. Es gibt insgesamt neun verschiedene Musen, für jede Kunstrichtung eine. Sie sind aber nicht nur musisch und inspirierend, sondern auch eifersüchtig und zänkisch – vor allem dann, wenn jemand anderes sich anmaßt, mit ihren Künsten in Konkurrenz zu treten. So attackieren sie selbst die Sirenen, als diese behaupten, sie könnten besser singen als sie.

Die Muse heute

Berühmte Musen waren: Lou Andreas-Salomé, die sowohl Nietzsche, Rilke als auch Freud beflügelte, oder etwa Gala Dalí, die Frau von Salvador Dalí. Die Musen in den Betrieben sind die treuen und auf die Chefs aufpassenden Assistentinnen; hervorragend in ihren Fähigkeiten und wenig daran interessiert, in der ersten Reihe zu stehen.

Die Gefühlslage der Muse

Die Muse ist Gefühl pur. Wo Pallas Athene denkt, analysiert und sich einen Plan macht, kann die Muse sich in ihren Gefühlen völlig auflösen. Da die heutige Businesswelt dafür wenig Raum gibt, findet man die Musen dort bisher nur in den assistierenden Positionen.

Die Karrierechancen der Muse

Die Muse will nicht Karriere um jeden Preis. Sie unterstützt gerne andere, dabei will sie nicht unbedingt große Verantwortung tragen. Für die Gestaltung ihres Arbeitsplatzes ist ihr Freiraum und Spaß an den Inhalten wichtig. Musen bereichern ein Team durch ihre Kreativität, Leichtigkeit und Freude am Leben. In die Chefetagen schaffen sie es bisher kaum, da sie nicht bereit sind, dem Kampf und Gerangel um die besten Plätze ihre Lebensqualität zu opfern. Durch die Einführung einer Frauenquote hätten es die Musen leichter an solche Positionen zu gelangen – und es täte einer Führungscrew gut, Musen unter sich zu haben.

Die Befreiung aus dem Musen-Mythos

Musen wollen das Leben leben, sich entwickeln in den Bereichen, die ihnen Spaß machen und die sie erfüllen. Dabei sind sie weniger an Macht und Status interessiert als vielmehr an interessanten und abwechslungsreichen Aufgaben. Ihre größte Angst dabei ist es, Konflikte austragen zu müssen. Sie sind hochemotional, Anerkennung und Bestätigung sind ihnen sehr wichtig, wodurch sie sehr leicht zu kränken sind. Da sie naturgemäß keine guten Konfliktstrategien haben, wirken sie manchmal zickig.

Musen sind dem wahren Leben sehr nah, weil sie sich selbst gut spüren können. Ihr Körper- und Lebensgefühl ist daher oft besser als das anderer Frauen. Was sie lernen sollten, um in dieser Welt bestehen zu können, ist die Pflicht und die Kür in ihrem Beruf zu vereinen.

Psyche, die wahre Liebende

_____ Punkte

Der Mythos der liebenden Psyche

Psyche, eine liebliche Prinzessin, weckt Aphrodites Zorn und Eifersucht. Aphrodite bedient sich ihres Sohnes Amor, der Psyche bestrafen soll. Doch statt sie zu strafen, verliebt er sich unsterblich in die zarte Frau. Sie soll von einer hohen Klippe gestoßen werden, doch er rettet sie stattdessen durch einen sanften Wind in seinen Tempel, wo sie in einen tiefen Schlaf fällt. Als sie erwacht, findet sie sich in den Armen des wunderbarsten Liebhabers wieder. Amor besucht sie jede Nacht und liebt sie, wie nie zuvor eine Frau in der griechischen Geschichte geliebt worden ist. Das Einzige, was er von ihr verlangt, ist das Versprechen, dass sie ihn niemals ansehen darf. Niemand darf wissen, dass er, der große Liebesgott, sich in sie verliebt hat. Sie ist trotzdem glücklich, denn sie liebt ihn und es verlangt ihr nach nichts anderem als seiner Liebe.

Als sie eines Tages ihre Schwestern besucht und ihnen von ihrer ungewöhnlichen und doch so ganz besonderen Liebe erzählt, werden sie neidisch und reden ihr ein, dass ihr Geliebter wahrscheinlich ein Ungeheuer sei, das sich vor ihr verstecken muss. Von Misstrauen angestachelt und auch vom Unvermögen einer Frau, die Dinge so zu belassen, wie sie sind, versteckt sie eine Lampe unter dem Bett. Als sie Amor im Schein der Lampe das erste Mal sieht, ist sie von seiner Schönheit derart überwältigt, dass ihre Liebe in abhängiges Verlangen umschlägt, und als sie ihn umarmen will, verbrennt sie unbeabsichtigt mit der heißen Öllampe seinen Arm. Verletzt und unglücklich über ihr Misstrauen muss der Gott sie nun verlassen – das ist seine Natur. Psyche bleibt wissend, aber untröstlich über den Verlust des vergötterten Mannes zurück.

Sie will nur noch eines, ihren Geliebten zurückerobern, und sie setzt ihr Leben in der Unterwelt aufs Spiel, um den Liebsten zu erreichen. Hier haben die Götter ein Einsehen und Zeus selbst schenkt ihr die Unsterblichkeit und gestattet dem Liebesgott, sie zu seiner Gemahlin zu nehmen.

Die Psyche heute

Die heutige Psyche ist eine sehr warmherzige Frau, die ihre Kraft aus ihrer Liebes- und Beziehungsfähigkeit schöpft. Dabei muss sie allerdings immer aufpassen, dass sie nicht ausgebeutet wird, denn ihre große Gefahr liegt in der Abhängigkeit von einem Gegenüber. Sie ist eine Frau, die einen Mann liebt, Kinder und ein Zuhause haben möchte und ihr Glück in Ehe und Geborgenheit findet. Sie ist bereit, ihre Karriere zu opfern, sich selbst zurückzunehmen und für den Mann zu leben. Sie definiert sich meist auch nicht allein aus sich selbst heraus, sondern als die Frau ihres Mannes.

Gefühlslage der Psyche

Die Psyche ist eine hochemotionale Frau, die ihr Gefühlsleben aber eher für sich behält. Sie erwartet, dass ihr angesehen wird, was und wie sie fühlt. „Wenn du mich lieben würdest, so wie ich dich liebe, wüsstest du, was ich brauche." Womit sie vermutlich recht hat – nur leider gibt es sehr wenige Männer mit dieser Fähigkeit.

Die Karrierechancen der Psyche

Die Psyche ist der Gegenpol zu Medea. Sie ist von Natur aus keine Karrierefrau. Sie kann es natürlich werden, wenn sie sich dafür entscheidet – aber dann zahlt sie einen hohen Preis, denn sie muss ihren höchsten Wert – die Harmonie – aufgeben. Die Harmoniebedürftigen leiden in den Chefetagen, wo es um alles andere geht als harmonisch miteinander umzugehen. Selbstverständlich kann die Psyche höhere Positionen erreichen – gerade bei der Einführung einer Quote.

Die Karrierechancen einer Psyche schwinden total, sobald Amor auftritt und ihr die Möglichkeit der Liebe bietet. Die Psychefrau sucht die Liebe mehr als alles andere auf der Welt. Kein anderes Gefühl dieser Welt wird ihr wichtiger und lohnenswerter erscheinen als der liebende Blick ihres Mannes.

Die Befreiung aus dem Psyche-Mythos

Ihr Motiv und der Wert ihres Lebens ist Zugehörigkeit, Harmonie und Geborgenheit im Schoße einer Familie. Sie möchte Beständigkeit und fordert die gleiche Treue ein, die sie zu geben bereit ist. Ihre Angst ist es, allein zu sein, verlassen zu werden von demjenigen, den sie liebt und dem sie ihr Leben verschrieben hat. Dadurch ist sie stark gefährdet von einem Mann oder einer Familie abhängig zu werden. Die Befreiung der Psyche liegt darin, sich nicht weiter über andere, sondern nur aus sich selbst heraus zu definieren. Wenn ihr das gelingt, verliert sie auch ihre Angst vor dem Alleinsein und kann ein selbstbestimmteres Leben führen.

Artemis, die vorsichtige Ritterin

_____ Punkte

Der Mythos der Ritterin Artemis

Artemis ist die Tochter des Zeus und der Titanin Leto, ihr Zwillingsbruder ist der schöne Apollon. Sie hat einen autoritären Vater und in Hera eine zänkische Stiefmutter. Sie lebt in ständiger Konkurrenz mit Hera und ihrem zauberhaften Bruder. Ihr Wesen ist Gefühl und Verstand. Sie wird von Männern begehrt, verabscheut jedoch den Gedanken, sich von einem Mann in der Ehe unterwerfen zu lassen. Ihr Bruder Apollon wacht streng und eifersüchtig über ihre Keuschheit. Ein einziges Mal nur verliebt sie sich. Es ist Orion, ihr Jagdfreund, der ihr Herz gewinnt. Der eifersüchtige Bruder lockt sie in eine Falle. Er fordert sie zu einem Bogenschießwettkampf auf und appelliert an ihren Ehrgeiz, indem er ihr sagt, dass sie einen bestimmten Punkt im weit entfernten Meer niemals treffen würde. Sie zielt, schießt und trifft natürlich. Aber das Ziel ist der Kopf von Orion, der gerade ein Bad nimmt. Als Artemis den an Land gespülten Leichnam des Geliebten birgt, verfällt sie in tiefe Trauer und erweist ihm noch einen letzten Dienst. Sie setzt ihn in den Himmel, wo er noch heute als Sternenbild zu betrachten ist. Ein geliebter Mensch wurde dem Ehrgeiz einer Frau geopfert. Artemis verliebt sich nie wieder und kämpft für ihre Aufgaben, manchmal ist sie dabei ein wenig verbittert.

Die Artemis heute

Die heutige Göttin der Jagd ist immer noch auf der Suche nach einer Lösung zwischen Gefühl und Verstand. Oft ist sie hin- und hergerissen zwischen dem Wunsch, sich dem Gefühl zu öffnen, und der Angst, darin unterzugehen.

Die Gefühlslage der Artemis

Ihre Gefühlslage ist ambivalent. Sie schwankt zwischen der Fähigkeit zu lieben und der Angst davor, sich darin zu verlieren. Sie hat eine Ahnung davon, zu welchen Gefühlen ein Mensch fähig ist. Doch die in der Ungewissheit steckenden Gefahren erscheinen ihr größer. So zögert sie an Stellen, wo sie handeln sollte.

Die Karrierechancen der Artemis

Artemis ist eine Perfektionistin. Sie wird sich im Leben dort am ehesten wiederfinden, wo sie am meisten Ordnung und Struktur findet, das gibt ihr Sicherheit. Sie kann eine gute Karriere im Bereich von Controlling und Prozessoptimierung machen. Sie braucht Struktur und vermeidet Chaos. Je nach Ausprägung ist sie in der Lage, selbst diese Strukturen zu schaffen, oder sie bevorzugt es mehr, Strukturen und Regeln vorzufinden.

Befreiung aus dem Artemis-Mythos

Ihr Motiv ist es, sich nicht der Kritik auszusetzen und die Dinge richtig zu machen. Sie liebt die Perfektion und die Struktur der Ordnung. Dabei ist ihre größte Angst, schnelle Entscheidungen treffen zu müssen. Suspekt sind ihr Menschen, die ihrer Ansicht nach irrational handeln. Sie braucht Zeit, Dinge wachsen zu lassen. Das spontane Handeln liegt ihr nicht und sie liebt die Planung. Um sich selbst aus den eigenen rigiden Fesseln zu befreien, wäre es für Artemis hilfreich, sich ab und zu auch einmal treiben zu lassen. Sie sollte eine akzeptierende Haltung zum Leben entwickeln und weniger versuchen, alles zu kontrollieren. Wenn sie ein Gefühl von Geborgenheit in der Ungewissheit bekommt, hat sie einen großen Schritt in Richtung eigene Freiheit getan.

Pallas Athene, die weise Wächterin

_____ Punkte

Der Mythos der Wächterin Pallas Athene

Schon die Geburt der Athene ist ein Omen für ihre besondere Bedeutung. Sie entspringt in voller Rüstung dem Kopf ihres Vaters Zeus. Pallas Athene – eine Kopfgeburt, die Göttin der Weisheit und des Krieges. Sie ist und bleibt immer die Lieblingstochter des Gottvaters. Keine liebt er so wie sie. Das macht sie sehr mächtig. Weil sie so männlich und mächtig durch die Nähe des Vaters ist und beides nicht aufs Spiel setzen will, bleibt sie dem Vater immer treu.

Es gibt keinen anderen Mann in Athenes Leben, weder Gott noch Sterblichen. Sie beschützt aber die besonders klugen und außergewöhnlichen, wie z.B. Odysseus und Achill. Doch sie verliebt sich niemals. Ob sie zu klug dafür ist oder ob ihr die Gefühlstiefe fehlt, die sie durch die Geburt und Wärme einer Mutter erhalten hätte, ist unklar. Sie bleibt die jungfräulich Keusche. Sie ist dem Kopf eines Gottes entsprungen und lebt die Ideen des Vaters. Das belohnt er mit ungeteilter Bewunderung ihrer Klugheit und ihres Mutes. Die Weisheit ist also weiblich. Die männlichen Götter und Helden dagegen sind mit zu viel Testosteron ausgestattet, das sie viel zu oft dazu bringt, ohne nachzudenken zu handeln. Athene hat keine eigenen Kinder. Sie ist gerecht und weise. Keine beherrscht die Kriegsführung und -taktik so wie sie. Dabei ist sie niemals so emotional-kriegerisch wie beispielsweise eine Amazone. Wenn sie kämpft, z.B. gegen Ares oder Apollon, dann gewinnt sie, weil sie sich nicht von der Macht der Gefühle hinreißen lässt, sondern immer einem Plan folgt. Kühl, beherrscht und siegessicher.

Die Pallas Athene heute

Sie ist die Unnahbare, die ihrem Beruf nachgeht. Sie erfüllt ihn mit größter Sorgfalt, Ernst und Genauigkeit. Sie verschreibt sich einer Sache – und verliert dabei nie den Überblick. Sie beherrscht es, sich geschickt im Machtspiel der Männer durchzusetzen. Sie studiert einen Sachverhalt bis ins letzte Detail und will alles verstehen. Das Verstehen gibt ihr Sicherheit. Sie braucht keine Familie und nur wenige, aber zuverlässige Freunde.

Die Gefühlslage der Pallas Athene

Ihre Gefühlslage ist kühl und ausgeglichen, ohne Höhen und Tiefen. Sie denkt, analysiert, versucht das Leben zu verstehen. Platz für Emotionalität, Romantik oder die Liebe zu einem anderen Menschen gibt es wenig.

Die Karrierechancen der Pallas Athene

Sie ist die geborene Wissenschaftlerin oder auch Politikerin. Sie ist durch und durch analytisch und strukturiert. Einen Sachverhalt durchblickt sie schneller als jede andere. Somit liegen ihre größten Aufstiegschancen in Berufen, die in erster Linie mit Dingen, weniger mit Menschen zu tun haben. Da Karriere aber meistens mit anderen Menschen zu tun hat, ist es für sie wichtig zu lernen, sich anderen zuzuwenden und aktiv zu kommunizieren.

Die Befreiung aus dem Pallas Athene Mythos

Das Motiv ihres Lebens ist es, die Dinge verstehen und durchdringen zu wollen. Hier liegt ihre Herausforderung, Intention und ihre Kraft. Ihre größte Angst ist es, sich lächerlich zu machen oder vom Gefühlschaos anderer überflutet zu werden. Die Befreiung der Pallas Athene liegt auf der anderen Seite ihrer höchsten Kompetenz. Statt alles zu verstehen, geht es bei ihr darum, sich ganz und gar dem Leben oder einem anderen Menschen hinzugeben, ohne zu wissen, was das Ergebnis dabei ist.

Amazone, die unbezwingbare Kriegerin

_____ Punkte

Der Mythos der Amazonen

Die kriegerischen Amazonen leben am Rand der griechischen Welt. Ihr Vater ist der Kriegsgott Ares. Sie zeichnen sich durch ihre strengen Sitten aus, bedienen sich der Männer, um sich fortzupflanzen, töten aber ihre männlichen Kinder oder setzen sie an der Grenze ihres Landes aus. Um bessere Schützinnen zu werden, brennen sie sich die rechte Brust ab, damit sie beim Spannen des Bogens nicht stört.

In der Männerwelt werden sie zum einen als Bedrohung der männlichen Weltordnung angesehen – gleichzeitig wirken sie sehr erotisch auf sie. Die Verlockung einer attraktiven Frau, die ebenso gleichwertige Gegnerin des Mannes sein kann, hatte auch schon in diesen Zeiten ihren Reiz auf die männliche Welt. So müssen sich die großen Helden auch immer mit den Amazonen messen. Wie auch Medea verliert die Amazone ihre Macht und Kraft in dem Augenblick, in dem sie sich verliebt. Dies dokumentiert die Geschichte der strahlenden Penthesilea und des Halbgottes Achill, der später wegen seiner Ferse Geschichte schreibt. Penthesilea und Achill stehen sich, obwohl sie sich lieben, im Krieg auf unterschiedlichen Seiten gegenüber. Durch die grausame Logik des Krieges kommt es dazu, dass Achill seine Geliebte tötet und über diesen Schmerz fast den Verstand verliert.

Die Amazone heute

Sie ist die kämpferische Frauenrechtlerin, die noch heute auf die Männer bedrohend und ein wenig abschreckend wirkt. Sie weiß, was sie will, und sie ist nicht bereit, irgendwelche Kompromisse einzugehen. Im Beruf weiß sie sich durchzusetzen, ihr Liebesleben ist ihr hingegen nicht so wichtig.

Die Gefühlslage der Amazone

Die Gefühlslage der Amazone ist leidenschaftlich, aber auch immer sehr kriegerisch. Sie fühlt sich permanent angegriffen oder bedroht, auch wenn gar niemand da ist, der ihr etwas Böses antun möchte. Sie geht davon aus, dass es so ist.

Die Karrierechancen der Amazone

Durch ihre klare Ausrichtung und ihre Handlungskompetenz hat die moderne Amazone gute Karrierechancen in allen Berufssparten, in denen es etwas zu gewinnen gibt. Sie beherrscht die Analyse, ist aber genauso fähig zur Umsetzung. Sie kann taktieren, strategisch denken und sich auch in einer rauen Umwelt gut durchsetzen. Vermutlich kommt sie besser in Berufen zurecht, in denen es mehr um die Sache als um den Menschen geht. Sie ist eher die Unternehmerin als die barmherzige Schwester.

Die Befreiung aus dem Amazonen-Mythos

Das Motiv der modernen Amazone ist es, sich einer Sache zu verschreiben. Sie ist von allen Frauentypen diejenige, die am männlichsten denkt, was nicht heißt, dass sie nicht sehr weiblich aussehen kann. Sie strebt nach Unabhängigkeit und Gerechtigkeit. Vielleicht tritt sie als Frauenrechtlerin, vielleicht auch als bester Mann in einem Männerberuf auf. Familie und Liebe spielen für sie nur eine untergeordnete Rolle. Ihre größte Angst ist es, ihre Schlachten zu verlieren und im Chaos den Überblick zu verlieren. Die Lebensaufgabe der Amazone liegt wohl darin, zu erkennen, dass es nicht darum geht zu gewinnen, sondern ein Teil des Ganzen zu sein.

GRETA ANDREAS

DARIN BIN ICH *PROFESSIONAL WOMAN*: Als Gründerin der Agentur Golden-Gap, Coach und Löwin erarbeite ich mit Klienten ihr werteorientiertes Positionierungsprofil und entwickle wirksame Konzepte für Organisationen. Die Schwerpunkte meiner Agentur sind Management, Coaching, Vermittlung von Speakern, Trainern und Experten; immer auf der Basis von Wertschätzung, Systemik, Kreativität, Denkfreude.

DAS HABE ICH VORHER GEMACHT: Jura, Kunst und Theologie studiert; Bühnenkostüme designt und geschneidert; in Buchhandel und Verlagen gelernt und geleitet, eine Seminarfirma gegründet und geführt; Marketing, Text, PR, Grafik, NLP, Hypnose- und Energiearbeit erlernt, indische Seidensaris gesammelt, dazwischen 1.001 Seminare, Vorträge und Trainings besucht und manche geleitet; viele wunderbare Menschen auf ihren erstaunlichen Wegen durch Presse- und Lebenslandschaften begleiten dürfen.

DAS HAT MEINEM LEBEN RICHTUNGSÄNDERUNGEN GEGEBEN: Tod und verstehen; Perspektivwechsel.

FÜR ERFOLG BRAUCHT MAN: Mut und Lust; Wahrhaftigkeit und Wertschätzung, Sichtbarkeit.

DAS HABE ICH ZULETZT GELERNT: Kleists Satz „Über die allmähliche Verfertigung der Gedanken beim Reden" selber unfreiwillig auszuprobieren und Peinlichkeit zu überleben.

DAS WÜRDE ICH GERNE NOCH LERNEN: Unendlich viel!!! Die Welt ist spannend und es gibt so viel Hand- und Gedankenwerk, Seelen- und Herzwerk zu tun.

DIESER FILM GEFÄLLT MIR: „Auf der Suche nach dem verlorenen Gedächtnis", Doku von und mit Hirnforscher Eric Kandel (Petra Seeger 2008). Herzerwärmend, klug, charmant und lehrreich.

DIESES BUCH GEFÄLLT MIR: „Auf dem Wege – ein Buch der Lebenslust", Willi Hammelrath, 1947. Der kluge und warmherzige Mann wusste schon damals gut zu beschreiben, wie wichtig Respekt, Leidenschaft und Wahrheitsliebe sind – übrigens auch für erfolgreiche Redner und Trainer.

DIESES BUCH EMPFEHLE ICH DEN LESERINNEN MEINES BEITRAGS BESONDERS: „Business Hero", Angelika Höcker, 2010. Wunderbare Anleitung zur Heldenreise für Menschen und Organisationen.

IN DIESER LANDSCHAFT HALTE ICH MICH GERN AUF: Meer, Meer, Meer.

EINE STADT, DIE ICH LIEBE: Kölle, wie et lebt und laaacht. Alternativ: San Francisco.

DAS BERÜHRT MICH: Leben und Wahrhaftigkeit.

DAS KOSTET MICH KRAFT: Steuererklärung, Ignoranz, Krankheit, Rechthaberei, schlechte Qualität.

DAS GIBT MIR KRAFT: Steuererklärung (hinterher), Gesundheit, Herzensfreu(n)de, Integrität, Schönheit.

DAS TUE ICH GERN FÜR MICH: Alles was inspiriert, erheitert, gut nährt, sinnlich erfahrbar ist und entspannt. Mit einem Wort: Indien.

DIESE RESSOURCEN KANN ICH EMPFEHLEN: ALLE – jede hat ihren Wert zu ihrer Zeit. Für Professionals unabdingbar: Achtsamkeit, Humor, Klarheit.

MEIN SCHÖNSTER LUSTKAUF: Zarte Kaschmirwolle in Meerblau, ein ganzes Kilo.

DAS TUE ICH, WENN ICH ÜBERRASCHEND ZWEI STUNDEN ZEIT GEWINNE: Wo ist die nächste Buchhandlung? Dann: Chai trinken und die neuen Schätze anlesen.

ETWAS WICHTIGES, DAS ICH AUF DEM WEG ZUR *PROFESSIONAL WOMAN* GELERNT HABE: Frei nach Virgina Satir: „Ich bin ich und so, wie ich bin, in Ordnung." Auch und gerade als Professional Woman.

MEINE WWW(S): www.goldengap.de

GRETA ANDREAS
Glamour, Geist und Glaubwürdigkeit – Goldene Zeiten für Frauen

Persönlichkeiten, nicht Prinzipien, bringen die Zeit in Bewegung.
Oscar Wilde

Ich legte den Hörer auf. Gerade eben hatte ich mit einem Kollegen telefoniert, der mir von seiner langen Odyssee berichtet hatte. Er suchte für den Jahres-Kongress eines guten Kunden eine Sprecherin für den Hauptbeitrag, die Keynote-Speech am Vormittag. Etwas Interessantes, gerne Inspirierendes / Motivierendes. Internationales Unternehmen, spannender Rahmen, breit angelegte Medienkampagne, großzügiges Budget, hochkarätiges Publikum. Anforderungen: Kompetenz im selbst frei zu wählenden Thema, lediglich Grundkenntnisse der Branche und erfrischende Präsentation. Klingt gut, finden Sie? Würden Sie ohne Zögern zusagen? Herzlichen Glückwunsch: Dann sind Sie die große Ausnahme, nach der wir suchen!

Denn – und hier deckte sich das Erleben des Kollegen mit meiner langjährigen Agenturerfahrung – Frauen nehmen solche Herausforderungen offenbar ungern an. Während Männer im Brustton der Überzeugung sagen: „Klar, mach ich", das Honorar nach oben treiben und sich häufig erst kurz vor ihrem Auftritt überhaupt inhaltlich mit Thema und Kunde beschäftigen, fehlt uns Frauen oft der Mut und meist die Erfahrung, sich in eine exponierte (und damit kritisierbare) Position zu begeben.

Da fragt die fließend 4-sprachige Trendforscherin, die mit internationaler Anerkennung für ihre klugen Veröffentlichungen überschüttet wird, allen Ernstes: „Was habe ich denn schon Relevantes zu sagen?". Eine erfahrene und x-fach mit Trainingspreisen ausgezeichnete Trainerin zögert: „Ich weiß nicht, ob ich das kann – und eigentlich will ich auch gar nicht vor so vielen Leuten sprechen, mein Seminardesign funktioniert doch ganz gut", und die strahlende PR-Frau, die seit vielen Jahren mit großer Kompetenz, Leidenschaft und Intuition ihre Klientel erfolgreich macht, zweifelt daran, dass sie überhaupt Sinnvolles für irgendjemanden beitragen könne.

Alle drei arbeiten sich vorsorglich – ohne Auftrag, selbstverständlich unbezahlt – tief in die Materie des Kunden ein, denken nach, zweifeln und lehnen (immerhin nach einigem Zögern) ab. Nicht ohne sich danach dezent über die vielzitierte gläserne Decke, die erfolgswilligen Frauen den Weg versperrt, zu mokieren.

Wie bitte?? Mit allem Respekt, verehrte Damen, haben Sie sich bewusst entschieden für Ihr Nein? Oder hat uns da vielleicht die alte Bekannte, unsere innere Kritikerin, eingeflüstert: „Das kannst du nicht, wer bist du denn überhaupt, sei bescheiden, stell dich nicht so in den Vordergrund, du bist zu alt/zu jung/zu dick/ zu doof, die anderen können das sowieso viel besser, mach dich nicht lächerlich"? Ich bin sicher, Ihnen fallen auf Anhieb noch viel treffendere Sätze ein. Leider.

Das Dilemma

Denn wir stecken in einem veritablen Dilemma. Während die alten Muster des Versteckens, des mangelnden Zutrauens in unsere eigene Macht nach wie vor wirksam sind, existiert gleichzeitig ein zutiefst berechtigtes Bedürfnis danach, gesehen zu werden. Wir wollen anerkannt, geschätzt, begehrt und gefragt sein. Mit unserer eigenen Expertise, in unserer Einzigartigkeit, Uniquability. Wir glauben nur offensichtlich nicht daran oder wissen zu wenig darüber, wie dies gelingen kann.

Gute Neuigkeiten für Sie: Authentisch und erfolgreich sein, weiblich und klug, sexy und kompetent, schließt sich nicht aus – im Gegenteil!

Schauen Sie sich um in Politik, Wissenschaft, Sport, Kunst, Wirtschaft, Ihrem eigenen Umfeld: Immer mehr Frauen zeigen kraftvoll, selbstbewusst und elegant ihr Können und haben ganz offensichtlich auch noch Spaß dabei!

Männer sind traditionell eher darin trainiert, ihre Ziele zu formulieren, Botschaften (gerne auch laut und plakativ) zu präsentieren und für sich und ihr Thema einzustehen. Es ist höchste Zeit, dass noch mehr Frauen sich diese Möglichkeiten endlich auch gönnen. Sinnvolle Unterstützung und Fachliteratur dazu gibt es ja ausreichend – oder?

Unzählige Modelle zu weiblichen Karrierestrategien, spezifischen Verhaltensweisen im Beruf und femininen Ressourcen sind schon beschrieben worden. Expertinnen und Experten erklären uns in Ratgebern zur Selbstoptimierung, wie wir ticken (sollten), um unseren Anteil am Sahnekuchen des Erfolges zu ergattern. Erfahrungen lehrten Frauen über Jahrhunderte typische Fallen, innere Begrenzungen, Einschränkungen, Kränkungen und Widerstände; gleichzeitig gibt es heute jedoch mehr Optionen und Ideen zu deren Auflösung als je zuvor.

> *Es ist unser Licht, nicht unsere Dunkelheit, die uns am meisten Angst macht.*
> *Wir fragen uns: wer ich bin, mich brillant, großartig, talentiert, phantastisch zu nennen? Aber wer bist Du, Dich **nicht** so zu nennen?"*
> *(Nelson Mandela, ehem. Staatspräsident Südafrika, Antrittsrede 1994)*

Quotenfrau vs. brillante Marke

Selbst die Unternehmenswelt hat verstanden, dass die traditionellen Konzepte der Vergangenheit nur begrenzt zukunftstauglich sind. Es braucht neues Denken in den Vorstandsetagen und eine neue Art des Handelns auf allen Feldern gesellschaftlicher Wirklichkeit. Kreativität, Empathie, Gelassenheit, Ehrlichkeit, Flexibilität, Teamfähigkeit, Multitasking, Talent und Frustrationstoleranz – um nur einige der sogenannten Soft skills zu nennen. Dreimal dürfen Sie raten, wem genau diese „Tugenden" als selbstverständliche, natürliche Ressourcen und Fähigkeiten attestiert werden? Genau. Also starten Sie endlich durch!

Interdisziplinäre Forschungen und Erkenntnisansätze der neueren Gehirnforschung geben Einblick in hochkomplexe Zusammenhänge, Arbeits- und Zukunftsforscher identifizieren relevante Trends – und das sieht für uns Frauen mal richtig gut aus. Zahlreiche Fach-Symposien, Ausschreibungen und Veröffentlichungen der jüngsten Vergangenheit bezeugen das große Bedürfnis und die Notwendigkeit femininer Qualitäten im Business.

Da wird der Ruf nach einer Frauenquote auch wieder laut: 10 Jahre nach ihrer Verabschiedung ist die entsprechende freiwillige Vereinbarung zwischen Wirtschaft und Bundesregierung komplett vergessen. Bundesarbeitsministerin von der Leyen bezeichnet sie als „krachend gescheitert" und tritt vehement für eine 30%ige Frauenquote in Firmen ein. Ob es damit getan wäre?

Solange Frauen sich selbst nicht darüber im Klaren sind, welches ihre spezifischen Kompetenzen sind und wie sie ihre persönlichen Talente und Fähigkeiten zu einem kongruenten, uniquen Gesamtbild komponieren können, solange sie nicht den Mut zum Selbstausdruck haben und nicht klar für sich und ihre Brillanz eintreten, solange sie nicht bereit sind, sich zu einer authentischen, machtvollen *Personal Brand* zu entfalten – solange werden sie auch „da draußen" niemals angemessen gewürdigt oder gar gefeiert.

Du brauchst dich nicht zu entschuldigen,
dass du brillant, talentiert, großartig, reich oder tüchtig bist.
Dein Erfolg schmälert nicht den einer anderen.
Er erhöht vielmehr die Chance, dass andere ebenso Erfolg haben können.
Dein Geld stärkt deine Fähigkeit, anderen Menschen Geld zu geben,
deine Freude stärkt deine Fähigkeit, anderen Freude zu geben und
deine Liebe stärkt deine Fähigkeit, anderen Liebe entgegenzubringen.
Wenn du dich kleinmachst, dient das niemandem. Es ist ein krankes Spiel.
Es gehört dem alten Denken an – hör auf damit!
(Marianne Williamson, A woman's worth)

Hot skills für Heldinnen

Lassen Sie uns kurz einige Missverständnisse klären: *Weibliche soziale Kompetenz* bedeutet nicht, immer auserlesen freundlich, kommunikativ, einfühlsam und nachgiebig zu sein. Der gesellschaftliche Verhaltenskodex erwartet zwar immer noch hauptsächlich von Frauen die Fürsorge für Familie und private Systeme. Eine wertvolle Qualität, wenn sie denn die Fürsorge für sich selbst integriert und Frauen selbst entscheiden können, wem oder was sie diese Kompetenz angedeihen lassen. Was aber ist mit dem öffentlichen, dem Business-Leben? Wer kümmert sich um die Entwicklung und Pflege der Organisationen?

Das Konzept der ‚weichen‘ und ‚harten‘ sozialen Kompetenzen, Fertigkeiten und Fähigkeiten ist sicher nützlich. *Soft skills,* von jeher als weibliche Kompetenzen gehandelt, sind im Gegensatz zu den statischen *Hard skills* die vielbeschworenen Faktoren der Zukunft – soweit die gute Nachricht. Wo aber steht geschrieben, dass sie nicht auch *Hot skills* sein können? Kommunikation kann sehr sexy sein – auch wenn es um Zahlen, Daten, Fakten geht. Übrigens hat Charles Darwin eine interessante Ansicht zum Thema „surviving of the sexiest" – unterhaltsam nachzulesen in „Why do Peacocks have spots on their feathers?".

Talent ist etwas, das Menschen wie selbstverständlich ‚besitzen‘ und das wir selbst oft gar nicht als besondere Begabung ansehen. Andere bewundern Sie vielleicht dafür, dass Sie etwas ganz besonders gut können. Sie selbst aber denken: „das ist doch völlig normal, das kann/hat doch jede". Genau daran können Sie Ihre Talente erkennen: Etwas gelingt Ihnen selbstverständlich und mit lustvoller Leichtigkeit. Gleichzeitig ist alles, was damit zu tun hat, merkwürdigerweise von größtem Interesse für Sie. Wie magisch angezogen wollen Sie immer mehr wissen und auf diesem Gebiet mehr erleben, Sie sammeln Erfolgserlebnisse. Je mehr Sie mit Ihrer Begabung experimentieren, desto verfeinerter werden Sie Ihr Thema wahrnehmen und erfolgreich „beherrschen". So entsteht schöpferische Produktivität! Mit Ihren *Talenten* und *Fähigkeiten* (laut Aristoteles „die aktive Potenz, etwas hervorzubringen") als valider Ausgangsbasis wissen Sie genau, welche *Fertigkeiten* Sie noch erlernen oder weiter ausbilden können, um Ihre *Personal Brand* kraftvoll ins Leben zu bringen. Sie haben ein tiefes Selbstvertrauen in Ihr Können und konzentrieren sich auf die für Sie relevanten Themen.

Verhaltenskodizes existieren seit Anbeginn der Menschheit. Und genauso lange gibt es Menschen, die mutig Konventionen gebrochen haben, Kämpferinnen und Vorreiter für neue Möglichkeiten waren, dafür manchmal gar mit ihrem Leben zahlten. So weit müssen wir – zumindest in unserer europäischen Kultur – glücklicherweise nicht mehr gehen. Es kann allerdings sein, dass wir im Laufe unseres Entfaltungsprozesses die eine oder andere Maske abstreifen, uns „unangemessen" verhalten – und das kann durchaus eine schmerzhafte Erfahrung sein.

Eine *Heldin unserer Zeit* – wer wäre das nicht gerne? Lara Croft, Superwoman, bezaubernde Jeannie, Pippi Langstrumpf – schöne, hilfreiche, elegante und kraftvolle Fantasien, die uns großartig unterhalten und inspirieren können, als vollständiges *role model* jedoch weniger geeignet sind. Denn jeder Mensch unternimmt seine ganz eigenen Heldenreisen: große Abenteuerreisen, Tagestrips, exotische Journeys in fernste, innerste Gebiete. Wir explorieren neue Gebiete, erforschen fremde Gewohnheiten, entdecken neue Menschen, Themen, Ressourcen, erweitern unsere Sicht um neue Horizonte. Und kehren dann, aufgeladen mit frischer Energie, reich an Erkenntnisschätzen und bereichert um manches Elixier, zurück in unsere alte Welt. Alte Welt? Nicht wirklich – denn diese hat sich allein durch unsere Reise und durch unseren erkenntnisreicheren Blick auf sie bereits verändert.

Wer die Grundmatrix der ‚Heldenreise‘[1] kennt, weiß um die bei jeder Reise unausweichlichen Entwicklungsstufen und kann sie für persönliche Veränderungsprozesse nutzen. Sie ist ein idealer Leitfaden für Aufbruch und Entwicklung und gibt den Dingen, die im Laufe eines Prozesses zu tun sind, einen verbindenden Sinn. Nutzen Sie dies für Ihre eigene Entwicklung zur charismatischen Heldin, die ihren Platz gefunden hat und auch den Mut hat, weiterzugehen! Das ist mit authentischer *Personal Brand* nämlich ebenfalls gemeint.

„Noch weiß ich nicht ganz genau, wie mein späterer Weg in der Politik aussehen wird, von der Parteigründung bis zur Wahl als Bundeskanzlerin ist aber alles drin." Dies schreibt die Tennisspielerin Andrea Petkovic im April 2011 auf ihrer Website. Da hatte sie gerade die Weltranglistenerste Caroline Wozniacki spektakulär vom Platz gefegt. Sie bedankte sich vor dem gesamten Publikum mit frechen Worten bei dem sie trainierenden Vater, um dann fröhlich-sexy ihren typischen „Petko-Dance" zum Besten zu geben.

Da glaubt eine an sich, arbeitet hart an ihrem Traumziel, ist gut geerdet und strahlt dabei eine solche Lebendigkeit und coole Weiblichkeit aus! Und sie weiß genau, dass es „nur" Sport ist und ihr Leben noch Platz für andere Wünsche und Ziele hat. Ich bin gespannt, wohin ihre nächste Heldenreise sie bringen wird.

Zwei liebende Schwestern: Die Macht und die Angst

Richten wir unseren Fokus jetzt darauf, neben dem eigenen Wert auch die eigene Wirksamkeit und Ausrichtung (wieder) zu entdecken. Es geht darum, in einer zunehmend diversifizierten Welt den eigenen Weg zu finden und mit größtmöglicher Spielfreude zu gehen. Mit all Ihrem Mut und ja, auch die Angst darf Sie begleiten.

---

1 Lesen Sie hierzu: Angelika Höcker, „Business Hero", Gabal 2010.

Es geht nicht darum, in Rambo-Manier nach vorne zu preschen und alles niederzumähen, was sich in den Weg stellt, um erfolgreich zu sein. Nehmen Sie Ihre Angst an die Hand. Sie nur zu unterdrücken, wäre auf Dauer keine gute Idee – immerhin hat ‚Angst‘ die ehrenwerte Absicht, sie zu beschützen und kann Ihnen wertvolle Hinweise geben. Nutzen Sie diese Qualität aufmerksam, ohne sich von ihr dominieren zu lassen. Entwickeln Sie Selbstwirksamkeit!

Bedienen Sie sich aus der gesamten Palette Ihrer persönlichen Einstellungen, Fähigkeiten und Fertigkeiten. Dass hier die typisch weiblich attribuierten Eigenschaften Empathie, Respekt und Kommunikationsfähigkeit ausgesprochen hilfreich sind, steht außer Frage. Doch genauso entscheidend ist *Selbstermächtigung:* „Ich bin in meiner Macht". Selbsterkenntnis, Selbstvertrauen, Selbstwert, Selbstachtung, Selbstbestimmung, Selbstermutigung – all dies wird lebendig und erhält sichtbare Form, wenn Sie Selbstverantwortung übernehmen und sich zeigen. Ohne Selbstermächtigung bleibt die vielbesungene weibliche soziale Kompetenz nämlich weit unter ihren Möglichkeiten.

Frauen, vor allem Business-Frauen, haben heute Chancen wie selten zuvor, sich Gehör zu verschaffen und für ein breitgefächertes Publikum sichtbar zu werden. Unabhängig von ihrer Position. Ob Führungskraft, Young Talent, Abteilungsleiterin, Künstlerin, Freischaffende – wir positionieren uns täglich, beruflich und privat.

Nur als *wer* wir dies tun, bleibt meist dem Zufall und dem Kontext überlassen. Frei zitiert nach dem Soziologen Paul Watzlawick: „Frau kann sich nicht *nicht* positionieren". Egal was Sie tun oder lassen – Ihr Gegenüber hat immer eine Meinung zu Ihnen und Ihrer Performance, Ihrer *Personal Brand.* Gut, wenn Sie sie kennen – dumm, wenn Sie diese Tatsache dauerhaft ausblenden.

Damit wir uns richtig verstehen: eine authentische Personen-Marke zu sein umfasst weit mehr als Selbstmarketing und Selbstdarstellung oder PR für die Marke „Ich":

- Eine *Personal Brand* kennt ihre Talente, Fähigkeiten und Stärken.
- Sie hat den Mut, ihre Schwächen anzuerkennen und sich gleichzeitig auf ihre Stärken zu fokussieren.
- Sie unterscheidet klar zwischen Selbst- und Fremdwahrnehmung.
- Sie entwickelt einen roten Faden, ihren persönlichen Leitfaden für ihr einzigartiges Branding, den sie so flexibel wie möglich und so konsequent wie nötig verfolgt.
- Sie setzt ihre Ressourcen intelligent ein und sorgt so für einen guten Energiefluss.
- Sie weiß um ihr Differenzierungspotential und kennt ihre UVP (*Unique Value Proposition*).[2]

---

2 *UVP* meint hier nicht UmweltVerträglichkeitsPrüfung – obwohl der „Ökologiecheck", wie wir ihn z.B. aus dem NLP kennen, auch hier unverzichtbar ist ;-) –, sondern *Unique Value Proposition*: ein Begriff, der mir persönlich besser gefällt als der schon arg strapazierte USP *(Unique Selling Proposition).*

- Sie nimmt sich die Zeit, ihre *Personal Brand* weiterzuentwickeln.
- Sie bringt ihre UVP auf ihre ganz eigene, wert- und sinnvolle Weise immer und immer wieder neu zum Ausdruck.
- Sie versteht sich als Teil eines organischen Systems und weiß um den Wert ihres Beitrages.
- Sie ist einzigartig. Sichtbar. Erfolgreich.

Die drei Damen von Seite 1 haben durch ihr „Nein" zu diesem spannenden Jobangebot (immerhin bezeichnen sich alle als „Speaker", alle sind vertraut mit dem Vortragsgeschäft und kleinen bzw. großen Bühnen) keine sehr hilfreiche Aussage über ihre Profession getroffen. Kunden wollen Inspiration, Information, Anregung, Infotainment oder was auch immer gerade für sie notwendig ist. In jedem Fall aber die volle Sicherheit, dass ihr gebuchter Speaker sich das selbst zutraut. Was glauben Sie – wie oft werden diese Frauen trotz unbestrittener Sachkompetenz noch von Kunden oder Agenturen angefragt?

Die Wahrheit macht den Unterschied

Viele Möglichkeiten einer *Personal Brand* lassen sich überhaupt erst denken, wenn wir verstanden haben, worauf unser innerstes Sehnen zielt, was uns intrinsisch motiviert und welches die uns innewohnende einzigartige *Talente-Fähigkeiten-Kombination* ist. Diese zu entdecken, ist eine wundervolle herausfordernde Aufgabe und ich bin sicher, Ihr eigenes Ergebnis wird eindrucksvoll sein. Wenn Sie – vielleicht das allererste Mal in Ihrem Leben – zutiefst wissen und spüren: „Ja, so bin ich. Dies gehört zu mir. Das kann ich. Und jenes auch. Und genau in dieser Kombination: nur ich!"

Exakt diese Kombination macht den Unterschied. Stellen Sie sich vor, zu welchen Berufen sie führen könnte. Und falls es *den* Beruf noch nicht geben sollte: Erfinden Sie ihn! Es gibt immer weniger Sicherheit in der herkömmlichen Businesswelt. Die krisengeschüttelte wirtschaftliche Situation, rasante technologische Entwicklung und viele weitere Faktoren fordern von uns Kreativität im Aufspüren und Selbsterfinden neuer Möglichkeiten. Doch wenn wir nicht wissen, wer wir sind, wird es schwierig, die Chancen und uns selbst zu entwickeln. Warten wir nicht länger auf das Genie! Wir kennen viele gute Beispiele dafür, wie überaus erfolgreich Menschen mit eher durchschnittlichen als einzeln hervorragenden Merkmalen sein können. Sie verstehen es, aus ihrer speziellen Mischung von Fähigkeiten, Talenten und Leidenschaften eine unverwechselbare *Personal Brand* zu bilden, sie auf angemessene Weise zu präsentieren und damit Kopf und Herz ihrer Kunden zu berühren.

Es gibt kluge Modelle und hilfreiche Anleitungen, wie Sie dies orientiert, strukturiert und erkenntnisreich tun können. Vielleicht ist es für Sie nützlich, sich dabei begleiten oder coachen zu lassen. Dies kann den Prozess gut beschleunigen und Sie dabei unterstützen, Ihre „innere Wahrheit" auch im Außen zum Leuchten zu bringen.

> *Es gibt eine innere, eingeborene Wahrheit,*
> *die in der äußeren Erscheinung eines Objektes enthalten ist und*
> *die in seiner Darstellung aus ihr heraussprechen muss.*
> *Dies ist die einzige Wahrheit, die gilt.*
> *(Henri Matisse)*

Amelia, Audrey, Angela – und Vivienne

Bei der Positionierung geht es um die Möglichkeit, zuallererst und weithin sichtbar etwas auf neue Weise *anders* zu tun oder zu sein. (Wie peinlich die mäßige Kopie einer brillanten Nr. 1 sein kann, haben wir alle schon erlebt.) Je detaillierter und leidenschaftlicher Sie sich mit Ihrer eigenen Positionierung beschäftigen, desto mehr eigenes Potenzial taucht auf, desto größer sind Ihre Erfolgsaussichten und desto mehr Gestaltungsfreiheiten können Sie sich erlauben, um eine unverkennbare Marke zu sein.

Viele spektakuläre „erste Male" sind zwar bereits erreicht: Die mutige Pilotin Amelia Earhart überflog schon 1928 als erste Frau den Atlantik, doch dauerte es immerhin volle 125 Jahre in der Geschichte von Daimler, bis 2011 mit der ehemaligen Bundesverfassungsrichterin Christine Hohmann-Dennhardt die erste Frau in den Vorstand berufen wurde. „Daimler hat den Anspruch, bei Compliance und Integrität die höchsten Standards zu setzen", sagte Aufsichtsratschef Manfred Bischoff zur Berufung der 60-Jährigen. Guter Grund.

Es kann nur eine rehäugige Audrey Hepburn geben und nur eine stimmgewaltige Beth Ditto, pfundig abgebildet auf dem Cover eines Mode-Hochglanzmagazins und „Icon of our generation" genannt. Für immer nur eine Marilyn Monroe und nur eine Lady Gaga (die ihre *Personal Brand* schon klar im Namen ausdrückt). Die Marke Paris Hilton gibt es schon, die chamäleonhafte und doch unverwechselbare Madonna und unsere erste Kanzlerin Angela Merkel ebenfalls. Sabine Christiansen, Daniela Katzenberger, Anne Will, Nazan Eckes, Barbara Böttinger – sie könnten unterschiedlicher kaum sein, doch jede von ihnen hat ihren Platz ge- oder erfunden, besetzt und proklamiert.

Coco Chanel ist ohne jeden Zweifel eine der konsequentesten Vorreiterinnen selbstbestimmten beruflichen Erfolges. Zusätzlich (oder deswegen?) war sie eine ausgesprochen erotische Frau, die ihre Neigungen unversteckt auslebte.

Mary Quant gilt als Erfinderin des Minirocks und setzte in den 60er Jahren ein deutliches Zeichen für kreative Befreiung. Vivienne Westwood sieht als inzwischen 70jährige „Queen of Punk" zu Recht keinen Anlass, sich weniger radikal, politisch aktiv und aufmüpfig zu verhalten. Sie wurde 2001 von der britischen Queen höchstpersönlich geadelt und konnte es daher sicherlich verschmerzen, nicht zu *dem* Brautkleid-Wettbewerb des Jahres 2011 für die künftige englische Königin eingeladen zu sein. Das wurde letztlich geschneidert von einer Ausnahmedesignerin, die genau dies hoffentlich als Booster für ihre *Personal Brand* nutzt, um aus dem Schatten ihres Vorgängers Alexander McQueen zu treten.

Wer will da noch behaupten, dass sich Kompetenz, Glaubwürdigkeit und glamouröse Personality ausschließen?

Welche weibliche Marke fällt Ihnen spontan ein, die Sie für sich als role model wählen würden? Könnte es Model und Unternehmerin Heidi Klum oder doch eher Bundeskanzlerin Angela Merkel sein? Eine mutige Ex-Bischöfin Margot Käßmann oder die ‚heilige' Mutter Theresa? Die Grand Dame des deutschen Films Senta Berger oder ihre kluge, freche beste Freundin Elke Heidenreich? Die singende Kodderschnüss Ina Müller oder „Mutter Beimer" aus der Lindenstrasse? Alice Schwarzer, 70er-Ikone der Emanzipation, oder Kristina Schröder, jüngste Familienministerin Deutschlands überhaupt und obendrein noch während der Amtszeit schwanger geworden?

Denken wir an die glamourösen Diven Hollywoods und anderer Traumfabriken, viele mit einem Namenszusatz versehen, der ihre *Personal Brand* stützt: der stolze Vamp Marlene Dietrich, die unvergleichliche Liz Taylor, die mutige Ausnahmetalkmasterin und Produzentin Oprah Winfrey, die göttliche Greta Garbo, die ätherische Tilda Swinton, Elle „The Body" MacPherson und Michelle Obama, Volljuristin und kraftvolle First Lady der USA – Frauen, die in der Öffentlichkeit standen oder noch stehen und ihre *Personal Brand* sehr unterschiedlich inszenier(t)en. Was können wir von ihnen lernen?

Woman of substance

In meinen Coachings und Beratungen zur Positionierung nutze ich neben den Erkenntnissen der klassischen Markenführung immer auch weitere Instrumente und Formate, sehr zur Überraschung mancher Klienten. Zum Beispiel die prominente TV-Moderatorin, deren Anliegen lautete: „Finden Sie etwas für mich, mit dem ich in den nächsten Jahren viel Geld verdienen kann. Meine Kameratauglichkeit sinkt rapide, ich bin alt (35 Jahre ...) und habe keine Zeit mehr zu verlieren". Ihre Vorstellung von einer gelungenen Beratung sah zu diesem Zeitpunkt so aus: ‚Hier bekomme ich einen fertigen Plan, den ich stramm verfolge und mir so einen sicheren Platz außerhalb dieser Haifischbranche sichere'.

Mancher Kollege hätte sich wohl die Hände gerieben ob dieser guten Gelegenheit, eine Prominente für berauschendes Honorar zu beraten und sich gleich plakativ mit zu positionieren. Bitte verstehen Sie mich nicht falsch: Ich habe weder etwas gegen sattes Honorar noch gegen elegante Selbst-Positionierung – im Gegenteil. Solange es dabei wahrhaftig zugeht und das Wesentliche im Fokus bleibt!

Erfolgreiche, werthaltige und authentische Positionierung gelingt dauerhaft ausschließlich von innen nach außen – und nicht umgekehrt. Viele Unternehmen und auch Prominente arbeiten heute immer noch mit „Outside-In", was auf Dauer ungeheuer anstrengend sein kann. „Inside-Out" – vom inneren Kern zum äußeren Strahlen – gilt für jede kluge Markenpositionierung, für eine *Personal Brand* jedoch in ganz besonderer Weise. Nur wenn Ihr innerer Kern glaubhaft und spürbar für andere ist, werden Sie Menschen in Geist und Herz berühren. Eine unverwechselbare *Woman of substance* sein, der andere zuhören, an deren Strahlen sich andere orientieren.

Wenn Sie sich zu sehr an dem ausrichten, was gerade hip oder en vogue ist, sind Sie stark vom Urteil der anderen abhängig; im Marketing nennt man dies ‚market driven'. Ständig auf der Hut, Ihren mühsam ergatterten Vorsprung nicht zu verlieren und sich zu verteidigen gegen die, die Ihnen dicht auf den Fersen sind. Immer schneller, größer, bunter, aktueller muss es sein, um im lauten Getöse der anderen *Brands* nicht unterzugehen. Wenn Sie sich verändern, allein um den Erwartungen anderer zu entsprechen, haben Sie (sich) schon verloren.

Denn worum geht es eigentlich? Wenn Sie erfolgreich und sichtbar sein wollen, und dies mit größtmöglicher Freude, nachhaltig und mit Gewinn: Bestimmen Sie selbst Ihren Markt (‚driving markets'), unterscheiden Sie sich deutlich und substanziell von anderen. Sie gewinnen durch Unterscheidung, durch Uniquability, durch Ihre Andersartigkeit (also anders artig). Es gibt keinen Grund, Ihre Individualität, Ihre Weiblichkeit, Ihre Attraktivität zu verstecken. Denn *keine andere Frau auf der Welt ist genau wie Sie!*

Niemand, wirklich niemand, besitzt diese einzigartige Kombination aus Talenten, Fähigkeiten, Überzeugungen und Erfahrungen wie Sie. Sie sind genau die Frau, auf die die Welt gewartet hat! Ja, holen Sie ruhig tief Luft und spüren Sie die Wirkung dieser Worte. Und selbst wenn die altbekannten Stimmen wieder auftauchen, die diesen Worten einen ironischen Unterton geben – bedanken Sie sich einfach und sagen: „Genau. Welt, hier bin ich!"

Denn vermutlich weiß die Welt (der Markt) noch gar nichts von Ihrer Expertise.

Landkarte und Kompass Ihrer Personal Brand

Eine *Personal Brand* weiß:

- In welchem Kontext sie auf welche Weise wahrgenommen wird.
- Was sie unternimmt, um sich dauerhaft glaubwürdig in den Köpfen und Herzen ihrer Zielgruppe zu verankern.
- Welche Kompetenzen, Strategien und Fähigkeiten sie dafür einsetzt.
- Welche Überzeugungen ihrer Personal Brand zugrunde liegen und welche Werte sie nach außen repräsentiert.
- Wer sie im Innersten ist und was ihre Uniquability ausmacht.
- Was sie wirklich, wirklich will: welche Vision, welcher tiefe Sinn ihrer *Personal Brand* zugrunde liegt und was sie leidenschaftlich in der Welt bewirken möchte.

Um dies zu entwickeln, erarbeiten meine Klientinnen anhand eines strukturierten Fragebogens eine ausführliche ‚Landkarte' ihrer eigenen *Personal Brand*.

Geführt von genau formulierten Fragen wandern sie Stufe um Stufe über die „Logischen Ebenen"[3] und sammeln gezielt Informationen über ihre tiefsten Bedürfnisse, Werteannahmen, Wesensart, innerste Motivation, Verhalten, Aktivitäten und Zugehörigkeit bis hin zu ihrer Mission. Dies allein ist ein überraschend tiefer Prozess, der längst vergessene Talente, Motive und Werte zutage fördern kann. Mit all diesem geschöpften Wissen erarbeiten wir dann eine Strategie, die wiederum stufenweise auf Kongruenz und Realisierbarkeit geprüft wird. So entsteht ein organisches Konzept für eine kraftvolle, elegante und nachhaltig authentische *Personal Brand*.

Sie entdecken im Verlauf des Positionierungsprozesses Ihre Substanz und schärfen Ihren Markenkern. Sie entwickeln Ihren persönlichen roten Faden, finden Ihren Kompass. Sie haben Ihre Talente freigelegt, Ihre Muster enttarnt, Ihre Ziele untersucht und können schlüssig benennen, welchen Wert Ihr Gegenüber dadurch erhält, dass es Sie, genau als diese Marke, gibt.

---

3 Die neuro-logischen Ebenen der Veränderung, definiert von Robert Dilts in Anlehnung an Gregory Bateson.

Wie geht es jetzt weiter? Tauchen Sie für einen Moment mit mir ein in die glamouröse Welt Hollywoods, der Kunst, Mode, Musik ...

Glamourama

Glamour oder Drama? Die Medien sind voller Beispiele für mehr oder weniger gelungene *Personal Brand*s. Schauen Sie sich um! Wühlen Sie sich – selbstverständlich ausschließlich zu Forschungszwecken – quer durch die regenbogenbunte Fachpresse: Vogue, Bunte, In Style, Gala, Qvest, Annabelle, Cover, Brigitte, Glamour, Madame. Gerne dazu noch Stern, Spiegel, Focus; die FAZ, SZ, Welt, WamS, MoPo, Hamburger Abendblatt, Bild und Express sowieso. Na, merken Sie schon etwas? Sonst zünden wir die nächste Stufe:

Verordnen Sie sich an mindestens drei Abenden hintereinander (Freitag, Samstag, Sonntag bieten sich vorzüglich an) abendliches Fernsehen in konzentrierter Dosis: Gestattet sind ausschließlich Sendungen mit mehreren um Aufmerksamkeit buhlenden Protagonisten plus 1–2 Gastgebern oder einer gerne auch mal zynischen Jury in roter/blauer/orangefarbener oder stroboskopisch verblitzter Kulisse. Das halten Sie nicht aus? Doch. Wenn Sie das Fremdschämen überwinden, werden Sie sogar Ihre helle Freude daran haben können. Wenn Sie nämlich Ihre Diagnose-Brille aufsetzen und vom gemütlichen Sofa aus in kürzester Zeit eine Vielzahl von *Personal Brands* in unterschiedlichen Entwicklungsstadien betrachten können.

Unter den schrillen Selbstoptimierern und PR-Marionetten sind tatsächlich manch kostbare Perlen, die sich erst auf den zweiten oder dritten Blick erschließen. Wenn Moderatoren und Redakteure es verstehen, ihren Gästen eine würdige Plattform zu geben, entstehen so erstaunliche und bewegende Momente im Studio, spürbar für jeden Zuschauer. Menschen berühren uns dann mit echter Präsenz. Mit einer besonders frechen, charmanten, überzeugenden, zarten, kompetenten oder charismatischen Art, sich und ihr Herzensthema zu zeigen.

Sie möchten ein Star sein, prominent? Nur zu! Doch was unterscheidet eine Diva von einer Glamourqueen, diese von einem It-Girl? Was eine Heldin von Superwoman, eine Diva von einem Vorbild? Künstlermacher produzieren Sternchen am Fließband, Stars brauchen etwas länger, Legenden entstehen über Generationen. Alle wollen ihren persönlichen Imprint hinterlassen, am liebsten auf dem Sunset Boulevard.

Meine Bitte an Sie: Während Sie Ihre *Personal Brand* immer weiter entwickeln und Ihr eigenes Strahlen auf den Gesichtern der Zuschauer widergespiegelt finden – klären Sie für sich, zu welcher Kategorie Sie sich zugehörig fühlen wollen und handeln entsprechend. „Prominenz" entspringt dem Lateinischen „pro minere", was nichts anderes als „herausragend" bedeutet, Vorbild sein. Ein Star zu sein ist wundervoll. Macht aber nicht nur viel Arbeit, sondern erfordert auch höchste Disziplin.

Wer könnte Ihr Herzblatt sein?

Suchen Sie sich Vorbilder. Dabei gilt es nicht, den Star, die Diva als Gesamtpaket zu modellieren, sondern einzelne Facetten zu identifizieren. Was genau ist es, das Sie an diesen berühmten Frauen fasziniert?

Wenn Sie *Coco Chanel* oder *Marlene Dietrich* bewundern:
- Ihre Zielstrebigkeit?
- Ihren Mut, die Modewelt auf den Kopf zu stellen?
- Ihren Männerverschleiß?
- Ihren Willen zur unbedingten Freiheit?
- Ihre Coolness (denken Sie an die typischen Geste mit Zigarettenspitze)?

Madonna (oder auch *Nina Hagen*):
- Ihre Musikalität?
- Ihre sportliche Zähigkeit?
- Ihre Fähigkeit, sich genau in dem Moment, in dem die Welt sicher ist, sie zu kennen, komplett neu zu erfinden?
- Dabei dennoch immer als Madonna erkennbar zu sein?
- Ihre jugendlichen Lover?

Margot Käßmann:
- Ihr unerschütterlicher Glaube?
- Ihre Fähigkeit, Fehler auch öffentlich einzugestehen?
- Ihre Sensibilität, blitzschnell konsequent zu handeln und dadurch eine bedeutungsvolle Position zu verlieren?
- Tiefe Lebenskrisen zu überwinden und dabei sich selbst und ihren Überzeugungen treu zu bleiben?

Angelina Jolie:
- Ihre unglaubliche Sinnlichkeit?
- Ihr Talent, sich exhibitionistisch und hart am Rande des Wahnsinns zu zeigen?
- Ihren Mut, öffentlich sichtbar eine Kehrtwende in ihrem Leben zu vollziehen?

- Ihre Rolle als Lara Croft?
- Ihr Commitment zu Kindern?
- Die Gelegenheit genutzt (geschaffen?) zu haben, sich Brad Pitt zu angeln?

Angela Merkel:
- Das höchste Amt in der politischen Bundesrepublik innezuhaben?
- Allen Unkenrufen zum Trotz die Verwandlung von ‚Kohls Mädchen aus dem Osten' zu einer starken, weltweit anerkannten Persönlichkeit zu schaffen?
- Offensichtlich recht entspannt mit boshafter Kritik an ihrem Äußeren umgehen zu können?

Diese Liste lässt sich endlos weiterführen. Wer fasziniert Sie? Welches Verhalten, Sprachmuster, Aussehen, Auftreten genau? Machen Sie sich mit dieser Qualität vertraut und finden Sie Ihren ganz eigenen Ausdruck dafür. Betrachten Sie Ihre Umgebung: Ihre Mutter, Freundin, Nachbarin, Kollegin, Ärztin, Bäckersfrau – überall gibt es Details, die besonders sind. Anerkennen Sie diese – und sprechen Sie übrigens ruhig mal laut aus, was Ihnen positiv auffällt!

Entwickeln Sie jedoch Ihren eigenen Stil, Ihre ureigenen Ausdrucksformen. Dass dies nicht nur das Outfit meint, ist Ihnen längst klar. Seien Sie nicht die x-te Kopie einer anerkannten Nr. 1, sondern die exzellenteste *Personal Brand,* die Sie sein können: Ihre eigene. Und ob dazu ein Merkel'scher Hosenanzug oder Lara Crofts waffenscheinpflichtiges Outfit gehört, ob Sie sich öffentlich zum Glauben oder zu einer politischen Partei bekennen: Sie entscheiden! Denn Sie haben längst Ihren roten Faden gefunden und folgen Ihrem Kompass mit eigener Markenstrategie.

Reden Sie darüber

Geschichten füttern Ihre *Personal Brand* an. Stories machen Ihre Marke sofort spürbar und verbildlichen viel schneller als Erklärungen, worum es geht. Am besten natürlich selbst erlebte Stories. Sie dürfen auch Erlebnisse von anderen oder erfundene Geschichten erzählen – wenn es Ihrer *Personal Brand* nutzt und Sie nicht vergessen, den Urheber dabei freundlich zu bedenken! Metaphern eignen sich ebenfalls, um Ihre Positionierung komprimiert und eindrucksvoll zu untermalen. Wie Sie kunstvoll von sich selbst und, sehr wirkungsvoll: andere glaubhaft und begeistert über Sie sprechen (lassen) – dazu gibt es einige gute Ratgeber.

By the way: Erinnern Sie sich an die TV-Moderatorin und ihr Anliegen? Sie war so mutig, sich wirklich mit den „Zauberfragen" auseinanderzusetzen. Sie hatte den Ruf so überdeutlich gehört, dass sie ihn nicht länger ignorieren wollte und machte sich auf die Reise. Mit dabei: unzählige Koffer voller Dinge, die sie für das Bestehen des Abenteuers für unerlässlich hielt. Aufgeregt und sehr interessiert, zwischendurch jammernd und kämpfend, dann wieder beglückt. Mentoren tauchten an den Stellen ihrer größten Angst auf und unterstützten ihre Zuversicht in die eigene Kompetenz. Eine abenteuerliche Reise, an deren Ende sie um viel Gepäck leichter, dafür reich beschenkt mit ihrem Elixier zurückkehrte. Sie hat sich selbst ermächtigt. Heute produziert sie sehr erfolgreich unterhaltsame, tiefsinnige und viel beachtete Beiträge ausschließlich zu den Themen, die sie selber interessieren ... und die 3 Damen von Seite 1? Bis jetzt hat sich keine getraut. Wenn Sie sich bewerben möchten – gerne!

Zum goldenen Schluss

Eine *Personal Brand* zu entwickeln, zu konstituieren und nachhaltig lebendig zu erhalten, erfordert Aufmerksamkeit. Kontexte und Bedingungen ändern sich, Handlungen und Einsichten addieren sich zu neuen Erfahrungen. Sie selbst ändern sich. Und das ist gut so! Ihr Markenkern wird sich im Wesentlichen nicht verändern. Die Art der Kommunikation darüber und Ihre Marketingmaßnahmen jedoch immer mal wieder. Es ist sinnvoll, sich hierauf beizeiten einzustellen.

Schaffen Sie sich regelmäßige Freiräume, in denen Sie über Ihre Positionierung nachdenken und die IST-Situation analysieren. Was passt noch? Was kann verschwinden? Was muss sich ändern? Was ist der nächste sinnvolle, kleinstmögliche Schritt? Diese zunächst so unscheinbar wirkende Frage hat es wahrhaft in sich. Mir persönlich hat sie nach Jahren atemlosen Stresses und innerer Blockaden („Denke groß! Es muss perfekt, gefällig und großartig sein!") endlich erlaubt, loszugehen, meinen sehr eigenen Weg zu ertasten und mich selbst voranzubringen: ängstlich anfangs, step-by-step mutiger, orientierter, irgendwann auf dem Weg war das entspannte Lachen wieder da. Ein kleine Frage, ein magischer Zaubersatz (den wir hier noch nicht verraten) und ich konnte loslaufen.

Gönnen Sie sich professionelle und wertschätzende Unterstützung an jeder Stelle Ihrer Reise, wo es für Sie alleine nicht flüssig und leicht vorangeht. Sie wissen: Die einzigartige Talente-Fähigkeiten-Kombination macht es aus. Und das, was für Sie mühsam ist, ist für eine andere gerade das schönste Kompetenzfeld!

Ihre *Personal Brand* lebt nur durch Sie. Sie spiegelt Ihren Charakter und alles, was dazugehört: Leidenschaften, Werte, Ziele, Erfahrungen, Talente.

Es braucht jede nur mögliche Ressource, jede Qualität, jede *Personal Brand,* um unsere Gesellschaft und Organisationen zu entwickeln.

Fangen wir bei uns an – mit Geist, Glaubwürdigkeit und der prickelnden Prise Glamour!

JENISON THOMKINS

DARIN BIN ICH *PROFESSIONAL WOMAN*: Ich bin selbstständige NLP-Lehrtrainerin und Gründer-Coach in phantasievollen eigenen Schulungsräumen, dem Atelier für NLP & Persönlichkeitsentwicklung. Hinzu kommt mein ehrenamtliches Engagement in diversen wirtschaftsnahen Frauen-Netzwerken und im DVNLP-Verband. Gern übernehme ich Vortrags- und Moderationsaufträge. Typisch für mich ist der kreative und forschende Stil. Aus meinem „Vorleben" fließen einerseits Farben, Trommeln, Tanzen und Theatermethoden in meine Seminare ein. Andererseits erforsche ich als Ethnologin beständig den „Stamm der selbstständigen Frauen", um herauszufinden, wie sie es schaffen, Wege zum fraulichen Erfolg zu finden und Vorbild für die folgenden zu sein.

DAS HABE ICH VORHER GEMACHT: Künstlerische Bildung im Elternhaus, musikalisch-künstlerische, percussive Performances und Inszenierungen im musealen Raum, Leitung einer Textilwerkstatt mit „Schulmüden" im sozialen Brennpunkt, 9 Jahre Unterrichtsauftrag im Bereich Textilgestaltung und 5 Jahre Unterrichtsauftrag Seminarmethoden in der Erwachsenenbildung (Uni Köln).

DAS HAT MEINEM LEBEN RICHTUNGSÄNDERUNGEN GEGEBEN: Studienortwechsel von Essen (Geburtsort) nach Münster (Studium Ethnologie), Amsterdam (Studium/Hausbesetzerszene), Berlin (Theaterinszenierung) und Köln (Heirat, 2 Söhne). Mit 40 stand ich vor einer kompletten beruflichen Neuorientierung und entschied mich, selbstständige Lehrtrainerin für NLP zu werden.

FÜR ERFOLG BRAUCHT MAN: Gewissheit, das Richtige zu tun, Chancen und Unterstützung, herausfordernde Widerstände, Ausdauer, Spaß!

DAS HABE ICH ZULETZT GELERNT: Kooperieren mit starken Frauen und klaren Rollen, Vertrauen auf mein Bauchgefühl, mich von lähmenden Geschäftsbeziehungen zu lösen, zum richtigen Zeitpunkt Aufgaben zu delegieren, öfter mal etwas nicht zu tun und mich dran freuen, dass die Welt davon nicht untergeht!

DAS WÜRDE ICH GERNE NOCH LERNEN: Noch mehr Vertrauen entwickeln in das Gefühl von „Geführt werden". Und ich würde gern frecher und mutiger werden!

DIESER FILM GEFÄLLT MIR: „Was das Herz begehrt" (mit Jack Nicholson und Diane Keaton); „Jane's Journey" (über Jane Goodell, die Chimpansenfrau); „The Women" (von George Cukor); „Personal Service" (ein herrlich komischer Kultfim aus den 80er Jahren über Dominas).

DIESES BUCH GEFÄLLT MIR: „Die Frauen der Coornvelts" (von Jo van Ammers-Küller, ein feministischer Roman aus den 20er Jahren, topaktuell); Stieg Larssons 3 Krimis, atemberaubend spannend; und „Die Kunst der Überzeugung" von Robert Cialdini.

DIESES BUCH EMPFEHLE ICH DEN LESERINNEN MEINES BEITRAGS BESONDERS: „Das 21. Jahrhundert ist weiblich" von Susanne Kleinhenz und „Starke Frauen sagen, was sie wollen" von Phyllis Mindell.

IN DIESER LANDSCHAFT HALTE ICH MICH GERN AUF: Weite hügelige abwechslungsreiche Landschaften und besonders gern die Alpen! Das macht mich glücklich und andächtig.

EINE STADT, DIE ICH LIEBE: Amsterdam, romantische Grachten, kreative Lädchen, lauschige Cafés mit weiblich-verspielt-gesunden Leckereien, moderne Architektur und das Ganze in menschlichen Dimensionen: in 30 Minuten ist man mit dem Fahrrad durch!

DAS BERÜHRT MICH: Wenn das ganze Publikum innig bei Marius Müller-Westernhagen das Lied „Freiheit" mitsingt, Menschenketten, überhaupt, wenn viele gemeinsam für das Gute sind.

DAS KOSTET MICH KRAFT: Ewig zweifelnde Skeptiker, trotzige, verwöhnte Menschen, Pedanten und brüllende Rechthaber. Und natürlich Bürokratie!

DAS GIBT MIR KRAFT: Die Frauenrunde, zusammen lachen, tanzen, gute, tiefe Gespräche, Zärtlichkeit und Humor mit meinem Partner, Alleinsein in der Natur.

DAS TUE ICH GERN FÜR MICH: Spannende Bücher lesen, leckere Gerichte zubereiten, kreativ einkaufen, Outfits stylen.

DIESE RESSOURCEN KANN ICH EMPFEHLEN: Stille, Meditation, Austausch im eigenen „Erfolgsteam" mit freundlich gesinnten Frauen, Wohnmobilreisen mit dem Partner „ins Blaue hinein".

MEIN SCHÖNSTER LUSTKAUF: Zuletzt noch ein „Flipwood" (neues Flipchart aus Holz), ein neuer iMac, originelle Schnäppchenjagd im Secondhandladen.

DAS TUE ICH, WENN ICH ÜBERRASCHEND ZWEI STUNDEN ZEIT GEWINNE: Ich mache mir einen schönen Cappuccino und ein Nuss-Blaubeeren-Joghurt und lese dazu einen inspirierenden Artikel, oder ich gehe im Stadtgarten spazieren und schau mir an, was meine Lieblingsbäume grad machen.

ETWAS WICHTIGES, DAS ICH AUF DEM WEG ZUR *PROFESSIONAL WOMAN* GELERNT HABE: Ich kann alles erreichen, was mich wirklich interessiert, ich kann andere mitziehen, wenn ich eine klare Win-Win-Vision habe und bereit bin, immer wieder kleine Schrittchen nach vorn zu initiieren.

MEINE WWW(S): www.nlp-atelier.de und www.nlp-gruendercoaching.de.

JENISON THOMKINS

Wir Frauen sind ein Magnet!

Wie das alte Yin & Yang-Modell zur Erfolgs-Strategie für selbstständige Frauen wird

Diesen Artikel widme ich gründungswilligen und selbständigen Frauen, um sie zu motivieren, sich auf ihre weiblichen Stärken zu besinnen und mit Leichtigkeit alles anzuziehen, was sie möchten! Ich möchte Sie an meinem theoretischen Gedankengang teilnehmen lassen und Ihnen mit praktischen Übungen, Beispielen und ausführlichen Schilderungen die spannenden Möglichkeiten näherbringen, die sich Ihnen bieten, wenn Sie Ihre eigene Magnetkraft entwickeln und einsetzen!

Warum sind Frauen magnetisch? Und warum ist das gut?

Alles begann, als ich mich vor 12 Jahren selbstständig machte und diverse Bücher zum Thema Existenzgründung studierte. Ich konnte mich einfach nirgends so richtig wiederfinden.

„Am Anfang müssen Sie sich kritisch fragen, ob Sie gewillt sind, mehr zu arbeiten, mit ungewissem Einkommen, mit mehr Verantwortung und hoher Disziplin. Wenn Sie diese Punkte für sich mit Ja beantworten können, benötigen Sie eine Planung, einen Finanzplan und eine Geschäftsgründung." (aus: *http://www.berufszentrum.de/ artikel_0803.html*)

So unromantisch und trocken klingt meistens das Thema: „Wie mache ich mich selbstständig?" Begriffe aus der Jagd- oder Militärsprache, wie man sie im Marketing- und Akquisebereich zuhauf findet, wie „harter Existenzkampf", „die feindliche Welt da draußen", „Positionsbestimmung", „Marschrichtung", „Kampagne", „flankierende Maßnahmen", „Zielgruppe", „Fokus", „scharfe Konkurrenz" „Ellbogen einsetzen", „den Sack zumachen" oder ähnlich martialisch klingende Anweisungen und Checklisten, was alles *getan* werden muss, sprechen Frauen nicht an. Kein Wunder, dass Frauen, wenn ihnen derartige „Tugenden" und Einstellungen abverlangt werden, sich verunsichert und abgeschreckt fühlen! In vielen Gründerinformationstexten werden solche Glaubenssätze als unumstößliche Vorraussetzung für den selbstständigen Erfolg dargestellt.

Frauen verspüren jedoch in ihrer Arbeit keinen „Jagdinstinkt". Wir möchten weder lernen, Fallen auszulegen, noch auf der Lauer liegen, um Kunden zu erlegen. Es muss auch nicht dauernd „vorwärts!" gehen. Erst recht möchten wir nicht mit Konkurrenten um Kunden rivalisieren!

Frauen haben vielmehr, das stelle ich immer wieder in unseren Akquise-Clubs fest, eine Art natürliche „Beißhemmung". Die Vorstellung, den Kunden als Beute zu sehen, auf den frau sich stürzt, ist für viele Frauen einfach absurd! Forderungen zu stellen und sich Bedürfnisse zu erfüllen, bekommen wir schon als kleine Mädchen aberzogen. Genauso schickt es sich nach wie vor nicht, und sie verlieren ihren Status, wenn Mädchen Jungs anmachen! Stattdessen investieren wir in unsere magnetische Anziehungskraft und schaffen mithilfe von Outfit, Kriegsbemalung, Haltung und Bewegung ein magnetisches Feld, das, so hoffen wir, die/den Richtige/n anzieht.

Die Emanzipationsbewegung hat dieses Verhalten jahrzehntelang angeprangert. Genau das würde uns zum fremdbestimmten Lustobjekt machen. Damit haben wir aber das Kind mit dem Bade ausgeschüttet, behaupte ich. Denn wenn wir das bequeme Magnetleben aufgeben, müssen wir raus aufs Schlachtfeld! Und dazu sind wir nach wie vor nicht ausgerüstet! Weder technisch (Beißhemmung, fehlende Ellenbogen), noch im Hinblick auf unsere Einstellungen und Werte.

Unser Anliegen ist es, und das bestätigen viele Frauen in meinem Unternehmerinnen-Netzwerk „Femme Total", mit unseren Produkten und Dienstleistungen die Menschen darin zu unterstützen, ihr Leben so zu leben, wie sie es wollen. Harmonie, Kreativität, Vielfalt und Erfüllung sind die Werte, die die meisten selbstständigen Frauen laut Studien, in ihrer Arbeit anstreben. Sie möchten ihre Arbeit so gut machen, dass die Kunden einfach kommen. Gründerinnen möchten sich auf ihr Projekt konzentrieren, ganz darin eintauchen und schließlich irgendwie von den richtigen Kunden gefunden werden. Wie Dornröschen im hintersten Schlossgemach.

Wer sagt, dass diese Herangehensweise nicht professionell ist? Das ist Magnetkraft pur! Wenn der Magnet funktioniert! Es kommt auf die klare Ausrichtung an. Bei Dornröschen hat es jedenfalls gut geklappt! Wie könnte es bei Ihnen klappen?

Für Männer ist Selbstständigkeit, überhaupt das ganze Berufsleben ein harter Kampf – wie Krieg eben. Sie gehen auf die Jagd, um Beute zu schlagen. Dabei sind sie meistens in ihrer Kraft. In ihrem Element! Viele Männer identifizieren sich mit Werten wie Biss, Durchsetzungskraft, Status und dem Recht des Stärkeren. Stichwort „Wolfsrudel"! Sie lieben es, sich durch Mut, Stärke und Leistung hervorzutun. Sie wollen vorwärts, hassen Stillstand. Sie sind fokussiert, engagiert, aktiv. Es geht ihnen um die Erfüllung von Aufgaben. Meßlatten aller Art sind wichtig, um ihren Erfolg beweisen zu können. Sie sind darauf aus, Erfolg zu haben, eben „Beute" zu schlagen, um Anerkennung und Entschädigung zu bekommen. Das ist für sie völlig okay – und für uns Frauen ja auch, wenn sie uns die Beute vor die Füße legen!

Männer reden auch gern und mit jedem über ihre Umsätze, die Anzahl ihrer Mitarbeiter und die Größe des Unternehmens. Welche Frau hat man je so sprechen hören? Das ist für Männer ganz normales „social ranking". Wer ist der Größte, Beste, wer hat den Längsten? Sie lieben Hierarchien, das macht das Leben einfach. Jeder hat seine Position und weiß, was dort zu tun ist. Die Verantwortlichkeiten sind klar geregelt.

Das funktioniert bei Frauen jedenfalls anders. Finanzen sind unter Frauen ein Tabuthema. Keine möchte Neid erregen, oder sich in die Karten (Pötte) schauen lassen, denn Frauen wollen in Frieden und Harmonie leben. Uns geht es um die gute Stimmung. Das vermittelt ein Gefühl von Sicherheit und Geborgenheit. Wie in der Familie.

Dazu knüpfen wir Verbindungen in alle Richtungen, um tragfähige soziale Netze zu bilden. So entsteht ein magnetisches Feld, mit dem wir Geschäftspartner, Freundinnen, InteressentInnen und Kunden anziehen! Unterschiede, wie die von Status, Geld und Hierarchie würden die Balance von Geben und Nehmen innerhalb des Netzwerks (wie innerhalb der Familie) stören. Hier heißt es: „Gleich und Gleich gesellt sich gern"! Also spielen die Erfolgreichen ihre Triumphe lieber herunter, als damit anzugeben.

Das birgt aber die Gefahr des Aschenputtel-Angst- und Mangeldenkens! Wir haben gelernt, dass wir alles im Leben zurückbekommen. Besonders das Schlechte. Deshalb suchen wir auch im Business immer Win-Win-Strategien, möchten keinem schaden. Wir stellen uns hübsch bescheiden und klein auf, stellen unser Licht unter den Scheffel, wollen niemandem auf die Füße treten („Brave Mädchen kommen in den Himmel ..."). Damit möchten Frauen Sicherheit und Versorgung (Liebe) erreichen. Und Anerkennung für ihren Verzicht erhalten. Wie in der Familie. Die gute Tochter sein. *Das schwächt aber die Magnetkraft und wir überlassen anderen die Macht!*

Und da liegt der Haken. Die Kunden reagieren anders als Familienmitglieder! Sie möchten nicht „dankbar" sein, weil wir den eiligen Auftrag so fleißig und aufopfernd noch am Wochenende erledigt haben. Sie bleiben einfach weg, wenn das nett gemeinte, günstige Angebot sie trotzdem nicht anspricht. Und frau kann sie weder durch Bauchpinseln noch durch Schmollen zum Kaufabschluss bringen! Wenn sie es tut, verliert sie ihren Status – und den Respekt des Kunden. Würden Frauen ihre Magnetkraft stärker entwickeln, so bräuchten sie sich nicht erfolglos und ineffektiv auf unfruchtbaren Feldern abzurackern! Also *raus aus der Aschenputtelfalle!*

In der Unternehmerinnen-Netzwerkrunde schmunzeln wir, wenn mal wieder eine Neue erklärt, die Werbung solle jemand anderes für sie machen! „Das kann dir keiner abnehmen", bekommt sie dann zu hören. Das ist genau die Existenzgründungsaufgabe: sich klar zu positionieren und Flagge zu zeigen. (Eigentlich auch wieder ein militärischer Begriff! Hm. Na okay.) Die wichtigste Aufgabe für eine Gründerin ist, ihr einzigartiges Produkt/ihre hervorragende Dienstleistung, das/die ein elementares Kundenbedürfnis befriedigt, optimal zu platzieren und in der richtigen Art nach außen hin zu kommunizieren.

Aufbau eines Dauermagneten

Positionierung, Profilierung und Inszenierung sind die drei Schritte zum Erfolg. Das entspricht in etwa der Herstellung und dem Aufbau eines Dauermagneten. Dieser besteht aus unzähligen kleinen Elementarmagneten, in denen sich jeweils ein Elektron in eine Richtung um einen Atomkern bewegt. Wenn die Elementarmagneten nicht in dieselbe Richtung kreisen, kann kein Magnetismus entstehen! Um dauerhafte Magnetkraft zu erreichen, müssen die richtigen Metalle gefunden und kombiniert werden, die durch die Bewegung aller ihrer Elementarteilchen in dieselbe Richtung ein elektrisches Feld erzeugen.

Hier müssen Frauen also noch viel hinzulernen! Es mangelt ihnen nicht an Ideen und Motivation, aber in der Umsetzung fehlt das Selbstvertrauen. Sie lassen sich zuviel durch ihr Umfeld ablenken und aus dem Konzept bringen. Das birgt die Gefahr der Verzettelung!

Vor allem Werbung für sich zu machen fällt Frauen unendlich schwer. Sie können nur schwer zwischen sich als Person und ihrer Dienstleistung unterscheiden. Eine Aufgabe zu erledigen „nur" um Geld damit zu verdienen, fällt der „guten" Tochter schwer. Zu sehr ist die Identität mit der Botschaft verbunden. Es fühlt sich an wie Prostitution, zum Hörer zu greifen und einen Kunden von objektiven Qualitäten zu überzeugen, um direkt zum Kaufabschluss zu kommen.

Und so kommt es immer wieder, dass Frauen sich besonders am Anfang ihrer Selbstständigkeit ständig defizitär fühlen, als ob sie im falschen Film sind. Nach außen hin mimen sie im Hosenanzug verkleidet die „Unternehmerin", leisten der Bank gegenüber Lippenbekenntnisse über Erfolgsprognosen, an die sie selbst nicht glauben, und treiben mit ihrem Steuerberater Unzucht mit Zahlen (nennt sich Businessplan), weil man das von ihnen erwartet. Innerlich zweifeln sie stark an alledem, was sich in geringen Bankkreditforderungen, unscheinbaren Visitenkarten und so gut wie keinem Werbeetat zeigt. Eigentlich wollen sie doch einfach nur etwas Schönes, Sinnvolles mit ihrem Leben gestalten, die Welt retten und endlich glücklich sein! Aber das ist ja nicht professionell!

„Was, damit willst du Geld verdienen?" wird die angehende Feng-Shui-Berate-rin oder Astrologin von ihrem Mann und im männlichen Freundeskreis ungläubig gefragt. „Wer will schon so was haben?" (Sie bestimmt nicht!). „Du bist ja süß! Aber so macht man das doch nicht!" (bunte Visitenkarten, Homepages mit schöner Musik ...). „So kannst du doch kein Geschäft aufbauen." (niedrige Preise, Rabatte, Schnupperstunden ...). „Lass mich dir mal erklären, wie man das richtig macht!"

Und wehe, die Frau folgt diesen Ratschlägen! Dann steht sie schnell zwi-schen zwei ganz unterschiedlichen Ansätzen und verhindert ihren Erfolg. Wenn sie sich versteckt und sich im vorauseilenden Gehorsam nach männlichen Kri-terien aufstellt, führt das z.b. zu vollkommen unpersönlichen, langweiligen „me too"-Homepages, oder großformatigen Hochglanz-Flyern, auf denen man durch gestelzte Wortwahl und Wischi-Waschi-Formulierungen irregeleitet wird zu glauben, es handele sich um ein überregional agierendes Profi-Team, obgleich im Impressum nur eine einzelne Frau angegeben ist. Dies entspricht eher dem männ-lichen Ideal des Pfauenrades oder Löwengebrülls!

Die so „beratene" Frau gerät in einen zermürbenden Konflikt zwischen über-proportionierter Außendarstellung und geringem Selbstwertgefühl als Anfänge-rin. Das birgt die Gefahr der *Entfremdung* von sich selbst.

Der Magnet-Ansatz

Also, fragte ich mich zu Beginn meiner Selbständigkeit vor 12 Jahren, was ist nun der richtige Ansatz für Frauen, wenn sie sich selbstständig machen, aber nicht auf den Kriegspfad gehen wollen? „The personal is political" hieß es zu meiner Studi-enzeit in Amsterdam. Wir konnten uns damals in aller Ruhe sogenannten „Frauen-studien" hingeben und eigene Fragestellungen wissenschaftlich erforschen.

„Auch die historische Frauenforschung hat ja immer betont, dass kulturelle Wer-tigkeiten neu definiert werden müssen: Dass es bei der Geschichtsschreibung nicht darum geht, Kriege und Staatsverträge in den Mittelpunkt zu stellen, sondern All-tagsleben und Beziehungsformen. Dass es genauso wichtig war, dass die Nähmaschine erfunden wurde, wie die Feuerwaffe. Dass Familienformen ebenso wichtig sind, wie Staatsformen." (Antje Schrupp, Brauchen wir „große Frauen"?; http://www.antje-schrupp.de/grosse-frauen-artikel)

Sich das Recht auf eigene Werte und Betrachtungsweisen zu nehmen ist sehr wichtig, um kraftvoll in der eigenen Spur zu laufen. Wenn wir Frauen in der Selbst-ständigkeit z.b. einfach langsamer, umsichtiger und romantischer vorgehen wol-len, dann ist das eben so! Und es macht keinen Sinn, nur weil man uns einredet, das sei nicht professionell, zu versuchen, nach anderen Werten zu leben. Denn dann ist 1. niemand auf meinem Weg (keiner „zuhause") und ich bin 2. nicht so gut auf diesem Weg wie der- oder diejenige, dessen/deren Weg es ist. Mein Weg verwaist und andere fühlen sich in ihrer Bahn durch mich gestört!

Soviel zum Thema: Alle erhalten dieselbe Aufgabe – „Klettern Sie auf diesen Baum!" „Alle" sind: 1. Affen, 2. Elefanten! Was bringt es Elefanten, wenn man ihnen beibringt, zu klettern wie Affen, wenn sie doch viel besser Steine schleppen können? Und wie fühlen sich die Affen, wenn Elefanten auf die Bäume kämen?

Der „weibliche Weg" – wie geht das?

Lassen Sie mich es ganz banal sagen: „Frauen denken anders als Männer und haben auch ganz andere Gefühle" (Zukunftsforscherin Faith Popcorn). Deshalb brauchen sie auch andere Strategien auf dem Wege zur Selbstständigkeit! Männer betrachten es seit Jahrtausenden als ihre Pflicht, Geld zu verdienen. Das ist ihr Standbein. Zuhause möchten sie sich entspannen. Das ist ihr Spielbein. Bei Frauen ist es genau umgekehrt. Wir organisieren unsere Berufstätigkeit grundsätzlich so, dass wir bei Bedarf, wenn Kinder, Eltern oder Partner uns brauchen, alles stehen und liegen lassen können, um uns um sie zu kümmern. Das ist unser Standbein. Im Beruf möchten wir nicht noch mal Pflichterfüllung und Disziplin auferlegt bekommen, sondern Anerkennung und Spaß! Hier ist unser Spielbein!

Das ist, meiner Meinung nach, das eigentliche Hindernis von Frauen, Karriere zu machen. Wenn der Spaß und das richtige Ambiente fehlt, sehen sie keinen Sinn mehr in der Plackerei. Allgemein lässt sich beobachten, dass Frauen, wenn sie sich zu lange in männlich dominierten Arealen aufhalten und mit Männern und ihrem Verhalten mitziehen wollen, an Kraft und Gesundheit verlieren und ausbluten. Je älter wir werden, desto deutlicher zeigt sich das. Besonders Frauen in Hierarchien, also die meisten Angestellten, entfremden sich immer mehr von sich selbst. Sie können ihre Magnetkraft im männlichen Konkurrenzkampf einfach nicht mehr aufladen! Dann mutieren sie entweder zum Mauerblümchen oder zur Zicke. Die „Zicke" ist eine Frau, die an der Wand steht und nur noch durch Abwehr ihren inneren, ausgelaugten Raum verteidigen kann!

„Identifiziert eine Frau sich (...) mit Männern, wird sie im allerbesten Falle ein halber Mann werden können. Sie wird, auch wenn sie noch so tüchtig und anpassungsbereit ist, nur Gast sein in den Männerbünden – und sich als Frau verleugnen müssen. Will eine Frau wirklich ihren Weg gehen, kann sie sich zwar auch von Männern ermutigen lassen, ja braucht in der Regel ihren Segen – wie im klassischen Fall

der ‚Vatertochter', des mit dem Vater identifizierten Mädchens –, aber muss sich letztendlich an Frauen orientieren können. Denn steht sie nicht in der Tradition ihres eigenen Geschlechts, bleibt sie ein Strohhalm im Wind und ist leicht wieder wegzupusten." (Alice Schwarzer, EMMA November/Dezember 2003)

Im Alter zwischen 40 und 50 Jahren machen sich viele erfolgreiche Karrierefrauen aus Frust über hartnäckige Yang-Strukturen am Arbeitsplatz mit einem geliebten Teilbereich ihres Aufgabenfeldes selbstständig. Und geraten dann, wie oben beschrieben, in die Akquiseproblematik, wo sie von Yang-Beratern erfahren, dass sie nun erst recht ihre Ellenbogen zum „Überlebenskampf" einsetzen sollen!

Zu Beginn meiner eigenen Selbstständigkeit munterte mich meine Gründercoachin, Eva Kanis, hingegen so auf: „Frauen sind ein Magnet", sagte sie einfach. „Sie brauchen nicht auf die Jagd zu gehen!" Das beflügelte meinen Geist. Bis heute! Wie entspannend: nicht auf die Jagd gehen, um Beute zu schlagen, sondern relaxen und in unser Wohlergehen investieren, damit wir so verlockend werden, dass andere sich gern „ein Scheibchen von uns abschneiden" möchten! Das klingt doch sehr verlockend!

Beweis der Magnettheorie?

Aber womit könnte man diese wundervolle Einsicht begründen, fragte die Forscherin in mir. Tja, den Beweis muss ich Ihnen wohl, im wissenschaftlichen Sinne, schuldig bleiben. Es handelt sich um eine metaphorische Behauptung, die durch Abstraktion von Beobachtungen im Alltag und in der Natur gewonnen wurde.

Ob Frauen überhaupt eine separate, von Männern klar unterscheidbare Kategorie bilden, hat trotz vieler Versuche noch niemand schlüssig beweisen können. Wie groß der „kleine" Unterschied in Wahrheit ist, wer kann das feststellen, wo doch jede/jeder immer nur mit ihrer/seiner Brille die Welt betrachtet und von daher nur das sieht, was er/sie weiß/annimmt/voraussetzt.

Aber das sollte uns nicht daran hindern, unser Magnetfeld zu stärken, denn 1. ist es ja, wenn man sich so umschaut, offensichtlich, dass Frauen ein Magnet sind (man denke nur an St. Pauli), und 2. ist es einfach nützlich, so zu denken! Deshalb lassen Sie uns einfach einmal annehmen, die Behauptung sei wahr.

Gedanken werden Wirklichkeit!

Unser Fokus liegt mit seinen immerhin 40 Millionen Wahrnehmungseinheiten-Bits pro Sekunde immer genau auf dem, wohin wir schauen, auf das wir hören, was wir riechen oder gerade bewusst schmecken und fühlen. D.h. das, worauf wir uns mit unseren Sinnen konzentrieren, ist unsere Realität. Die Brille, die wir tragen, nehmen wir erst wahr, wenn wir sie absetzen.

Self fulfilling prophecy: Glaube erschafft Realität

Wenn ich glaube, dass ich anderen hinterherlaufen muss, dann ist es so! Wenn ich glaube, dass ich attraktiv und wertvoll bin, dann dauert es nicht lange, bis man mich umschwirrt, „wie Motten das Licht" (Marlene Dietrich)! So erklärt sich die sogenannte „self fulfilling prophecy". Man kann es auch mit der deutschen Redensart verdeutlichen: Wie es in den Wald ruft, so schallt es zurück. Oder mit dem altägyptischen, spirituellen Gesetz der Resonanz: „Außen wie Innen".

Die Frage ist, wollen Sie lieber ein Magnet sein oder magnetisiert werden? Folgen Sie Ihrem Stern! Oder lieber dem eines anderen? Ihr Leben gehört Ihnen! Machen Sie doch damit, was Sie wollen! Wessen Geistes Kind sind Sie? Wollen Sie ent-geistert vor dem Leben weglaufen oder andere begeistern? Sie haben es zu einem großen Teil in der Hand!

Wenn Sie mir nun also folgen wollen, und einmal den Satz, „Wir Frauen sind ein Magnet" auf sich wirken lassen möchten, dann machen Sie hier eine Pause und gönnen sich eine Kurz-Meditation, bei der sie einmal spüren können, wie Ihr Körper darauf reagiert.

KURZ-MEDITATION: „ICH BIN EIN MAGNET!"
Schließen Sie die Augen und geben Sie sich zwei Minuten ...
Lassen Sie alles auf sich zuströmen und werden Sie ganz ruhig und gelassen.
Sagen Sie sich: „Ich bin ein Magnet, ich brauche nichts zu tun!
Ich bin groß und schwer.
Ich bin klar ausgerichtet.
Ich bin einfach da.
Ich bin schön. Ich bin attraktiv!
Ich ziehe alles an, was mir gut tut.
Alles geschieht von selbst."
Wie fühlen Sie sich, wenn Sie so entspannt und erfüllt dasitzen und einfach in größter Gelassenheit alles auf sich zukommen sehen in der genüsslichen Gewissheit, dass Sie nichts aus der Ruhe bringen kann?

Yinkraft ist reine Magnetkraft!

Unser Thema, die Magnetkraft der Frauen, findet sich im Kreislauf von Yin und Yang wieder, wo es, analog zur Fortpflanzung, heißt: Yang beginnt und gibt (Sperma), Yin empfängt (wird schwanger). Yin transformiert das Empfangene

(Baby) und gibt dann. Nun empfängt Yang. Das klingt wie die Definition von Wechselstrom im Magnetismus! Yin steht, laut chinesischem Denken, für die weibliche, Yang für die männliche Kraft.

„YANG (männliche Kraft): Himmel, Sonne, aktiv, Führen, Wachen, Reden, Handeln, Gehen (zielgerichtet), Singen, Tun, Tag, Frühjahr und Sommer, positiv, warm, ausdehnend, schnell, trocken, hoch, weit, rechts, hell; am Körper: Kopf, obere Extremitäten ...

YIN (weibliche Kraft): Erde, Mond, passiv, Nachfolgen, Schlafen, Ruhen, Essen, Trinken, Zuhören, Meditieren, Aufnehmen, Spazieren (ohne Ziel zur Erbauung), Nacht, Herbst und Winter, negativ, kalt, zusammenziehend, langsam, feucht, niedrig, nah, links, dunkel; am Körper: Füße, untere Extremitäten ...“ (Quelle: http://www.puramaryam.de/schoepftao.html)

Hier hielt ich endlich ein brauchbares Modell in Händen, um den unterschiedlichen, aber gleichwertigen Weg von Frauen und Männern zu verstehen. Männer müssen auf dem Weg in die Selbstständigkeit ihre Yangkraft stärken, also zielgerichtet, schnell, klar und dominant auftreten, während Frauen ihre Yinkraft ausnützen sollten, nämlich ruhig, langsam, nah, geerdet und ziellos sein, wie bei einem Spaziergang und dabei Yang magnetisch anziehen!

Was bedeutet es, Yin-Magnetkraft zu haben?
- Als Yin-Magneten sind wir auf Empfangen und Harmonie eingestellt.
- Es bedeutet, Empfangen ist nicht Schwäche, sondern Stärke.
- Ein Magnet kann winzig sein, aber wenn er aus den richtigen Materialien besteht und ganz und gar in eine Richtung geordnet ist, kann er einen Elefanten anziehen!
- Es bedeutet, sei der Kelch, nicht das Schwert.
- Empfangen heißt, sich für etwas öffnen und es halten. Also etwas Haben – und Sein. Darin liegt Größe, Kraft und Macht.
- Es geht dann darum, das Empfangene zu transformieren und daraus etwas Neues zu schaffen – zum Beispiel Projekte, Kreationen, Unternehmen.
- Es bedeutet, dass wir von Natur aus „attraktiv“ und anziehend sind. Es ist einfach. Und nicht anstrengend.
- Unsere angestammten Bedürfnisse sind: Ruhe, Harmonie, Gelassenheit, Offenheit, Toleranz, Liebe für andere.
- Wir kümmern uns um das Wesentliche, die Grundbedürfnisse wie Sicherheit, Komfort (Körper, Hotels, Behaglichkeit), Vorräte (Einkauf, Finanzdienstleistungen), Erziehung (wir bewahren das kulturelle Erbe und geben es weiter), Soziales und Reproduktion (Catering, Sex) und Verständigung (Coaching, Training).

- Kinder (Geschäftsideen und -felder) kommen, wachsen auf, verlassen uns und bringen uns wieder ihre Kinder. Wir ziehen sie auf. Diese Rolle ist lebensnotwendig für die Erhaltung der Menschheit.
- Wir stellen unsere Dienste zur Verfügung, locken mit Fülle, Schönheit, Glanz, Üppigkeit, Sanftheit, Freude, Gelassenheit, Sinnlichkeit, Zuversicht.
- Männer umschwirren uns, solange wir jung und fruchtbar sind.
- Später suchen sie unseren Rat bei Konflikten und schwierigen Entscheidungen.
- Sie gedeihen gut und kommen in ihre eigene Spiritualität, wenn die Frau ihr Magnet bleibt, bei dem sie Energie tanken können, um für die Jagd gerüstet zu sein.

Keine Angst, liebe Yang-Frauen (die gibt's natürlich auch)! Selbstverständlich ist das nicht alles. Im Yang ist auch ein Punkt Yin und umgekehrt und außerdem fließen und pulsieren die Elemente ineinander. Dehnt sich das eine aus, zieht sich das andere zusammen und umgekehrt. Das ist das Schöne und Weise daran! Wir können unsere Yin-Kräfte, Phantasien und Bedürfnisse ernstnehmen und ausleben, aber auch ganz bewusst ins Yang-Element wechseln, wenn das nötig und sinnvoll ist. Es geht um Gender, nicht um Biologie!

Yin-Vision: „Blaue Ozeane" und „Frauen-Biotope"

Ich finde, wir sollten „blaue Ozeane" für Frauenpower (wieder-)entdecken, auf denen wir die Nase vorn haben, weil wir auf dem eigenen Weg sind. Ein blauer Ozean ist ein Geschäftsfeld, in dem wir allein sind und nicht wie im roten das Blut des Konkurrenzkampfes fließt! Durch die magnetische Yinkraft können wir uns gut ausrichten und ein eigenständiges Profil erstellen!

So wie ein Süßwasserfisch nicht im Salzwasser überlebt, brauchen Frauen ihr eigenes Biotop, in dem ihre Unternehmen gedeihen. Wenn sie ausgewachsen sind, das wissen wir von den Kindern, können sie auch in der großen weiten Welt überleben. Aber zunächst brauchen wir für unsere jungen Unternehmenspflänzchen Schutz und die Anerkennung Gleichgesinnter auf Augenhöhe, um den Mut und die Inspiration für den selbstständigen Weg aufzubringen. Wir müssen also unsere Magnetkraft erst einmal aufladen. Das passiert im Magnetfeld der Frauenrunde. Suchen Sie sich ein passendes Netzwerk-Biotop! Werden Sie eine Magnet-Frau!

Lassen Sie uns nun von der *Theorie* zur *Praxis* gehen! Bestimmt sind Sie schon ganz neugierig, was sich für Sie ändert, wenn Sie nicht mehr jagen, sondern ihre Magnetkraft nutzen und sich einfach finden lassen!

Die Yin-Magnet-Basics: Wir Frauen werden zum Magnet, wenn wir:
- der Fels in der Brandung sind und die Ruhe bewahren.
- unser eigenes Biotop kreieren, in dem wir Chefin sind!
- es uns leicht machen.

- uns getrost auf das einlassen, was kommt!
- egozentrisch sind.
- uns auf den Kern, auf uns selbst und auf die spirituelle Weisheitssuche konzentrieren.

„Frauen müssen so tüchtig sein wie Männer, ja tüchtiger – sie dürfen aber nicht vergessen, dass sie Frauen sind. Vergessen sie es, verlieren sie ihre Identität und ihre Wurzeln – und damit ihre originäre Kraft. Nur die Frau, die im vollen Bewusstsein um ihr Frausein gleichzeitig die ‚männliche Anmaßung' (Jelinek) wagt, kann ein echtes Gegenüber für Männer und ein wahres Vorbild für Frauen sein." (Alice Schwarzer, EMMA November/Dezember 2003)

Wie wecken Sie Ihre Yin-Magnetkraft?

1. Zunächst einmal geht es darum, dass Sie Ihre Stärken und Kompetenzen erkennen. Das ist die Grundsubstanz, das Rohmaterial, die Positionierung. Wo stehen Sie, was bieten Sie? Selbsterkenntnis und Selbstannahme ist die Grundlage der Magnetkraft. Finden Sie Ihre Besonderheiten, Fähigkeiten und versteckten Träume heraus.
2. Bringen Sie nun all diese Aspekte in eine klare Ausrichtung. Das ist Ihre Profilierung. Feilen Sie mit Hingabe und Kreativität an Ihrem Produkt/Ihrer Dienstleistung herum, bis alles richtig glänzt und strahlt. Das ist „Attraktivität". Damit schaffen Sie sich ihr Magnetfeld.
3. Nun geht's an die *Inszenierung*: Um anziehend zu wirken, müssen Sie sich in gewisser Weise erstmal ausziehen. „Objekt der Begierde" sein. Sie müssen sich zeigen, ohne Verkleidung. Nur so können andere den Weg zu Ihnen finden und erkennen, dass Sie die Richtige sind! „Outing total" ist angesagt! Keine unscheinbaren Visitenkarten und Allerweltshomepages mehr! Es geht darum, Ihre Kernkompetenz deutlich zum Ausdruck zu bringen. Was sind Ihre langjährigen Erfahrungen, worin sind Sie richtig gut? Zeigen Sie sich durch Veröffentlichungen, Fotos, Vorträge und Podcasts, werden Sie „Prima Ballerina-Stadtgespräch".
4. Nun geht's um den Aufbau des Kundenstammes, um „Andockflächen". Je transparenter Sie für die potenziellen Kunden/Multiplikatoren sind, desto mehr Andockmöglichkeiten bieten Sie. Zeigen Sie sich in all Ihren schillernden Facetten. Vertrauen Sie Ihrer Ausstrahlung. Netzwerken Sie mit Gleichgesinnten. Geben Sie Kostproben Ihres Könnens kostenlos weiter. Bringen Sie sich ins Gespräch. Sorgen Sie für Rummel!
5. Leben Sie, was Sie verkaufen. „Hingabe" lautet das Motto der Magnetfrau! Das ist die „Aufgabe, Mission". Es reicht nicht, qualifiziert und engagiert zu sein. Man will es Ihnen ansehen, dass Sie Ihr Leben im Griff haben. Wenn Sie z.B.

Beziehungscoach sind, ist es nicht überzeugend, wenn sie drei Scheidungen hinter sich haben. Als Glückscoach müssen sie strahlen, als Finanzexpertin gut situiert, als Farb-und Stilberaterin gut gestylt und als Theaterfrau ausdrucksstark rüberkommen.

Sichtbare Yin-Magnetkraft in allen Bereichen
Beim Small Talk im Kontakt mit Einzelnen und in kleinen Gruppen:
- Erzählen Se viel und gerne von sich selbst.
- Versprühen Sie Begeisterung.
- Stellen Sie etwas Besonderes dar, seien Sie originell, heben Sie sich ab.
- Seien Sie laut und leise, je nach Wunsch und Gelegenheit.
- die anderen fühlen sich bei Ihnen wohl.

Im Team:
- Denken Sie für andere mit.
- Seien Sie klar, bieten Sie Orientierung.
- Seien Sie tolerant: „Jeder Jeck is anders", sagen wir in Köln!
- Wechseln Sie von Hoch- zu Tiefstatus, preschen Sie mal nach vorn, um dann in den „schweigenden Buddha" gehen.

Im Kundengespräch:
- Seien Sie wählerisch.
- Spannen Sie Netze auf und warten Sie auf die Richtigen (Kunden, Auftraggeber, Kooperationspartner).
- Lassen Sie sich finden.
- Erzeugen Sie Sogwirkung durch Attraktivität, Leuchtkraft, Originalität und erfrischende Offenheit.
- Finden Sie Ihre typgerechte Ausstrahlungs- und Qualitätsmarke – Feedback bei mir: Leichtigkeit, Ruhe und Spaß, Offenheit, Toleranz, anderen Raum lassen, Freundlichkeit, Zuversicht.

Mit dem Partner:
- Spüren Sie sich selbst und bringen Sie Ihre Bedürfnisse selbstbewusst ein.
- Finden Sie sich attraktiv und liebenswert.
- Machen Sie, was Sie wollen, aber bleiben Sie auf „Tuchfühlung".
- Locken Sie ihn durch Charme, spielerische Unbekümmertheit und spannende Outfits!
- Männer umschwirr'n Sie wie Motten das Licht: Marlene Dietrich.

Auf der Bühne:
- Seien Sie ein Leuchtturm.
- Strahlen Sie Klarheit und Überzeugungskraft aus.
- Entwickeln Sie eine wohlklingende, tragende Stimme.
- Rühren Sie die Herzen.

Gesellschaftlich / sozial:
- Haben Sie Träume und Ideale.
- Lichtgestalt, Licht sein, anstecken, entzündend.
- Mit sich selbst: Entdecken Sie Ihre neuen Ziele als Yin-Magnet!
- Egoismus + Faulsein + Spaß + Frechsein + Unschuld + Vielfalt + Glück
- Achtsamkeit, Ruhe
- Haltung, Eigensinn, Stolz
- Fitness, Körperpflege, Schmuck, Styling
- Freude und absichtslose Neugier
- Spaß an sich selbst haben!

Wenn wir uns nicht verbiegen, und nicht nach den Männern schielen, sondern unsere Yin-Seite, unsere Magnetkraft stärken, werden sich neue Formen von Unternehmen herausbilden, in denen Frauen (und Männer) glücklich, erfüllt und einfach leben und arbeiten können. Mein Anliegen ist: Frauen vor der Überforderung des falschen Weges zu schützen, sie in ihre natürliche Magnetkraft zu bringen, sie darin zu unterstützen, ihre Yin-Kräfte gezielt einzusetzen, in Balance zu bleiben, den weiblichen Weg zu gehen und damit Erfolg zu haben.

MONIKA SCHIWY

DARIN BIN ICH *PROFESSIONAL WOMAN*: Ich bin Online-Redakteurin und Herausgeberin des Magazins „punktum: Menschen mit Profil" (www.punktum-magazin.de) und Netzwerkerin (www.empfehlerInnen.de).

DAS HABE ICH VORHER GEMACHT: U.a. war ich freie Mitarbeiterin bei einem Privatradiosender, weil die Vielfalt der Themen mir Freude machte, später Gastronomin, weil ich gerne Gastgeberin bin und Events ausrichte, und später im Marketing, weil ich meine Kreativität einbringen und in meiner Situation als alleinerziehende Mutter dazulernen konnte ...

DAS HAT MEINEM LEBEN RICHTUNGSÄNDERUNGEN GEGEBEN: Mein Studium der Philosophie, Kunstgeschichte und Kommunikationswissenschaft, meine drei Kinder, meine Partnerschaften, meine Fortbildungen, mein Mut, mich selbstständig zu machen und schließlich eine wirtschaftliche Insolvenz und Neustart.

FÜR ERFOLG BRAUCHT MAN: Zeit für Kontakte und Muße, um kreativ zu sein, Liebe für Details und dabei Geduld und Durchhaltevermögen.

DAS WÜRDE ICH GERNE NOCH LERNEN: Spanisch, Italienisch und Französisch fließend sprechen, Tai chi und Lindy Hop.

DIESER FILM GEFÄLLT MIR: „Chocolat" – denn ich liebe Schokolade mit Chili (zum Glück sieht man es mir nicht an).

DIESES BUCH EMPFEHLE ICH DEN LESERINNEN MEINES BEITRAGS BESONDERS: Martina Schmidt-Tanger, „Charisma-Coaching" und Christine Weiner, Carola Kupfer, „Das Pippilotta-Prinzip. Ich mach mir die Welt, wie sie mir gefällt"; Alexander von Schönburg, „Die Kunst des stilvollen Verarmens. Wie man ohne Geld reich wird".

IN DIESER LANDSCHAFT HALTE ICH MICH GERN AUF: Überall da, wo wir der Natur nahe sind, und am Mittelmeer in den Dünen ... im Frühjahr oder Herbst.

EINE STADT, DIE ICH LIEBE: Berlin: bunt, vielseitig, die Stadt der Theater und Künste, fast jeden Abend gibt es irgendwo eine Milonga, hier pulsiert das Leben, leider bin ich viel zu selten dort.

DAS BERÜHRT MICH: Lichte Wälder, Rehe in der Morgendämmerung, Menschen, die mit Leidenschaft ihre Ziele vorantreiben.

DAS KOSTET MICH KRAFT: Aktuell manchmal mein pubertierender Sohn; wenn ich zu spät ins Bett gehe ...

DAS GIBT MIR KRAFT: Die Liebe und Anerkennung meiner Familie, laufen, radeln, gute Gespräche in der ESG-Mittagstischrunde und bei Businessfrühstückstreffen.

DAS TUE ICH GERN FÜR MICH: Tanzen, sporteln, malen, allein oder mit FreundInnen Kunstausstellungen besuchen mit Kaffeepause ...

MEIN SCHÖNSTER LUSTKAUF: Rote Tango-Tanzschuhe.

DAS TUE ICH, WENN ICH ÜBERRASCHEND ZWEI STUNDEN ZEIT GEWINNE: Eine Freundin anrufen und sie spontan zu einen Kaffee in mein Lieblingscafé zu Berner Kirschtorte einladen (Café Grotemeyer, das erste und älteste Café in Münster), eine Runde um den Aasee joggen oder ein Bild malen ...

MEINE WWW(S):
www.raum-muenster.de (mein KreativRaum),
www.empfehlerInnen.de (meine After Work-Visitenkartenpartys),
www.punktum-magazin.de (mein Magazin),
www.die-schiwy.de (meine persönliche Business-Website).

MONIKA SCHIWY
Mit sozialen Netzwerken zum Erfolg im Business

Einleitung

„Ohne gute Kontakte keine guten Geschäfte", so begann Ende März ein Artikel in den Westfälischen Nachrichten über den Unternehmerinnenbrief, ein Projekt des „FrauenForum" Münster (Westfälische Nachrichten, 25. März 2011). Einmal im Jahr verleiht das „FrauenForum" den Unternehmerinnenbrief, um den sich Gründerinnen und Unternehmerinnen bewerben können. Doch nicht allein die Auszeichnung macht den Reiz des Unternehmerinnenbriefes aus, vielmehr schafft das „FrauenForum" durch die Ausschreibung vielfältige Möglichkeiten, das eigene Netzwerk aufzubauen und zu pflegen.

Wie wichtig solche Veranstaltungen und Projekte zum Netzwerken sind, ist längst allgemein anerkannt: Soziale Netzwerke stellen einen wichtigen Aspekt im unternehmerischen Handeln dar. Gerade für Existenzgründerinnen, Freiberuflerinnen, Einzel- und Kleinunternehmerinnen sind soziale Netzwerke mithin ein Schlüsselelement für den wirtschaftlichen Erfolg.

Dennoch erstaunt es mich immer wieder, dass längst nicht alle (Geschäfts-) Frauen das Potenzial der unterschiedlichen Netzwerke nutzen, um ihren geschäftlichen und beruflichen Erfolg, aber auch ihr persönliches Wohlbefinden zu fördern. Dabei ist es heute sehr einfach, sich in Netzwerke einzubringen und von ihnen zu profitieren. Als leidenschaftliche Netzwerkerin möchte ich daher im Folgenden eine Reihe unterschiedlicher Netzwerke vorstellen und einige Hinweise geben, wie man sich erfolgreich auf dem Parkett der Netzwerke im wirklichen Leben und in der virtuellen Welt bewegt.

Im Netzwerk werden die unterschiedlichen Ziele der einzelnen Akteure und Gruppen, die in dem Netzwerk agieren, verknüpft. Dabei spielt es nur eine untergeordnete Rolle, ob die Netzwerke als Vereine, Organisationen oder lose Zusammenschlüsse in der realen Welt bestehen oder ob es sich um virtuelle Netzwerke wie *Facebook* und *XING* handelt, die die Möglichkeiten des Internets ausschöpfen.

Gleich welche Netzwerke man also betrachtet, der Nutzen solcher Netze ist groß. Sie ermöglichen Austausch von Informationen, Erfahrungswissen und Neuigkeiten, sie können kulturelle Bedürfnisse befriedigen, neue Blickwinkel eröffnen und zur Fort- und Weiterbildung dienen. Die Mitglieder des Netzwerkes fördern sich gegenseitig und verschaffen einander Vorteile, die ohne das Netzwerk nur schwer zu erlangen wären. Im Laufe der Zeit können sich Geschäftskontakte ergeben, die durch herkömmliche Akquise- und Werbemaßnahmen nie zustande gekommen wären. Durch persönliche Kontakte, persönliche Wertschätzung und Vertrauen entsteht in den Netzwerken schließlich soziales Kapital, das sich auf dem Wege von Empfehlungen und Weiterempfehlungen in wirtschaftliche Vorteile ummünzen lässt.

Zugleich aber bieten Netzwerke auch Strukturen für das, was im Kampf um den nächsten Auftrag und die alltägliche Arbeit allzu oft ins Hintertreffen gerät: Zuwendung, Anerkennung, Wertschätzung und konstruktives Feedback. Jeder braucht einmal Hilfe; die Chancen stehen gut, dass er sie im Netzwerk erhält, wenn er selbst bereit zum Helfen ist.

Keine Scheu vor Netzwerken! Erfolgreiches Netzwerken ist keine Kunst und keine Geheimwissenschaft. Wie der englische Name „networking" sehr treffend sagt, ist es vor allem Arbeit – und dazu gehört eine gehörige Portion Handwerk. Und dieses Handwerk kann man lernen! Gewiss – manchen fällt es leichter auf fremde Leute zuzugehen, sie machen aus dem Bauch heraus alles „richtig"; andere hingegen sind eher schüchtern und zurückhaltend; und wieder andere treten schwungvoll in das nächstbeste Fettnäpfchen. Wie so oft gilt auch bei den sozialen Netzwerken: Learning by doing! Sehen Sie sich um, was es an Netzwerken in Ihrer Umgebung gibt, beobachten Sie, was sich in diesen Netzwerken tut, und machen Sie mit!

Was ist ein soziales Netzwerk?

Allgemein lassen sich soziale Netzwerke als Beziehungsgeflecht begreifen, in dem unterschiedliche Personen miteinander in Kontakt treten und untereinander kommunizieren.

Angesichts der medialen Aufmerksamkeit und des Erfolges sozialer Netzwerke im Internet wie *Facebook* und *XING* könnte man annehmen, dass es sich bei den sozialen Netzwerken um neue Erscheinungen handelt, die erst mit den technischen Möglichkeiten des Internets aufkamen. Tatsächlich aber nutzen *Facebook*, *StudiVZ*, *XING* und andere soziale Netzwerke im Internet nur die Techniken des Computers und vor allem des Internets, das ja selbst ein Netzwerk ist. Online ist es einfacher, Kontakte zu pflegen, Neuigkeiten aus dem Netzwerk zu erfahren und zu verbreiten. Die Sache selbst, die sozialen Netzwerke, aber gibt es schon sehr viel länger. Letztlich bewegt sich der Mensch in sozialen Netzwerken, seitdem er selbst ein soziales Wesen ist.

Bereits in Urzeiten bestanden Familien- und Stammesbeziehungen, die man getrost als Urform des sozialen Netzwerks schlechthin bezeichnen kann. Noch heute verweist das Wort „Familienbande" auf die Netzwerkstrukturen, die sich mit der Familie herausbilden. Selbst in der modernen „Patchwork-Familie" sind die Strukturen des familiären Netzwerkes nicht verschwunden – im Gegenteil: oft haben sich diese Netzwerke nun um Freunde und Bekannte erweitert, die wie Onkel und Tante, Nichte und Neffen sozialen Rückhalt geben können.

Neben die Familie trat im frühen Mittelalter die Kirche. Auch sie brachte sehr erfolgreiche Netzwerkstrukturen hervor, die nicht nur dem „Seelenheil" der Gläubigen dienten, sondern auch die Macht der Kirche über Jahrhunderte sichern konnten. Mit der Herausbildung der bürgerlichen Gesellschaft schließlich entstanden Schützenbruderschaften und Burschenschaften. Es folgten bürgerliche Vereine und Parteien. In all diesen Fällen ging der Nutzen für die einzelnen Mitglieder oftmals über den in der Satzung festgelegten Zweck hinaus. Bis heute übernehmen Musik-, Sport- und andere Freizeitvereine Funktionen als soziale Netzwerke.

Schon im Mittelalter bildeten sich zudem Netzwerke heraus, die gezielt wirtschaftliche Ziele verfolgten. Es entstanden Handwerks- und Kaufmannsgilden. Zusammenschlüsse von Kaufmannschaften und Interessenvereinigungen begleiteten als Netzwerke die Entstehung und Entwicklung der bürgerlich-kapitalistischen Gesellschaft der Gegenwart.

Kurzum: Soziale Netzwerke sind keine Erfindung der Gegenwart, sondern gehen auf sehr alte Traditionen zurück. Gewiss haben sich die Mittel und Formen geändert, im Kern aber blieb alles beim Alten.

Offensichtlich gab es allerdings einen Wandel, wie diese Tätigkeit zu bewerten sei. In der Vergangenheit hatte das Netzwerken oft einen negativen Beigeschmack. In diesem Sinne war von Kumpanei und Seilschaften die Rede, die zurecht kritisiert wurden, weil allzu oft durch Vetternwirtschaft und Klüngel versucht wurde, die unliebsame Konkurrenz auszuschalten und den Marktmechanismus zum eigenen Vorteil zu umgehen. Das Kartellrecht stellt mit seinen Regelungen gegen unlauteren Wettbewerb, Korruption und Preisabsprachen ein durchaus schlagkräftiges Mittel dar, den Auswüchsen dieses im heutigen Sinne missverstandenen „Netzwerkens" entgegenzutreten.

Die postindustrielle Gesellschaft der Gegenwart hat jedoch eine deutlich veränderte Arbeits- und Wirtschaftswelt hervorgebracht, die durch prekäre Angestelltenverhältnisse auf der einen und eine – oftmals nicht weniger prekäre – „neue Selbstständigkeit" auf der anderen Seite geprägt ist.

Wenn Freiberuflerinnen sowie Klein- und Kleinstunternehmerinnen nun Netzwerke suchen, bilden und an ihnen teilnehmen, so erscheinen die Netzwerke heute in einem neuen Licht. Sie dienen nicht mehr dazu, „krumme" Dinge zu drehen, um die Konkurrenz auszuschalten. Heute vernetzt man sich, weil man erkannt hat, dass die „friedliche Koexistenz" der einzige Weg ist, um selbst überleben zu können. Das Netzwerk wird nicht mehr genutzt, um andere auszugrenzen, sondern um sich gegenseitig zu unterstützen. Das Netzwerk der Freiberuflerinnen, Klein- und Kleinstunternehmerinnen sowie Mittelständlerinnen stellt in der Gegenwart vielmehr eine Symbiose dar, in der jeder von jedem profitiert.

Ein Beispiel für diesen „Wertewandel" stellt der „Klüngel-Stammtisch" in Dortmund dar. Der Name bricht ironisch mit dem negativ besetzten Klüngel. Klüngel ist nicht mehr das unlautere Eingreifen in den Wettbewerb, sondern dient vor allem dazu, Kontakte herzustellen und zu pflegen, Informationen und Erfahrungen auszutauschen und sozialen Rückhalt zu finden – freilich in der Hoffnung, dass sich hieraus auf lange Sicht auch Geschäftsbeziehungen ergeben. Die Initiative will offen sein für alle Frauen, „die das Klüngel-Prinzip ‚Ich empfehle Dich – Du empfiehlst mich' praktisch anwenden und so beruflich erfolgreicher sein wollen", steht auf der Webpräsenz www.kluengeln-in-dortmund.de.

Welche Netzwerke gibt es?

Es gibt eine Fülle von Netzwerken. Um alle Netzwerke zu würdigen, fehlt hier der Raum. Ich möchte daher nur einige Anregungen geben, die als Grundlage dafür dienen mögen, dass Sie sich ihre Netzwerke suchen und finden. Wenn Sie sich im Internet und der realen Welt auf die Suche begeben, werden Sie gewiss weitere Netzwerke finden, die Sie neugierig machen und zur Teilnahme einladen. Die Unterschiede sind vielfältig, es lohnt sich, sich ein wenig umzusehen und dabei auch auf den Bauch zu hören: Wo fühle ich mich wohl?

Im ersten Teil werde ich zwei Netzwerke aus dem Internet vorstellen, weil sie in den letzten Jahren starke mediale Aufmerksamkeit erfahren haben und oftmals wider bessern Wissens als „Soziale Netzwerke" schlechthin begriffen werden. Ich beschränke mich auf *Facebook* und *XING*, weil diese beiden Netzwerke für Selbstständige von besonderer Bedeutung sind.

Oft höre ich bei meiner Tätigkeit als Netzwerkerin jedoch den Satz: „Internet-Foren sind nicht so meins." Das ist mehr als verständlich, denn soziale Netzwerke haben nicht nur, wie ich schon dargestellt habe, ihren Ursprung in der realen Welt; längst hat es sich auch gezeigt, dass das Internet die leibhaftige Begegnung nicht ersetzen kann – das gilt gleichermaßen für Freundschaften und Sexualität wie auch für geschäftliche Beziehungen. Als Beispiel mag hier – ohne der späteren Darstellung vorzugreifen – die Internetplattform *XING* genügen: Als *XING* ins Leben gerufen wurde, erklärten die Gründer mit stolz geschwellter Brust, den Kontakt in der wirklichen Welt überflüssig zu machen. Heute werden unzählige Veranstaltungen in eben jener wirklichen Welt über die Plattform *XING* organisiert; mehr noch: Veranstaltungen sind zu einem der wichtigsten Faktoren der Plattform überhaupt geworden.

Virtuelle Netzwerke

Facebook

Große mediale Bekanntheit hat Facebook erlangt. Mark Zuckerberg und seine Freunde entwickelten diese Internetplattform, um die Studenten der Havard Universität miteinander zu vernetzen. Längst hat die Plattform jedoch ihre Beschränkung auf die Universität aufgegeben. Im Juli 2010 gab Mark Zuckerberg in seinem Blog bekannt, dass weltweit mehr als 500 Millionen Menschen bei *Facebook* gemeldet sind (http://blog.facebook.com/blog.php?post=409753352130; zuletzt aufgerufen am 18. Januar 2011).

Über die Frage, warum Facebook eine so große Faszination ausübt, ist bereits viel geschrieben worden. Es soll hier nicht erneut diskutiert werden. In wenigen Sekunden hat man ein eigenes Konto angelegt. Jeder Benutzer kann sich auf seiner Profilseite präsentieren, Fotos und Videos sowie jede Menge Informationen zu seiner Person, seiner Tätigkeit und seinem Unternehmen hochladen. Ohne Programmierkenntnisse und technischen Verstand lässt sich in kürzester Zeit auf diese Weise eine passable Internetseite entwickeln. Wer mehr Energie aufwendet, kann die Darstellung zudem seinem Corporate Design anpassen. Auf der Pinnwand können öffentliche Nachrichten hinterlassen werden. Andere Mitglieder lassen sich auf vielfältige Weise ansprechen. Es können individuelle Nachrichten geschrieben werden, Beiträge auf den Pinnwänden anderer Nutzer hinterlassen und Neuigkeiten verbreitet werden. Die Zahl der „Freundschaften" und „Fans" gibt Auskunft über die eigene „Beliebtheit" im Netz. Regelmäßige Kontaktaufnahmen erleichtern die Kundenbindung.

Dass diese Leichtigkeit auch mit erheblichen Problemen im Datenschutz verbunden ist, ist ebenfalls in der Öffentlichkeit stark diskutiert worden. Die Probleme sind zum Teil gravierend. Ich halte es jedoch für sinnvoll, zwischen einer rein privaten und einer geschäftlichen Nutzung zu unterscheiden. Zweck einer geschäftlichen Nutzung ist es ja gerade, Informationen und Daten über sich preiszugeben, um Netzwerkkontakte zu gewinnen, Vertrauen aufzubauen und letztlich

Geschäfte machen zu können. Es lohnt sich also, über eine Strategie nachzudenken, welche Daten man zu diesem Zweck veröffentlichen will.

XING

Anders als *Facebook* ist das Businessnetzwerk *XING* gezielt für Menschen gedacht, die in der Wirtschaft agieren und das Netzwerk vor allem für geschäftliche Kontakte nutzen. Im Profil des Benutzers können die wichtigsten Daten zur Person angegeben werden; es besteht die Möglichkeit, in tabellarischer Form seinen Lebenslauf darzustellen und Referenzen und Zeugnisse hochzuladen. Zudem kann der Nutzer zahlreichen Gruppen beitreten, die regional oder thematisch organisiert sind. Durch Newsletter und Forumsdiskussionen über vielfältige, hauptsächlich geschäftliche und wirtschaftliche Belange sind der Informationsfluss und der Austausch mit anderen Mitgliedern gewährleistet.

Im Vergleich zu Facebook ist *XING* in manchen Bereichen anders strukturiert und wirkt insgesamt seriöser. Vor allem verleitet *XING* nicht so offensiv wie *Facebook* dazu, persönliche Daten freizugeben, wenngleich auch für Persönliches Raum ist. Auch hier sollte man sich genau überlegen, was man kommunizieren will. Intime Fotos sind gewiss fehl am Platz, ein Hinweis auf Hobbys aber kann nicht schaden – vielleicht ergeben sich ja spannende Kontakte aus den gemeinsamen Interessen?

Wichtigstes Element bei *XING* ist die Möglichkeit, Kontakte zu anderen Mitgliedern aufnehmen zu können. Es gibt eine hervorragende Suchfunktion, mit der sich auch ausgefallene Berufe und Interessen finden lassen. Eine gut strukturierte Adressverwaltung erleichtert es, mit seinen Kontakten zu kommunizieren und Nachrichten auszutauschen. Mit sogenannten Statusmeldungen halten Sie ihre Kontakte über die neuesten Entwicklungen in Ihrem Geschäft auf dem Laufenden.

Wer sich intensiv mit den sozialen Netzen im Internet befassen möchte, dem seien XING-Seminare, die von der Businessplattform veranstaltet werden, oder andere Seminare empfohlen, die sich mit den sozialen Netzen im Internet befassen.

Regionale Businesstreffen von XING

Die regionalen Businesstreffen von *XING* stellen die schon erwähnte Schnittstelle zwischen Internet und wirklicher Welt dar, die wesentlich zum Reiz der Businessnetzwerke beiträgt. Grundsätzlich hat jeder Nutzer die Möglichkeit, über *XING* Veranstaltungen anzubieten und zu bewerben. Um meine eigene Visitenkarten-Party zu bewerben, nutze ich regelmäßig *XING* – mit durchweg guten Erfahrungen.

Besonders rührig in Sachen Veranstaltungen sind jedoch die Moderatoren der regionalen *XING*-Gruppen, denen man als *XING*-Mitglied beitreten kann.

In regelmäßigen Abständen finden Vortragsabende, Firmenbesichtigungen, Weihnachtsfeiern und andere gesellige Veranstaltungen statt. Hier kann man seine virtuellen Kontakte persönlich kennenlernen und die Beziehungen vertiefen.

Als besonders gewinnbringend erweist sich dabei die Möglichkeit, bereits im Vorfeld der Veranstaltung die Gästeliste einsehen zu können, so dass man beim Businesstreffen ganz gezielt auf interessante Leute zugehen kann, um neue Kontakte zu gewinnen.

Netzwerke in der realen Welt

Neben den Businesstreffen von *XING* gibt es eine Reihe anderer Netzwerke. Wie einleitend bereits dargestellt, sind bereits Familie und Vereine – vom Schützenverein zum Sportverein – Netzwerke. Familie und Vereine sollten natürlich nicht unterschätzt werden, gleichwohl beschränke ich mich im Folgenden vor allem auf eine Auswahl von Netzwerken unterschiedlicher Organisationsformen, die vor allem im Businesskontext gewisse Relevanz erlangt haben.

Für Gründerinnen: Gründerwochen und Gründerstammtische

Kommunale Wirtschaftsförderungen und die Wirtschaftsministerien auf Bundes- und Landesebene haben in jüngster Zeit Gründerinnen und Gründer als Zielgruppe entdeckt, weil auch die Wirtschaftspolitik erkannt hat, dass hier neue Formen des Wirtschaftens entstehen, die einen beachtlichen Teil zur Wirtschaftskraft des Landes und letztlich zur Schaffung von Arbeitsplätzen in meist sehr progressiven Bereichen beitragen. Dementsprechend gibt es vielerorts ein breites Angebot, das sich an Gründerinnen und Gründer richtet und neben ausführlichen Informationen zur Gründung auch Kontakte zu Gleichgesinnten verschaffen will.

Einmal im Jahr – meist im November – findet die vom Bundeswirtschaftsministerium veranstaltete bundesweite Gründerwoche statt. Im Laufe dieser Woche können Unternehmensgründer und solche, die es werden wollen, in zahlreichen Städten an vielen Veranstaltungen und Seminaren teilnehmen und sich über wichtige Aspekte der Existenzgründung informieren. Der gesellige Teil und das Netzwerken kommen nicht zu kurz. Oft spielen Banken oder größere Unternehmen die Gastgeber für abendliche „Visitenkarten-Partys“, auf denen die Gründerinnen und Gründer ihre ersten Schritte im Netzwerken machen können. Die Themenvielfalt reicht dabei von den Problemen der eigentlichen Gründung über Akquise- und Marketingmöglichkeiten bis zur Finanzbuchhaltung.

Jenseits der jährlichen Gründerwoche gibt es oft sogenannte „Gründerstammtische“, die von den kommunalen Wirtschaftsförderungen organisiert werden.

Meist folgen auch sie einer mehr oder weniger gelungenen Mischung aus Information und Geselligkeit, bei der man etwas lernen und wichtige Kontakte gewinnen kann.

Für Unternehmerinnen und Freiberuflerinnen: Businessfrühstücke und Vereine

Nach der Gründungsphase ist es deutlich schwerer, sich sein Netzwerk aufzubauen. Dennoch gibt es hier eine ganze Reihe lohnenswerter Projekte, die man sich ansehen sollte.

Hervorheben möchte ich vor allem „friendsmile" und das „Business Network International" (BNI). Diese beiden Veranstaltungsformen beruhen im Kern auf einem wöchentlichen Frühstück am Morgen, bevor die eigentliche Tagesarbeit im Büro beginnt. Regelmäßig gibt es Vorträge zu unterschiedlichen Themen.

Erklärtes Ziel ist es, gegenseitige Empfehlungen zu generieren und Geschäftsbeziehungen auszubauen. Um Kontinuität und Intensität in der Netzwerkarbeit zu schaffen, wird großer Wert auf regelmäßiges Erscheinen gelegt. Ist man verhindert, so sehen beispielsweise die Regeln vom BNI vor, dass ein Vertreter für das wöchentliche Treffen benannt werden muss.

Speziell für jüngere Unternehmerinnen und Unternehmer gib es seit wenigen Monaten wiederum mit lokalen Bezug auf Münster die „Young Business Münster GbR", die ähnliche Frühstücksveranstaltungen anbieten. Allerdings geht es hier etwas zwangsloser zu und das Frühstück wird selbst gemacht. Dafür sind die Mitgliedsbeiträge erheblich günstiger.

Neben diesen Frühstückstreffen gibt es eine Vielzahl von Vereinen, in denen sich Unternehmer und Freiberufler zusammengeschlossen haben. Auch hier sind die Unterschiede beachtlich, und es wird wohl niemandem erspart bleiben, sich ein wenig umzuschauen, welche Vereine es in seiner Region gibt. Als Beispiel sei nur das Forum U in Münster genannt. Im kleinen Kreis finden alle zwei Monate Treffen statt, bei denen konkrete Probleme des Unternehmensalltags besprochen werden können. Mittlerweile wird auch hier monatlich ein Frühstück zum zwanglosen Austausch veranstaltet.

Für Nachtschwärmerinnen: Visitenkarten-Partys

Visitenkarten-Partys erfreuen sich großer Beliebtheit. Ungezwungen kann man hier andere Menschen treffen, Visitenkarten verteilen und sammeln. Visitenkarten-Partys können dabei ganz unterschiedliche Formate annehmen – einmal sind Hunderte zugegen, manchmal haben sie fast intimen Charakter, wie die Party, die ich zweimal im Jahr in Münster organisiere (www.empfehlerInnen.de). Damit wirklich jeder mit jedem ins Gespräch kommen kann, habe ich die Teilnehmerzahl bewusst auf 20 Personen begrenzt. Eine Tombola, auf der die Gäste untereinander ihre Produkte und Dienstleistungen verlosen, bietet zudem eine hervorragende Möglichkeit, zu sehen und gesehen zu werden.

Für Einzelkämpferinnen: Co-Working

Eine recht neue Form des Netzwerkens ist „Co-Working". Die Idee kommt – wie so oft – aus Amerika. Der Kerngedanke besteht darin, dass nicht jeder Selbstständige ständig und auf Dauer ein Büro braucht bzw. dass er sich die Kosten dafür gar nicht leisten kann. Aus diesem Gedanken sind in jüngster Zeit sogenannte Co-Working-Spaces entstanden, in denen der Schreibtisch samt Büroinfrastruktur tageweise (aber auch für einen längeren Zeitraum) gemietet werden kann. Da hier Menschen aus unterschiedlichen Bereichen zusammenkommen und immer wieder ein erfrischender Wechsel stattfindet, besteht eine relativ hohe Chance für spannende Kontakte und gewinnbringende Kooperationen.

Für Frauen: BPW, Visionen e.V. und Unternehmerinnennetz

Um sich in der noch immer männlich dominierten Welt durchsetzen zu können, haben Frauen sehr früh begonnen, sich ihre eigenen Netzwerke zu schaffen. Das wohl älteste Netzwerk dieser Art ist „Business and Professional Women" (BPW), das auf den bereits 1931 gegründeten „Deutschen Verband berufstätiger Frauen" zurückgeht. Heute ist BPW international vernetzt, und es gibt regelmäßig Veranstaltungen, verschiedene Arbeitsgruppen, ein eigenes Netzwerk für Frauen unter 35 (Young BPW). Einen wesentlichen Bestandteil des BPW stellt zudem das Mentoren-Programm dar. Hier können selbstständige Frauen oder solche, die es werden wollen, auf den Rat von erfahrenen Frauen zurückgreifen. Alle Fragen des Berufs- und Geschäftslebens können nach Vereinbarung über Telefon, E-Mail oder im persönlichen Kontakt angesprochen werden. Wieder also bilden Information und Kontakte die wesentlichen Bereiche des Netzwerkes.

Diesen Aspekt verfolgen auch der Verein Visionen e.V. und das Unternehmerinnennetz, die auf regionaler Ebene in Münster aktiv sind. Auch hier bringen die Frauen „ihre Kompetenz in den Verein ein, beraten und fördern sich gegenseitig in fachlichen und auch persönlichen Fragestellungen" (www.visionen-ev.de). Auch hier entstehen Foren, in denen Frauen „Kontakte knüpfen und ihr unternehmerisches Know-how erweitern können" (www.unternehmerinnennetz.de).

Ebenfalls regional und bundesweit eine Besonderheit ist der Verein „Frauen u(U)nternehmen". Dieser Verein ist 1999 in Münster aus der Initiative von fünf Geschäftsfrauen entstanden und bis heute der einzige Verein dieser Art, der von einer Industrie- und Handelskammer (IHK) offiziell unterstützt wird.

Networking ist keine Kunst ...

Wie schon erwähnt, sich in diesen Netzwerken zu bewegen, ist keine Kunst. Man kann es lernen. Am besten ist es, Sie probieren es aus. Ich möchte Ihnen abschließend vier Tipps mit auf den Weg zu Ihrem erfolgreichen persönlichen Netzwerk geben.

Netzwerke brauchen Vorleistung

Zum Aufbau und zur Pflege des Netzwerkes ist vor allem der Austausch von Wissen, die Weitergabe von Informationen von besonderer Bedeutung, ohne unmittelbar eine Gegenleistung zu erwarten. Gehen Sie in Vorleistung. Wenn Sie einigen Mitgliedern geholfen haben – und sei es nur durch einen guten Rat – dann wird bei diesen Mitgliedern nach nicht allzu langer Zeit ein gewisses Gefühl der Verpflichtung Ihnen gegenüber entstehen. Das ist ein sehr menschlicher Prozess, auf den man sich verlassen kann.

Wer hingegen zum ersten Mal auf einer Netzwerk-Veranstaltung auftaucht oder sich gerade erst im Internetnetzwerk angemeldet hat, sollte nicht erwarten, sofort Geschäfte machen zu können. Auch fällt es bestenfalls unangenehm auf, wenn Sie nur Informationen absaugen und dann sang- und klanglos verschwinden. Wer sollte Ihnen beim nächsten Mal wieder wertvolle Tipps geben, wenn Sie sich so undankbar zeigen? Poltert man nur mit dem Anspruch auf schnelles, leicht verdientes Geld auf die Veranstaltungen, so wird man indes nicht nur enttäuscht werden, sondern auch die ersten Negativpunkte sammeln, die einem vielleicht noch lange zur Last fallen. Im Guten wie im Bösen gilt auch im Netzwerk: „Wie du mir, so ich dir!"

Klasse statt Masse

Nicht die Masse macht es, sondern die Qualität der Kontakte, die man im Netzwerk gewinnt. Das wilde Sammeln von Visitenkarten bei den zahlreichen Businesstreffen ist ebenso nutzlos wie das wahllose „Erklicken" ungezählter virtueller Kontakte bei *XING* und „Freunde" bei Facebook. Eine beachtliche Sammlung von Kontakten, Visitenkarten und „Freunden" mag zwar beeindruckend aussehen. Doch der Wert dieser allzu großen Sammlung ist eher gering. Wer kann und will mit Tausenden Kontakten kommunizieren? Ich selbst lehne Kontaktanfragen stets ab, wenn ich erkenne, dass der andere nur seine Statistik verbessern will – wenn man mich mit erkennbaren Formeltexten als tausendsten Kontakt gewinnen will. So wenig ich mit Tausenden kommunizieren kann, so wenig werde ich erwarten können, dass jemand, der Tausende Kontakte besitzt, Zeit finden wird, sie zu pflegen. Es ist deshalb keineswegs verwerflich, wenn man Kontaktanfragen auch ablehnt.

Ausdrücklich sei in diesem Zusammenhang vor unseriösen Angeboten gewarnt, die eine schnelle Erhöhung der Kontaktzahlen versprechen. Das bringt nur dem Anbieter selbst etwas ein.

Netzwerke brauchen Regelmäßigkeit und Kontakte brauchen Pflege

Ob man Menschen auf Netzwerkveranstaltungen in der realen Welt oder im Internet kennenlernt, die Kontakte wollen gepflegt werden. Man sollte versuchen, sich mehr oder weniger regelmäßig in Erinnerung zu bringen – ein gutes Mittel sind zum Beispiel die Glückwünsche zum Geburtstag. Wieder einmal hilft *XING* seinen Mitgliedern, indem es an die Geburtstage der Kontakte erinnert (freilich nur, wenn der Geburtstag auch angegeben wurde).

Eine gewisse Regelmäßigkeit empfiehlt sich auch bei den Netzwerken in der wirklichen Welt. Nicht umsonst schreibt das Business Network International sogar eine regelmäßige Teilnahme vor. Jede Woche beginnt das Frühstück mit einer Vorstellungsrunde – das hat nicht nur den Zweck, neuen Mitgliedern bekannt zu werden. Vielmehr dient dieses Ritual dazu, sich immer wieder bei den anderen Teilnehmern in Erinnerung zu bringen.

Eine solche quasi verordnete Regelmäßigkeit ist gewiss nicht jedermanns Sache. Eine gewisse Kontinuität und Verlässlichkeit sind jedoch eine wichtige Voraussetzung für erfolgreiches Netzwerken. Bemühen Sie sich wenigstens, bei den Veranstaltungen Ihrer Organisationen und Vereine regelmäßig dabei zu sein.

Netzwerken ist nicht „Werbung machen"

Wenn Sie auf die Qualität Ihrer Kontakte achten, dann werden Sie davon mehr profitieren können als von der Masse. Deshalb sollten Sie sich bewusst sein, dass die Kommunikation im Mittelpunkt steht. Netzwerke sind völlig ungeeignet für die herkömmliche Werbung, die in der Werbeabteilung entsteht und dem potenziellen Kunden vorgesetzt wird. Kommunizieren Sie, geben Sie Informationen, empfehlen Sie weiter – das ist die beste „Werbung", die Sie im Netzwerk machen können.

Anhang: Buchveröffentlichungen der Autorinnen

Annette Auch-Schwelk
- *Erfolgreich mit Selbstbewusstsein. Das „Ich bin Ich" Prinzip* (Haufe Lexware 2011).

Nicola Fritze
- *Raus aus der Grübelfalle! Wie Sie Ihre Denkgewohnheiten ändern und Ihre Persönlichkeit gezielt weiterentwickeln* (Südwest Verlag 2011).

Anita Heyer
- *Schlank denken – leichter leben. Verführung zum Wunschgewicht* (Junfermann Verlag 2011).
- *Integration der Ja- und Nein-Seite; Erwünschtes Zukunftsselbst; Das Zukunftsideal; Der Hungerschalter* (Audio-CDs).

Kereen Karst
- *Gut und gern verkaufen. So funktioniert erfolgreiche Telefon-Akquise* (CD, Wortaktiv Verlag 2008).

Susanne Kleinhenz
- *Das 21. Jahrhundert ist weiblich: Über die Freiheit, die Frau zu sein, die Sie sein wollen* (Gabal Verlag 2007).
- *Der Mann im weiblichen Jahrhundert: Was Männer und Frauen voneinander lernen können* (Gabal Verlag 2008).
- *Wenn das Glück missglückt: Warum wir so ticken, wie wir ticken* (Businessvillage 2011).

Martina Schmidt-Tanger
- *Change-Talk. Coachen lernen! Coaching-Können bis zur Meisterschaft* (Junfermann Verlag 2. Aufl. 2007).
- *Charisma-Coaching: Von der Ausstrahlungskraft zur Anziehungskraft* (Junfermann Verlag 2009).
- *Gekonnt coachen: Präzision und Provokation im Coaching* (Junfermann Verlag 2. Aufl. 2009).

- *MILTON! Sprachliche Brillanz für professionelle Kommunikatoren* (Junfermann Verlag, 2. Aufl. 2012).
- *Change – Raum für Veränderung. Sich und andere verändern. Psychologische Veränderungsintelligenz im Business* (Junfermann Verlag 2012).

»Jetzt packe ich es an!«

144 Seiten, kart. • € (D) 19,95 • ISBN 978-3-87387-732-0

REIHE KOMMUNIKATION • Persönlichkeits-Training

MARTINA SCHMIDT-TANGER
»Charisma-Coaching«

Wie entsteht Charisma? Was ist angeboren und welcher Teil ist lernbar und für wen und wie? Die Coachingexpertin und Wirtschaftspsychologin Martina Schmidt-Tanger bietet zu dieser Fragestellung neues und spannendes Wissen aus Psychologie, Hirnforschung, Selbstmanagement und Menschenführung. Das Buch bietet neben fundiertem Wissen zahlreiche Angebote zur Selbsterkenntnis und überzeugt mit selbststärkenden Coaching-Übungen (auch auf der beiliegenden CD).

»Ein Buch über Charisma? Kann man darüber überhaupt schreiben? Wenn es jemandem gelungen ist, das Unfassbare des Charismas in Worte zu fassen ... und damit fassbar zu machen, dann Martina Schmidt-Tanger mit diesem Buch.« – Dr. Marco von Münchhausen

Martina Schmidt-Tanger, Diplompsychologin und eine der Pionierinnen des Business-NLP, gehört in Deutschland zu den ersten Ausbildungstrainern für Coaching. Zum Thema Charisma hält sie Vorträge in Wirtschaft und Politik.

Das komplette Junfermann-Angebot rund um die Uhr – Schauen Sie rein!

Sie möchten mehr zu unseren aktuellen Titeln & Themen erfahren? Unsere Zeitschriften kennenlernen? Veranstaltungs- und Seminartermine nachlesen? In aktuellen Recherchen blättern?

Besuchen Sie uns im Internet!

www.junfermann.de

Coaching Know-how kompakt

152 Karten in stabiler Papp-Box • ISBN 978-3-87387-617-0 • € (D) 45,–

MARTINA SCHMIDT-TANGER & THIES STAHL

»Change-Talk«

Coachen lernen!
Coaching-Können bis
zur Meisterschaft

Coaching-Wissen haben viele. Worauf es ankommt, ist Coaching-Können. Mit dieser Kartei bekommen Sie einen einzigartigen Überblick darüber, welches Wissen und Können eigentlich benötigt wird, um kompetent beraten und coachen zu können. Martina Schmidt-Tanger und Thies Stahl stellen Know-how zur Verfügung, das es bisher so übersichtlich und strukturiert in keinem Coaching-Buch gibt. Der integrative Ansatz der Sammlung ist an den neuesten neurobiologischen Fakten orientiert und bietet Schritt für Schritt Coaching-Können bis zur Meisterschaft. Auf 152 Karten werden bekannte Tools und Formate erklärt und zu effektiven Anwendungen kombiniert. Die vorgeschlagenen Übungen vertiefen und verfeinern Ihr persönliches Coaching-Können.

»Diese Lernkartei ist ein Muss, um Coaching-Fähigkeiten aufzubauen, zu erweitern und zu verfeinern.« – CoachNet.de

Martina Schmidt-Tanger gehört in Deutschland zu den ersten Ausbildungstrainern für Coaching. Ihre langjährige Erfahrung im Businessbereich macht sie zu einer gefragten Trainerin, Referentin und Lehrbeauftragten.

Thies Stahl arbeitet als Coach und Psychotherapeut in freier Praxis und ist als Berater und Lehrtrainer tätig.

Schon gelesen? »Kommunikation & Seminar«:

Das Junfermann-Magazin für professionelle Kommunikation:
NLP, Gewaltfreie Kommunikation, Coaching und Beratung, Mediation, Pädagogik, Gesundheit und aktive Lebensgestaltung.

Mit ausführlichen Schwerpunktthemen, Berichten über aktuelle Trends und Entwicklungen, übersichtlichem Seminarkalender, Buchbesprechungen, Interviews, Recherchen, Trainerportraits, ...
Mehr darüber? Ausführliche Informationen unter:

www.ksmagazin.de

Auf dem Weg zum Ziel

240 Seiten, kart. • € (D) 22,– • ISBN 978-3-87387-631-6

REIHE AKTIVE LEBENSGESTALTUNG • Selbstorganisation

CORA BESSER-SIEGMUND

»Mentales Selbst-Coaching«

Die Kraft der eigenen
Gedanken positiv nutzen

Die Autorin präsentiert eine Fülle von praktischen Anleitungen für eine zielorientierte Lebensweise. So erfahren die Leser, wie sie Strategien zur Bewältigung von alltäglichen Problemen entwickeln können und wie sie auf diese Weise gleichzeitig lernen können, störende Verhaltensweisen schrittweise zu verändern. Ebenfalls vermittelt wird, wie sich übermäßige Stressbelastungen mit Hilfe von mentalen Methoden reduzieren lassen und wie durch Trancetechniken die Wahrnehmung vertieft und wichtige Lebensziele verinnerlicht werden können. Dieses Buch stellt die besten Techniken zur bewussten Selbstorganisation, wie z.B. Visualisieren, NLP und Selbsthypnose vor.

Cora Besser-Siegmund ist Psychotherapeutin, Lehrtrainerin und Supervisorin. Seit über 20 Jahren erarbeitet sie in ihrem Institut im Herzen Hamburgs maßgeschneiderte Interventionen für ihre Klienten.

Ausführliche Informationen sowie weitere erfolgreiche Titel zum Thema finden Sie auf unserer Website.

www.junfermann.de

www.junfermann.de